高等职业教育“十四五”规划教材
高等职业教育校企合作“双元”教材
高等职业教育产教融合新形态教材
甘肃省职业教育教学改革研究项目成果

猪的环境卫生与控制

张玲清　田　方　主编

中国农业大学出版社
·北京·

内 容 简 介

本教材根据“工学结合、理实一体、学做合一”的现代职业教育理念进行编排设计，以养猪场环境卫生与控制工作岗位所必需的知识和技能为主线，按照“项目导向，任务驱动”的编排模式，基于职业岗位和工作过程设定了环境与养猪生产、猪场环境与调控、猪场环境管理与污染控制、猪场环境污染物指标检测 4 个教学项目。每一个项目又设“价值目标”“学习目标”“学习任务”“技能训练”或“典型案例”“任务评价”等环节，便于教师组织教学和学生自主学习。本教材既可作为高职院校畜牧兽医类专业学生开展“产教融合、校企合作”人才培养模式的特色教材，又可作为广大畜牧兽医工作者短期培训、技术服务和继续教育的参考用书。

图书在版编目(CIP)数据

猪的环境卫生与控制 / 张玲清，田方主编. --北京：中国农业大学出版社，2022.8
ISBN 978-7-5655-2768-5

Ⅰ.①猪… Ⅱ.①张…②田… Ⅲ.①养猪学—高等职业教育—教材 Ⅳ.①S828

中国版本图书馆 CIP 数据核字(2022)第 071337 号

书　　名 猪的环境卫生与控制
作　　者 张玲清　田　方　主编

策划编辑 康昊婷　　**责任编辑** 康昊婷
封面设计 李尘工作室　郑　川
出版发行 中国农业大学出版社
社　　址 北京市海淀区圆明园西路 2 号　　**邮政编码** 100193
电　　话 发行部 010-62733489，1190　　出　版　部 010-62733440
编辑部 010-62732617，2618
网　　址 http：//www. caupress. cn　　**E-mail** cbsszs@cau. edu. cn
经　　销 新华书店
印　　刷 北京时代华都印刷有限公司
版　　次 2022 年 9 月第 1 版　2022 年 9 月第 1 次印刷
规　　格 185 mm×260 mm　16 开本　15.25 印张　390 千字
定　　价 46.00 元

图书如有质量问题本社发行部负责调换

编审人员

主　编　张玲清（甘肃畜牧工程职业技术学院）

　　　　田　方（宁夏中卫正通农牧科技有限公司）

参　编　刘皓栋（甘肃畜牧工程职业技术学院）

　　　　田宗祥（甘肃畜牧工程职业技术学院）

　　　　王　聪（甘肃畜牧工程职业技术学院）

　　　　郝福星（江苏农牧科技职业技术学院）

　　　　李巨银（江苏农牧科技职业技术学院）

审　稿　杨孝列（甘肃畜牧工程职业技术学院）

　　　　李和国（甘肃畜牧工程职业技术学院）

总 序

《国家职业教育改革实施方案》明确提出，要建设一大批校企“双元”合作开发的国家规划教材，倡导使用新型活页式、工作手册式教材并配套开发信息化资源。围绕现代职业教育“德技并修、工学结合”的育人模式，如何基于工作过程和职业岗位，深度对接行业、企业的技术标准和规范，以项目、任务、模块等为编写体例，开发适应现代职业教育校企“双元”育人和学生学习需求的新形态教材，助推课堂教学方式革新，满足多样化教学活动，提升学生学习的积极性，将是摆在职业教育工作者面前的重要任务。

现代职业教育大力推进产教融合校企“双元”育人，如何通过校企“双主体”育人和工学“双融通”教学，充分发挥其效力，提升人才培养质量，是职业院校进行人才培养模式改革创新的根本。学校和企业应当协同配合、紧密合作，基于校企“双主体”育人的专业教学标准、人才培养方案、课程教学标准，精准构建完善的课岗融通体系，编写工学结合教材，依据工作过程和职业岗位精准教学，将教学、实习、就业融为一体，力争做到培养学生与毕业就业之间的无缝对接。

正是在这样的背景下，甘肃畜牧工程职业技术学院畜牧科技学院联合宁夏中卫正通农牧科技有限公司、兰州正大有限公司、四川德康集团北方区域公司等多家企业，以甘肃省职业教育李和国名师工作室为平台，结合教育部《“十四五”职业教育规划教材建设实施方案》和“互联网＋职业教育”发展需求，共同组织编写了畜牧兽医专业（现代养猪方向）校企“双元”系列教材。

本系列教材坚持职业教育产教融合校企双元育人的原则，努力将现代养猪企业的新技术、新工艺、新规范纳入教学内容，并以“项目、任务、模块”的形式将职业岗位标准和职业活动要素融入教材，旨在通过学校和企业、专业和课程、教师和师傅、学生和学徒等纽带，将课程标准与职业岗位、教学内容与工艺标准、教学过程与生产过程、实习实训与就业创业高度融合，把企业场景融入课堂，把企业项目搬到课堂，把企业专家请进课堂，实施“工学结合、知行合一”的精准教学模式，并按照“学生（学校）→学徒（学校＋企业）→准员工（企业跟岗）→员工（企业顶岗）”精准培养，保证学生毕业与就业“零距离”对接，为更好地培养符合现代养猪产业发展的高素质技术技能人才奠定良好基础。

本系列教材按照现代养猪生产过程和职业工作岗位分《猪的生产工艺与设计》《猪的生物安全与管理》《猪的生产设施与设备》《猪的环境卫生与控制》《猪的饲料筹划与供给》《猪的引种繁殖与选育》《猪的饲养方法与管理》《猪病防治技术》等 8 本教材，由甘肃省职业教育李和国名师工作室整体规划与设计，是甘肃畜牧工程职业技术学院落实《职业教育提质培优行动计划（2020—2023 年）》的重点承接任务。

本系列教材由名师工作室主持人李和国担任编委会主任，宁夏中卫正通农牧科技有限公司总经理田方担任副主任，成员主要由具备扎实理论基础和多年生产实践经验的学校教师和企业专家组成，主要包括李和国、田方、张玺、田宗祥、贺军、王玺年、苗旭、张玲清、刘瑞玲、李学钊等。我们期望通过本系列教材的发行出版，促使畜牧兽医专业课程体系与职业岗位对接、课程内容与技术标准对接，积极推广现代学徒制、企业新型学徒制等做法，普及项目式、情景式、模块式等教学方法，开阔学生的专业视野，激发学生的学习热情，提高人才的培养质量，为学生未来的职场发展积累有效经验。

李和国

2022 年 1 月

前言

为了认真贯彻落实国发〔2019〕4号《国务院关于印发国家职业教育改革实施方案的通知》、教职成〔2020〕7号《教育部等九部门关于印发〈职业教育提质培优行动计划(2020—2023年)〉的通知》、甘政发〔2020〕38号《关于整省推进职业教育发展打造“技能甘肃”的意见》等政策文件精神，完善现代职业教育“产教融合、校企合作”的人才培养模式，切实做到专业设置与产业需求对接、课程内容与职业标准对接、教学过程与生产过程对接，中国农业大学出版社根据教育部《高等职业学校专业教学标准》，以“专业教材包”的形式，组织甘肃畜牧工程职业技术学院的教师和北京大北农科技集团股份有限公司、杨凌本香农业产业集团有限公司、宁夏中卫正通农牧科技有限公司等大型养殖企业的技术专家，共同编写了高职畜牧兽医专业(现代养猪技术方向)《猪的饲料筹划与供给》《猪的引种繁殖与选育》《猪的生物安全与管理》《猪的生产设施与设备》《猪的饲养方法与管理》《猪病防治技术》《猪的生产工艺与设计》《猪的环境卫生与控制》等校企合作“双元”系列教材，期望为畜牧兽医专业群开展“产教融合、校企合作”的人才培养模式，提供必要的教学支撑。以“专业”为基础，开发系列教材，可以统筹兼顾专业课程体系，有机衔接课程教学内容，有效提高人才培养质量。

本教材的编写以高职畜牧兽医专业(现代养猪技术方向)人才培养方案为基础，以突出“产教融合、校企合作”为特色，遵循“理论够用”“技能突出”“技术实用”的教学思想，内容设计充分关注了学生对知识的思考、兴趣、爱好和分析问题、解决问题的能力；结构编排以“项目导向、任务驱动”为主要形式，让学生置身于现场工作情景、模拟场景及仿真环境中学习，体现学习与实际工作的一致性；在教材的使用过程中，既要引导学生通过网络、图书馆和课外生产实践等途径，注重学习信息资源的收集、提高学习质量，又要充分关注学生的个性、态度、兴趣、习惯、品质等方面的职业素养，促使其技术技能达到从事相应职业岗位工作所必需的要求和标准。

本教材由甘肃畜牧工程职业技术学院张玲清和宁夏中卫正通农牧科技有限公司田方

担任主编。其中绪论、项目一、项目二任务 1－10 和附录部分由张玲清编写；项目三的任务 3、任务 6、项目四的任务 1 由李巨银编写；项目二任务 11、项目三的任务 1、任务 2、项目四的任务 3 由刘皓栋编写；项目三的任务 7、任务 8、任务 9 由田宗祥编写；项目四的任务 4 由王聪编写；项目三的任务 4、任务 5 和项目四的任务 2 由郝福星编写；全书由张玲清负责统稿，由田方提供现代化猪场环境控制方面的最新最前沿资料，并负责教材编写内容的设计与指导。杨孝列和李和国负责审稿。

猪的环境卫生与控制相关理论和技术发展很快，加之编者水平有限，时间仓促，书中错误和不妥之处在所难免。为此，恳请广大教师、学生、同行在使用本教材的过程中能够提出批评和建议，以备再版时修改。

编者

2022 年 1 月

目 录

绪　论

一、课程简介

本课程是从事养猪生产工作人员需要学习和掌握的基本知识和基本理论，是推动养猪生产不断发展的重要理论基础和技术指南，是畜牧兽医专业及其相关专业重要的专业基础课。课程的主要目的是探讨影响猪只健康和生产力的外界环境对猪只作用和影响的基本规律，并依据这些规律制定利用、保护和改造环境措施的一门综合性学科，其目的是为猪只创造良好的生活和生产环境，以保持猪只健康，预防疾病与减少环境应激、充分发挥生产潜力，实现安全优质无污染的畜产品生产。本书包括环境与养猪生产、猪场环境与调控、猪场环境管理与污染控制、猪场环境污染物指标检测四大部分。

二、课程性质

猪的环境卫生与控制是畜牧兽医专业及其相关专业的专业基础课，具有较强的理论性和实践性。一方面，它将猪的环境与猪生产实用技术有机融合，基于畜牧兽医专业的职业活动、应职岗位需求，培养学生猪场环境调控、猪场环境管理与污染控制以及猪场环境污染物指标检测等专业能力，同时注重学生职业素养的培养。另一方面，作为后续课程的基础，它所阐述的基本原理与方法具有一般指导意义，能为学生后续专业课程的学习和毕业后从事畜牧兽医工作奠定扎实的理论基础。

三、课程目标

通过课堂讲授、实验实训和顶岗实践等学习形式，使学生熟悉猪的外界环境的组成、各环境因素的特征、变化规律及其对猪的影响规律；利用现代化的环境监测仪器和检测手段，对猪场进行定期或连续的监测，从而做出科学的评价，防止环境污染；准确控制猪舍光照、温度、湿度、通风换气、空气质量，为各类猪只创造适宜的小环境；树立环保意识，消除和避免周围环境与猪之间的相互污染影响。培养具备从事猪场环境控制的职业岗位能力的高素质技术技能人才。

四、课程内容

本课程基于猪场环境卫生与控制职业岗位工作需求，以技术技能人才培养为目标，以畜牧兽医专业（现代养猪技术方向）猪环境卫生与控制技术方面的岗位能力需求为导向，坚持适度、够用、实用及符合学生认知规律的原则，以过程性知识为主、陈述性知识为辅，设定了环境与养猪生产、猪场环境与调控、猪场环境管理与污染控制、猪场环境污染指标检测等四个项目，每个项目又以“价值目标”“学习目标”“学习任务”“技能训练”“典型案例”“任务评价”的编写结构展开叙述，引用了猪场环境控制新技术、新规范，充分体现了课程内容与职业标准对接、教学过程与生产过程对接的职业教育特色。

五、课程教学方法

课程教学方法是以“项目导向、任务驱动”为基本要求，采用如集中讲授、案例分析、绘图设计、现场测评、参观调研、问题讨论、课件演示、录像观摩、作业训练和网络查学等丰富多样的教学手段，尽可能创造条件开赴现代化养猪生产企业开展“工学结合、知行合一”教学，促使“教、学、做”一体化。使学生置身于现场工作情景、模拟场景及仿真环境中学习，体现学习与实际工作的一致性，促使其职业技能达到从事相应职业岗位群工作所必需的要求和标准。

六、课程教学建议

为保证课程的教学质量，应根据职业领域和职业岗位（群）的任职要求，参照相关职业资格标准，对猪场环境卫生与控制工作任务进行认真调查和分析，明确岗位技能及典型学习任务，科学制定课程标准；为提高教师基于生产岗位的教学水平，应大力加强以“双师型”教师为主的课程教学团队建设，促使学校专职教师和企业兼职教师共同参与课程的教学指导；为保证实践教学的实效性，应大力加强校内外实训基地建设，积极探索通过“产教融合、校企合作”的办学模式，将课程教学与生产过程对接起来，切实做到“工学结合、知行合一”；要根据教学进程，将课程教学安排在恰当时间，认真准备好实施方案，精心组织，让学生在实践中多做、反复做，努力将课程的知识与专项技能联系起来，切实强化学生职业岗位能力的培养；为丰富课程教学资源库，应大力加强基于“工作过程和职业标准的”特色教材、教学课件、技术规范、授课计划、电子教案、生产案例、网络资源等方面的信息库建设，为实现课程的教学目标奠定基础。

项目一
环境与养猪生产

价值目标

通过把握养猪规律、控制畜产公害，减少、减轻或消除环境应激因子如环境骤变、温度过高或过低、噪声或光照过强、运输、打斗、惊吓、外伤、预防注射、断奶、突然更换饲料等，尽量保证猪的福利要求，使其回归自然，实现养猪业可持续发展。将环境保护知识纳入养猪生产教学内容，培养学生尊重自然、顺应自然、保护自然的生态环境保护意识，加深对新时代我国社会主要矛盾的理解，树立和践行绿水青山就是金山银山的理念，培养学生的家国情怀，培养学生生物安全观，坚持人和自然和谐共生，保护自然生态系统，维护人与自然之间形成的生命共同体。

学习目标

了解环境的概念、养猪生产水平与环境的关系、猪对环境的适应与应激及猪对环境的要求。

学习任务

养猪生产的过程就是通过猪体将饲料变成产品的过程。生产效果的好坏既取决于猪只本身的健康状况、遗传潜力和生产性能，又取决于饲喂饲料的数量和质量、饲养管理技术和猪只所处的环境条件。养猪生产成败的关键是投入/产出比，环境、品种、饲料以及防疫共同决定了猪的生产水平，其中遗传因素占10%～20%，营养因素占40%～50%，环境因素占30%～40%。大量事实证明，环境条件的改善可使饲养效果和养猪生产力水平显著提高。

一、环境的概念

在畜牧生产中人们常提到环境，究竟什么是环境呢？广义的环境是指遗传因素以外的一切影响家畜生存、繁殖、生产和健康的因素，包括内部环境和外界环境。内部环境是指机体内部一切与生存有关的物理的、化学的和生物的因素，即机体的器官、组织乃至单个细胞生存的条件，又称内环境。通常所说的环境，一般是指外界环境，即与家畜生产与生活有关的一切外界因素的总和，又称外环境。

家畜的外环境可分为自然环境和人为环境两类，前者包括非生物环境（如空气、水、土壤、岩石等）和生物环境（动物、植物、微生物）；后者包括畜牧场、建筑物与设备、饲养管理条件、选育方法、风俗习惯、经济力量、消费水平、相关法令政策等。外环境因素是异常复杂的，它们以各种各样的方式，由不同的途径，单独或综合地对家畜机体发生影响，并通过机体的内在规律，引起各种各样的反应。外环境是不断变化的，家畜通过自身的调节机制，使机体与环境之间的物质和能量交换处于动态平衡，并保持内部环境的相对恒定。但家畜这种适应性调节能力是有限的，当环境变化超出其适应范围时，机体与环境之间的平衡与统一被破坏，其生产力和健康将会受到影响，严重时可导致死亡。

家畜与环境的关系实质就是其内部环境和外界环境的关系，二者之间处于动态平衡状态，即家畜机体（内部环境）与外界环境之间不断进行物质和能量的交换，机体保持体内平衡状态。当外界环境条件在一定范围内变化时，家畜通过其调节机能进行调节，保证机体内环境相对稳定，例如猪的体温表示体内热量的多少，正常情况下猪通过体热调节机能使机体处于体热平衡状态（产热和散热相等），体温保持相对恒定（38.7～39.8 ℃）；家畜机体的组成、体液的化学成分和含量、pH 等与温度一样，都保持着体内平衡状态。但是当外部环境条件变化超过家畜机体的调节能力时，机体的体内平衡被破坏，内部环境发生紊乱，从而发生机能障碍，甚至死亡。家畜发生疾病的主要原因是外界环境不适宜或外因通过内因起作用的结果。

- 环境
  - 外环境
    - 自然环境
      - 非生物环境：空气、水、土壤、岩石等
      - 生物环境：动物、植物、微生物
    - 人为环境：猪舍与设备、饲养管理、选育利用、科技水平、经济力量、环境污染、人口分布、消费水平、国家政策法令等
  - 内环境
    - 非生物环境：温度、化学成分、离子浓度、pH、渗透压等
    - 生物环境：寄生虫、微生物等

环境因素对猪的作用和影响越来越被人们所重视，了解猪与外界环境因素相互作用和影响的基本规律，并依据这些规律制订利用、保护、改善和控制猪场与猪舍环境的技术措施，目的在于为猪只创造良好的生存和生产环境，保持猪群的健康，提高生产力，增加经济效益。

随着现代科学技术的发展，根据猪的生物学特性，采取工程技术措施，为猪只创造适宜的环境，已成为养猪生产现代化的重要标志和手段。研究环境因素对猪的作用和影响，可为猪只创造良好的生存和生产条件，达到保持健康、提高生产力和降低生产成本的目的。同时对养猪生产中产生的粪、尿、污水、恶臭、药物残留及噪声等畜产公害进行控制和处理，可以保护人类的生存环境。因此，投入最少的原料，获取数量多、质量好的产品，是衡量养猪生产水平的重要指标和依据。

二、现代养猪生产水平与环境

近年来，养猪业发达的国家，养猪生产达到相当高的水平。一头母猪年产 2.5 胎，年提供 90 kg 重的肥育猪 16 头，约合 1 000 kg 猪肉（屠宰率按 70％计算）。肥育猪 5 月龄体重达 90 kg，日增重高达 1 000 g，每千克增重消耗 2.6 kg 配合饲料，出栏率在 200％以上。出栏率是衡量一个国家养猪生产水平的重要标志（出栏率是指本年度出栏上市肥育猪占上年年底存栏猪数的百分数）。出栏率超过 150％的国家有加拿大、德国、荷兰、英国、日本、法国、丹麦等国。出肉率也是衡量养猪生产水平的一个指标，目前，平均每头存栏猪年产肉量超过 100 kg 的国家有荷兰、法国、日本、捷克、匈牙利、英国、美国、德国、丹麦等国。养猪生产达到这样高的水

平，是广泛应用现代科学成就、采取综合配套技术措施的结果，与创造适宜的环境有着极为密切的关系。为猪只创造适宜的环境，才能保证生产潜力的充分发挥，如不能对环境有效地控制，就难以克服季节变化对养猪生产的影响，仔猪的早期断奶、母猪的年产2窝以上，仔猪的高育成率、肥育猪的高日增重和良好的饲料利用效率等就很难达到。只有为猪只创造适宜的环境，才能保证一年内的均衡生产，使优良的遗传特性充分显现，饲养效果有效发挥，保持猪群健康，最大限度地提高生产水平。

三、猪对环境的适应与应激

1.适应

猪在适宜的环境条件下，最有利于生存和生产，实践中很难提供这种环境。当环境因素在一定范围内变化，猪体通过神经和体液进行调节，以保持机体的相对稳定，称为适应。因环境变化的刺激强度和时间不同，其适应过程也随之变化，就环境温度而言，当环境温度降低时，猪在行为学方面发生变化（猪只呈现蜷缩、挤堆等）；如低温继续刺激或有所加强，猪在生理学方面发生变化（呈现颤抖、呼吸变慢且深等）；在长时间的低温环境下，猪在形态学方面发生变化（皮肤变厚、皮下脂肪增加等）；低温环境超过猪的适应限度时，导致机能障碍、体温下降、冻昏、冻死。

2.应激

猪体受到环境因素刺激后，可产生相应的特异反应，有些刺激不仅使猪产生特异反应，而且产生非特异反应。机体对各种非常刺激所产生的全身非特异性应答反应之总和称为应激。如肾上腺皮质变粗，内分泌活动加强，胸腺、脾脏和淋巴组织萎缩，血液中嗜酸性粒细胞和淋巴细胞减少，嗜中性白细胞增加，胃、十二指肠溃疡等。典型的应激大致可分为以下3个阶段：

第一为惊恐阶段。最初为休克相表现，体温和血压下降，抵抗力降低，神经系统抑制，肌肉松弛，后转为反休克相表现，血压升高，血糖含量提高，抵抗力增强。

第二为适应阶段。对不良刺激产生适应，各种机能活动趋于正常，当刺激停止或减弱，应激反应结束。

第三为衰竭阶段。当刺激持续或机体防卫储备被严重消耗，适应能力被破坏，机能紊乱，异化作用加强，体重下降，严重时因衰竭而死亡。

3.应激因素

凡能引起猪应激反应的因素称为应激因素，又称为应激源。不良的环境因素如高温、低湿、强辐射、强噪声、高气流、低气压和浓度高的有害、有毒气体；细菌、病毒、寄生虫等引起的疾病，预防接种等；饲养管理因素如饲料组成营养水平突然变更、饮水不足、过饥或过饱、断奶、转群、去势、断尾、打耳号、打预防针、快速追赶、运输等。

4.应激对猪的影响

非强烈应激当猪只适应后，有利于生存和生产，可提高生产力、饲料利用率和抵抗力。强烈和长时间的应激对猪的健康、增重、繁殖、肉质等都有不良影响。猪应激后，由于肾上腺皮质激素分泌加强，使体内的糖原和脂肪分解加速，蛋白质解体，导致生长发育减缓或停滞；由于性激素分泌异常，造成性机能紊乱，使幼年猪性腺发育不全，成年猪性腺萎缩，性欲降低，精液品质下降，排卵数减少，受胎率下降，产生溶胎、木乃伊、死胎、胎儿畸形等；由于机体代谢加强，耗氧量增加，乳酸量增加，肌肉组织的pH下降，三磷酸腺苷减少，肌肉持水力下降，造成肉质变劣，致产生 PSE 肉。如果适应失败，则会导致各种适应性疾病，如恶性高温综合征、无乳综合征、突毙综合征、胃肠溃疡、大肠杆菌病以及由于对各种应激源易感而引起的疾病。

虽然应激对养猪生产有诸多不利影响，但是并不是所有的应激对猪都是有害的，只是需要注意控制应激源的强度和作用时间，使之停止在适应阶段。在养猪生产中，还是应当尽量避免应激发生。

5. 猪的应激症状

应激诊断常用临床症状和行为表现的观察、氟烷检验、血液中有关激素、酶、白细胞及其有关成分的含量变化进行确定。因猪的年龄、品种、生产阶段、营养水平、性别等的不同，应激敏感程度亦不同。

低强度、长时间造成的应激，会使猪的行动缓慢，精神委顿，体重减轻，免疫力下降，产生繁殖障碍等；高强度、短时间造成的应激，会使猪的食欲下降，眼睛睁大，惊慌不安，心率加快，呼吸急促，肌肉颤抖，体温升高，皮肤出现红斑或发绀，严重的可致休克或死亡。

6. 应激的预防和治疗

严格操作规程，创造适宜的小气候环境，稳定的饲养管理是预防应激的有效措施。亦可采用药物预防，在猪的环境变化前（如断奶、预防注射、去势、转群等）使用药物，既可预防，又能缓解和治疗应激。主要用镇静剂（如氯丙嗪、安定等），激素（如肾上腺皮质激素），维生素（如维生素 C、维生素 E 和 B 族维生素等），微量元素（如硒），有机酸（如琥珀酸、柠檬酸、乳酸、苹果酸等）。还可让猪经受适当的锻炼，逐步提高抗应激能力。选育抗应激品系，对猪进行氟烷检验，淘汰应激敏感猪。

四、猪对环境条件的要求

环境因素非常复杂，以各种方式和不同途径，单独或综合地对猪体产生影响，从而引起猪体的各种反应。环境是猪的生存条件，猪与外界环境进行物质交换和能量交换；猪依赖外界环境生长、繁殖和生产产品；猪接受外界环境的刺激，可增强体质，提高生产力。环境对猪也有有害的刺激，猪在有害环境刺激的情况下，能发生保护性反应或适应力，假如有害的刺激超过猪体所忍受的限度，则使猪体的机能失调引起疾病，甚至死亡。

任务评价

一、概念

内环境　外环境　应激　适应

二、简述

1. 什么是猪的环境？
2. 影响猪生产和健康的环境因子有哪些？
3. 应激包括哪几个阶段？
4. 对猪造成应激的因素主要有哪些？
5. 养猪生产中如何降低对猪的应激？

项目二

猪场环境与调控

价值目标

通过学习猪场(舍)环境如光照、温度、湿度、通风、有害气体等理论知识,掌握环境控制技术,了解国外最先进猪场(舍)环境控制技术,了解我国猪场(舍)环境控制技术取得的成绩和在环境控制技术方面所做的努力,统筹推进"五位一体"总体布局,加强生态文明建设,激发学生学习的积极性和主动性。通过高标准、严要求的理实一体技能训练,培养学生科学精神、工匠精神和"人一之我十之,人十之我百之"的甘肃精神,培育和践行社会主义核心价值观,不断增强学生的职业责任心、职业道德意识、职业道德行为和职业道德品质。

学习目标

掌握猪舍光照、温度、湿度、气流、有害气体等环境因素与猪相互作用的关系;掌握猪舍光照、温度、湿度、通风换气、有害气体等环境因素调控的方法与措施。会利用猪舍环境检测仪器测定猪舍温度、湿度、气流、光照、有害气体等卫生指标,并能正确评价猪舍卫生状况。了解猪的智能化养殖发展趋势;认识并理解智能化猪场生物安全体系、学会区别人工智能化养猪和传统养猪。

学习任务

任务一　猪舍光照与调控

光照是猪舍环境中的一个非常重要的因素,是猪生存和生产不可或缺的外界条件。光照时间、光照度、光照制度等光环境参数是影响生猪生产的重要环境因素之一,直接或间接地影响猪的生产性能。不同的光环境对不同类型的猪只有不同的影响。猪舍光照调控的目的是确保达到猪的光照要求,保证舍内光照符合猪的生理需求。

一、光照与猪的关系

(一)太阳辐射及其强度

太阳辐射是地球表面热能的主要来源,是产生各种复杂天气现象的根本原因。太阳辐射对猪的健康和生产性能有着非常重要的影响。太阳是一个巨大的热核反应器，在氢核聚变的过程中，以 3.5×10^{25} kJ/s 的速度向宇宙释放大量的辐射能量，称为太阳辐射能。到达地球大气外层的仅是其中的二十二亿分之一，太阳辐射通过大气层时，其中约有 19%被大气和云层吸收，9%左右被大气中的各种气体分子、悬浮的微粒和地面散射，25%左右被云层反射，只有大约 47%的太阳辐射能量以直射光(24%)和散射光(23%)的形式到达地面(图 2-1)。

太阳辐射能的强弱程度常用太阳辐射强度来表示，太阳辐射强度是指单位时间内太阳垂直投射到单位面积上的辐射能，单位为 J/(cm^2·min)。到达地面的太阳辐射强度，除受大气状况的影响外，还与太阳高度角和海拔有关。太阳高度角是指太阳光线与地表水平面之间的夹角。太阳高度角越小，太阳辐射在大气中的射程就越长，被大气减弱得越厉害；太阳高度角的大小取决于地理纬度、季节和一天的不同时间。高纬度地区太阳辐射强度较弱，低纬度地区较强；夏季太阳辐射强度较冬季强；太阳辐射强度的最高值均出现在当地时间的正午。海拔越高，大气的透明度越好，灰尘、二氧化碳等的含量越少，太阳辐射强度越大。

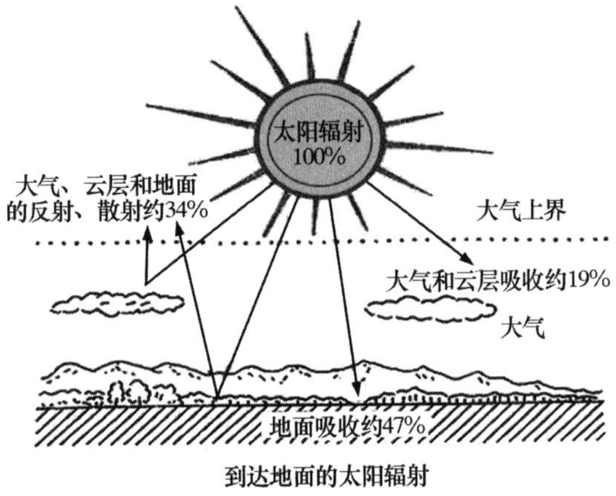

图 2-1 太阳辐射热

到达地面的辐射能，一部分被地面吸收，转变为热能，一部分反射回大气。地面的反射率取决于地表的物理状态：雪的反射率最大，可达 80%～90%，其他如黄沙为 34.6%，绿草地为 25.7%，枯草地为 19%，黑湿土壤为 7%。

(二)太阳辐射光谱

太阳辐射是一种电磁波，它的波长为 $4\sim3\times10^5$ nm。其光谱组成按人类的视觉反应，将太阳辐射光谱分为紫外线、可见光和红外线等 3 个光谱区，可见光波长由长到短分为红、橙、黄、绿、青、蓝、紫光(表 2-1)。

表 2-1 太阳辐射的光谱 nm

种类	紫外线	紫光	蓝光	青光	绿光	黄光	橙光	红光	红外线
波长	4～400	400～430	430～470	470～500	500～560	560～590	590～620	620～760	$760\sim3\times10^5$

(三)太阳辐射的作用

太阳辐射照射到猪有机体后，只有被机体吸收的部分，才能对机体起作用。光线被猪机体吸收的程度，与光线对机体的穿透能力成反比。光线被猪机体吸收强烈时，进入的深度不大就被吸收殆尽，所以不能进入深层。各种光线对机体的穿透能力的大小顺序是：短波红外线＞红、橙、黄光线＞绿、青、蓝、紫光线＞长波紫外线＞长波红外线＞短波紫外线。由此可见，猪机体对紫外线的吸收最为强烈，对可见光的吸收很差，对短波红外线更差，长波红外线在组织表层被吸收。因此紫外线引起的光生物学效应是明显的。

太阳辐射照射到猪有机体时，被组织吸收的光能转变为各种形式的能量，并产生不同的效应，如光热效应、光化学效应、光电效应以及光敏作用等。

1.光热效应

太阳光波的长波部分，如红光或红外线，由于单个光子的能量较低，被组织吸收后，光能主要转变为热运动的能量，即产生光热效应，可使组织温度升高，加速组织内的各种物理化学过程，提高组织和全身的代谢。

2.光化学效应

太阳光波的短波部分，尤其是紫外线，被组织吸收后，除部分转化为热能外，还可使分子或原子中的电子吸能后处于激发态而不稳定，引起光化学效应，产生具有刺激神经感应器而引起局部及全身反应的生物活性物质（如乙酰胆碱、组织胺等）。

3.光敏作用

光敏作用是光化学效应的一种特殊形式，当猪机体内含有某种光敏物质时，如采食含有叶红质的荞麦、三叶草、苜蓿和春蓼等植物，或机体本身产生的异常代谢产物，或由感染病灶吸收的毒素等，在受日光照射时，引起皮肤炎症和坏死现象，称为光敏作用。

4.光电效应

太阳光波中的短波可见光和紫外线，由于单个光子的能量较大，可导致物质分子或原子中的电子被激活逸出轨道，形成光电子或阳离子，产生光电效应。

（四）紫外线的生物学作用与应用

太阳辐射光谱中紫外线的波长范围为 4～400 nm，但能到达地球表面的紫外线的波长为 290～400 nm，短于 290 nm 的紫外线被臭氧层吸收，人工紫外线灯才能产生短于 290 nm 的紫外线。波长 275～320 nm 的紫外线在太阳高度角小于 35°或地理纬度大于 32°的地区一般不能到达地面。紫外线对猪的作用与波长有关，根据其对机体的影响，可将紫外线分为 3 段。

A 段：波长 320～400 nm，生物学作用较弱，有色素沉着作用。

B 段：波长 275～320 nm，生物学作用很强，有红斑作用和抗佝偻病作用。

C 段：波长 200～275 nm，不能到达地面，生物学作用非常强烈，对细胞有巨大的杀伤力。此段紫外线被大气吸收，不能到达地面。

紫外线的生物学作用，包括有益和有害两个方面。

1.紫外线的有益作用

（1）杀菌作用。波长在 275nm 以下的紫外线，其化学效应使细菌核蛋白发生变性、凝固而死亡。紫外线的杀菌效果取决于紫外线的波长、强度和微生物的抵抗能力。紫外线波长越短，杀菌效果越好，杀菌力最强的紫外线波长是 253～260 nm，波长大于 300 nm 的紫外线基本上没有杀菌能力。增加紫外线的照射时间和照射强度，可增强杀菌作用。不同细菌对紫外线具有不同的敏感性，其中白色葡萄球菌对紫外线最敏感，而黄色八迭球菌的抵抗能力最强，真菌对紫外线的耐受能力较细菌强。同时，紫外线也能杀死病毒。但处在灰尘颗粒中的微生物对紫外线具有较强的耐受力。一般在环境温度为 20～40 ℃、湿度 40%～60%时，紫外线杀菌的效果最佳。

由于紫外线的穿透能力较弱，主要用于空气、物体表面的消毒以及表面创伤感染的治疗。在生产中，常用紫外线灯进行杀菌消毒。目前在鸡、鸭、猪等畜禽舍使用的低压汞灯，可辐射出

254 nm 紫外线，具有较好的灭菌效果。生产实践证明，用 20 W 的低压汞灯悬于畜禽舍 2.5 m 的高处，每 20 m^2 悬挂 1 盏，即 1 W/m^2，每日照射 3 次，每次 50 min 左右，可降低畜禽的染病率和死亡率，生产力显著提高。另外，在畜禽生产场地的入口处以及畜禽舍的入口处安装低压汞灯，灭菌效果也很好。紫外线灭菌照射对畜禽的染病率、死亡率和生长率的影响见表 2-2。

表 2-2 紫外线灭菌照射对畜禽的染病率、死亡率和生长率的影响 %

效果	用紫外线灭菌	不用紫外线灭菌
染病率	46.8	78
死亡率	0.4	3.5
生长率	0.55	0.42

(2)抗佝偻病作用。波长 275～320 nm 的紫外线照射皮肤，能使皮肤中的 7-脱氢胆固醇形成维生素 D_3，具有调节钙、磷代谢的作用。当太阳高度角小于 35°时，该波段的紫外线一般不能到达地面。在纬度大于 32°的地区，尤其在冬季要对畜禽进行人工紫外线照射，应选用波长为 283～295 nm 的紫外线，不能用一般的杀菌灯代替。另外，在现代化的密闭舍中，畜禽常年见不到阳光，容易造成维生素 D 缺乏，应在日粮中添加适量的维生素 D。

在畜禽生产中，常用人工保健紫外线(280～340 nm)对畜禽进行照射，以提高其生产性能。实践证明，采用 15～20 W 的保健紫外线灯，按 0.7 W/m^2 安装，距被照射畜体 1.5～2.0 m 高，每日照射 4～5 次，每次 30 min，其生长率、产蛋率和孵化率明显提高。用紫外线灯也可照射乳牛、奶羊，同样会提高产奶量及奶中的维生素 D 的含量。

(3)色素沉着作用。在波长 320～400 nm 的紫外线照射下，动物皮肤基底一种黑色素细胞内存在的含有酪氨酶的黑色素小体能够产生和贮存黑色素，使皮肤颜色变深，这一现象称为色素沉着。皮肤的黑色素含量增多，能增强皮肤对光线的吸收能力，防止大量的光辐射透入组织深部造成损害，同时还使汗腺加速排汗散热，避免机体过热。因此，黑色素对动物有重要的保护作用。正因为如此，颜色浅的皮肤在日晒下易被灼伤，而深色皮肤受害较轻。据观察，白猪和黑猪同时在夏季日晒下放牧，结果白猪全部发生皮肤损伤，黑猪发生皮肤损伤的只有 1/16。

(4)增强机体的免疫力和抗病力。长波紫外线的适量照射，能提高血液中凝集素的凝集，增加白细胞数量，从而增强血液的杀菌和吞噬作用，提高机体的抗病力。动物长期缺乏紫外线的照射，可导致机体免疫功能下降，对各种疾病的抵抗力减弱，易引起各种感染和传染病。在养猪生产中，为增强体质，提高猪对环境变化的适应能力和对某些疾病的抵抗力，可采用小剂量紫外线进行多次照射。

2.有害作用

过度的紫外线照射，可引起下列不良反应。

(1)红斑现象。过度的紫外线照射会使被照射部位的皮肤出现红斑，称为红斑作用。紫外线的红斑反应有两个最敏感的波长区，即 254 nm 和 297 nm，由于产生红斑作用的这一波段紫外线也具有抗佝偻病作用，故生产中可用红斑出现作为确定紫外线适宜照射时间的依据。

(2)光敏性皮炎。当畜禽采食荞麦苗、三叶草、苜蓿等含光敏性物质的饲料后，饲料中的光敏性物质会因吸收了大量光子而处于激发态，使皮肤发生反应出现红斑、痛痒、水肿和水泡等症状，即光敏性皮炎。多发生于白色皮肤或无毛、少毛部位，多见于猪和羊。

(3)光照性眼炎。动物眼睛接受过度的紫外线照射时，可引起结膜炎和角膜炎，称为光照性眼炎。其临床表现为角膜损伤、眼红、灼痛感、流泪和畏光等症状，经数天后消失。最易引起光照性眼炎的波长为295～360 nm。长期接触少量的紫外线，可发生慢性结膜炎。

(4)皮肤癌。高强度、长期的紫外线照射可使皮肤发生癌变。其中291～320 nm的紫外线致癌作用最强，白色皮肤发病率高。

紫外线照射对动物有利也有弊，在养猪生产中应尽可能地利用其有利的一面，避免过度照射造成的弊病。

(五)红外线的生物学作用与应用

红外线的作用主要为光热效应，故红外线又称热射线。红外线照射体表，一部分被反射，一部分被皮肤吸收，机体吸收红外线的部位主要是皮肤和皮下组织。红外线穿透组织的深度可达8 cm，能直接作用于皮肤的血管、淋巴管、神经末梢和其他皮下组织。

1.有益作用

(1)消肿镇痛。适度的红外线照射，可使动物有机体局部温度升高，微血管扩张，血流量增加，促进血液循环，加速组织内各种理化过程，改善组织营养和代谢，使炎症迅速消退，局部渗出液被吸收，而使组织紧张程度下降，肿胀减轻，局部肿痛减缓。因此，在临床上可利用红外线来治疗冻伤，风湿性肌肉炎、关节炎及神经痛等疾病。

(2)御寒。在生产中，常用红外线灯作为热源对雏禽、仔猪、羔羊和弱畜、病畜进行照射，不仅可以增强动物御寒能力，而且对其生长发育具有一定的促进作用。例如，采用红外线灯保温伞育雏，每盏(125 W)可育雏鸡800～1 000只；若用于照射仔猪，一般每盏一窝。

2.有害作用

(1)过度的红外线照射可使表层血液循环增加，但内脏血液循环会减少，使胃肠道消化力及对特异性传染的抵抗力下降。

(2)当过强的红外线照射皮肤时，皮肤温度可升高到40 ℃以上，使皮肤表面发生变性，甚至造成严重烧伤。

(3)波长600～1 000 nm红外线能穿透颅骨，使颅内温度升高，引起的神经症状，称为日射病。为了防止日射病，在运动场应设遮阳棚或植树，放牧畜禽应避开日光照射较强的中午。

(4)当眼睛接受波长1 000～1 900 nm的红外线长时间照射时，可使水晶体及眼内液体温度升高，水晶体混浊，导致白内障。这种情况常见于马属动物。因此，在夏季户外长时间放牧或使役时，应注意保护其头部和眼睛。

(5)影响机体的热调节，引起全身反应，体温升高。

(六)可见光对猪的影响

1.光照对仔猪的影响

光照可以显著影响仔猪的免疫功能和物质代谢功能。延长光照可以提高仔猪免疫力的机制是通过光的刺激引起内分泌系统及神经系统发生变化。断奶仔猪在黑暗的环境下不进食，延长光照时间可以使仔猪的平均日采食量增加，从而使仔猪的平均日增重增加。光照对饲料的转化率也有一定的影响，其原因是光照通过视神经系统刺激仔猪的兴奋系统，减少仔猪的褪黑素和其他神经抑制递质分泌，使仔猪处于清醒的状态，仔猪采食活动增加，从而延长了采食时间。光照可能刺激和生长有关的激素的分泌，可以提高血液中的生长激素，通过刺激激素的分泌直接作用于仔猪的体组织，促进仔猪体内蛋白质和脂肪的合成。光照时间的延长或光照强度的增加可以降低仔猪发病率，提高仔猪的存活率和仔猪的增长速度。

据测定，在光照强度 400～500 lx(lx，光照强度单位)、每天 16 h 光照(8 h 黑暗)的环境下，仔猪断奶体重要高于光照强度较低的环境。每天 18 h 光照与 12 h 光照比较，仔猪肠胃病发病率下降 6.3%～8.7%，死亡率下降 2.7%～4.9%，日增重提高 7.5%～9.6%。光照强度从 10 lx 增至 60 lx 再到 100 lx(光照时间保持 14 h)，仔猪发病率下降 24.8%～28.6%，存活率提高 10.7%～12.0%；光照强度增至 350 lx，其效果较 60 lx 的差。建议仔猪从出生到 4 月龄采用 18 h 光照，光照强度为 50～100 lx。

Niekamp 等将 14 d、21 d、28 d 断奶的仔猪分别在 8 h 光照和 16 h 光照(光照强度为 250 lx)条件下饲养到 10 周。结果发现长光照组的仔猪日增重和免疫性能高于短光照组，体内更多的能量用于生长而不是维持。

2.光照对生长肥育猪的影响

光照对生长肥育猪有一定影响。适当提高光照强度，可增进猪的健康，提高猪的抵抗力；但提高光照强度也会增加猪的活动时间，减少其休息睡眠时间。据测定，育肥猪的光照强度从 5 lx 提高到 40～50 lx，日增重提高 5%左右。建议生长肥育猪的光照强度一般在 40～50 lx。光照时间对生长肥育猪影响不大(一般不超过 10 h)。有人用 9 组育肥猪进行试验测定，45～120 lx 光照对比中，45 lx 光照组日增重 454 g，最差的是 120 lx 组，日增重 374 g。在耗料同样的情况下，适宜的光照强度可使饲料利用率提高 3%，日增重提高到 496 g。

3.光照对猪性成熟的影响

光照对猪的性成熟有明显影响。较长的光照时间可促进性腺系统发育，性成熟较早；短光照，特别是持续黑暗，抑制生殖系统发育，性成熟延迟。据报道，持续黑暗下的小母猪性成熟较自然光照组延迟 16.3 d，比 12 h 光照组延迟 39 d；光照 15 h/d(300 lx)较秋冬自然光照下培育的小母猪性成熟提早 20 d；光照强度 45～60 lx 较 10 lx 光照下的小母猪生长发育迅速，性成熟提早 30～45 d。

光照强度的变化对猪性成熟的影响也十分显著，但要达到一定的阈值。在封闭猪舍采用 8 h 和 16 h 的光照，对小母猪性成熟无显著影响，而在开放猪舍饲养的猪性成熟显著早于封闭舍内饲养的猪。因此，后备猪的光照时间不应少于 12 h，光照强度以 60～100 lx 为宜。

4.光照对母猪的影响

光照对于母猪的影响比较大，与母猪的繁殖性能密切相关。母猪在持续黑暗或短光照的环境中生活，其生殖系统的发育会受到抑制，而延长光照时间能促进生殖系统的发育，使性成熟提前。由于圈舍内光照受到限制，后备母猪的初情期较舍外饲养的后备母猪的初情期晚。延长光照时间可能使母猪重新发情的天数缩短。光照时间影响母猪的生产性能，母猪在配种前及妊娠期的光照时间显著影响母猪的繁殖性能。在配种前及妊娠期延长光照时间，能促进母猪雌二醇及孕酮的分泌，增强卵巢和子宫机能，有利于受胎和胚胎发育，提高受胎率，减少妊娠期胚胎死亡，增加产仔数和初生重。应用持续光照，母猪受胎率可提高 10.7%，产仔数增加 0.8 头，初生重增加 100 g。但是光照时间过长也同样会导致“光疲劳”，如母猪在夏季的繁殖机能下降，就是由于夏季光照时间长所致，当夏季为母猪人工缩短光照时间后，母猪产后 7 d 内的发情率有了明显提高。

光照时间的延长可以提高哺乳母猪血液中催乳素的水平，使泌乳量显著增加，哺乳频率提高，从而有效降低仔猪在哺乳期的死亡率，使仔猪的断奶体重有所增加。

光照强度对母猪繁殖性能也有明显影响。饲养在黑暗和光线不足条件下的母猪，卵巢重量降低，受胎率明显下降。增加光照强度可提高产仔数、初生窝重及断乳窝重。光照强度从 6～8 lx 增加到 70～100 lx，产仔数增加 4.5%～8.5%，初生窝重及断乳窝重分别提高 4.5%～16.7%和 5.1%～12.2%。因此，母猪的适宜光照时间为 12～17 h，光照强度为 60～100 lx。

5.光照对公猪的影响

光照对公猪的繁殖性能也有影响。在一定范围内，延长光照时间可提高公猪的性欲，增加光照强度可提高公猪的精液品质。据测定，小公猪从 20 周龄开始延长光照，26 周龄时有 73%的公猪能采出精液，而自然光照下的小公猪只有 26%。延长光照时间到 15 h，种公猪的性欲活动显著增加；在 8～10 h 的光照条件下，光照强度从 8～10 lx 提高到 100～150 lx，公猪射精量、精子浓度都显著增加。建议公猪的光照时间为 8～10 h，光照强度为 100～150 lx。

二、猪舍的光照调控

猪舍内采光分自然采光和人工照明两种。自然采光的时间和强度有明显的季节性，一天之中太阳高度也在不断变化，导致舍内照度不均匀。对于开放舍或半开放舍，南墙有很大的开放部分，主要借助自然光照以满足生产需要。封闭舍也以自然光照为主，但为了克服自然光照的不稳定性和夜间的光照需求，猪舍必须设置人工照明来控制舍内的光照时间和光照强度，以满足生猪生产对光照的需要。

(一)自然采光调控

自然采光取决于太阳直射光或散射光通过猪舍开露部分进入舍内的量。进入舍内的光量与猪舍朝向、舍外情况、窗户的设置、舍内设施等因素有关。自然采光调控的任务就是通过合理设计采光窗的面积、位置、数量和形状，保证猪舍自然光照的要求，并尽量使光照分布均匀。

1.确定窗口面积

窗口面积可根据采光系数来确定。采光系数是指窗户的有效采光面积(即窗户玻璃的总面积)与舍内地面面积之比。采光系数越大，采光效果越好。不同猪舍采光系数见表 2-3。根据采光系数(K)可计算猪舍窗户面积，其公式为：

$$A = \frac{K \times F_{\mathrm{d}}}{\tau}$$

式中：A 为采光窗口的有效面积(m^2)；K 为采光系数；F_{d}为舍内地面面积(m^2)；τ 为窗扇遮挡系数，单层金属窗为 0.80，双层金属窗为 0.65，单层木窗为 0.70，双层木窗为 0.50。

为简化计算，窗户面积可按 1 间猪舍面积确定(即间距×跨度，也称“柱间距”)。利用采光系数计算的窗户面积，只能保证猪舍内的自然采光需求，若不能满足夏季的通风要求，建议酌情扩大。

在实际生产中，当窗户面积一定时，增加窗户的数量可减小窗间距，以改善舍内光照的均匀度，并且将窗户两侧的墙棱修成斜角，使窗洞呈喇叭形，以提高光照效果。

2.确定窗口位置

(1)根据采光窗入射角和透光角确定。可根据入射角和透光角来确定窗户的上、下缘高度，如图 2-2 所示。入射角是指窗户上缘外侧(或屋檐下端)一点向地面纵中线所引的垂线与地面间的夹角。入射角越大，越有利于采光。为了保证猪舍内的采光，入射角一般不应小于 25°。透光角又叫开角，是指窗户上缘外侧（或屋檐下端）一点和窗户下缘内侧一点分别向地面纵中线所引垂线形成的夹角。透光角越大，越有利于猪舍的自然采光。为增大透光角，可以增大屋（檐）和窗户上缘的高度，或降低窗台的高度等。但是，窗台高度过低，会使阳光直射于猪只头部，不利于猪的健康。因此，窗台高度以 1.2 m 左右为好。为了保证舍内适宜的照度，要求猪舍的透光角不小于 5°。

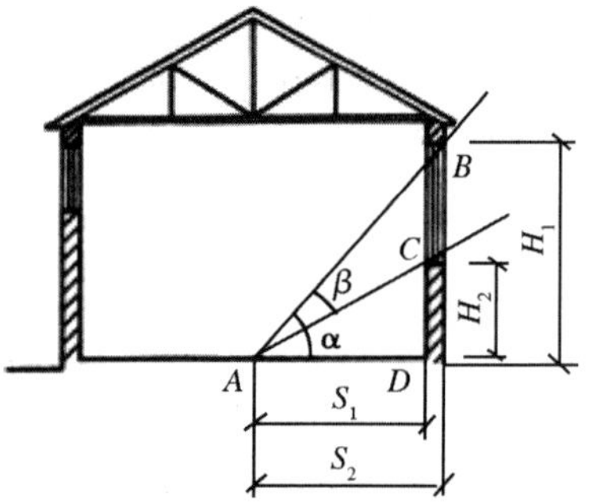

图 2-2　入射角（α）和透光角（β）

由图 2-2 可知，窗口上、下缘至地面的高度 H_1 和 H_2 分别为：

$$H_1 = \tan\alpha \times S_1$$

$$H_2 = \tan(\alpha - \beta) \times S_2$$

要求 $\alpha \geqslant 25°$，$\beta \geqslant 5°$，$\alpha - \beta \leqslant 20°$，故 $H_1 \geqslant 0.4663\ S_1$，$H_2 \leqslant 0.364\ S_2$。

式中：H_1、H_2 分别为窗口上、下缘至舍内地坪的高度（m）；S_1、S_2 分别为猪舍中央一点到外墙和内墙的水平距离。

（2）根据太阳高度角确定。从防暑和防寒角度考虑，我国大部分地区夏季都不应有直射光线进入舍内，而冬季则希望尽可能多的阳光照射到畜床上。为了达到这种要求，可合理设计窗户的出檐宽度和窗户上、下缘高度。当窗户上缘外侧（或屋檐）与窗户内侧所引直线同地面之间的夹角小于当地夏至日的太阳高度角时，能防止夏至前后太阳直射光进入舍内；当畜床后缘与窗户上缘（或屋檐）所引直线同地面之间的夹角大于当地冬至日的太阳高度角时，就能保证冬至前后太阳光线进入舍内，直射到畜床上（图 2-3）。

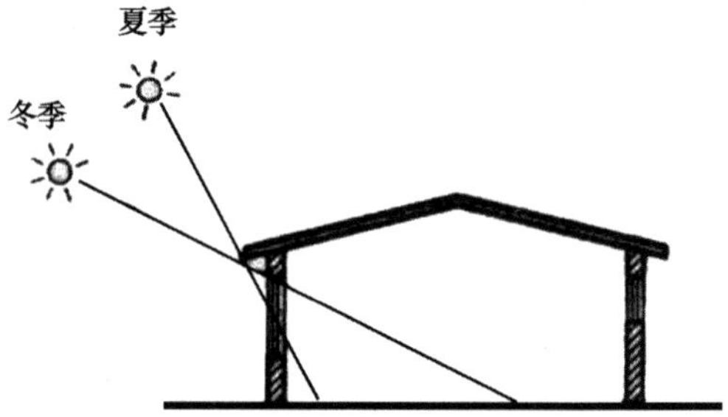

图 2-3　根据太阳高度角设计窗户上缘的高度

太阳高度角计算公式：

$$h = 90° - \varphi + \sigma$$

式中：h 为太阳高度角；φ 为当地的纬度；σ 为太阳赤纬（夏至时为 23°27′，冬至时为 −23°27′，春分和秋分时为 0°）。

设计猪舍时，根据猪的需求，参考该方法确定窗户上下缘高度，但猪舍出檐一般不超过 0.8 m，过长则会造成施工困难。

3. 窗户的数量、形状和布置

窗户数量的确定应首先根据当地气候特点来确定南北窗面积比例，然后考虑照度均匀和猪舍结构对窗间宽度的要求。炎热地区南北窗面积之比为（1～2）∶1，夏热冬冷和寒冷地区可为（2～4）∶1。为使采光均匀，每间猪舍窗户面积一定时，增加窗户数量可以减小窗间距，从而提高舍内光照均匀度。

从采光效果看，立式窗户比卧式窗户效果好。但立式窗户散热较多，不利于冬季的保温，所以在寒冷的地区，南墙设立式窗户，北侧墙设卧式窗户。布置窗户时应根据各种猪只对采光、通风的要求以及猪舍的跨度，做到适用、实用为宜。

（二）人工照明调控

人工照明是在猪舍内安装光源进行照明，不仅应用于密闭式猪舍，也可用于自然采光的猪舍作为补充光照。其特点是可以人工控制，受外界因素影响小，但造价高，投资多。

1.灯具的选择

根据灯具的特性选择，主要有白炽灯与荧光灯（日光灯）两种（图 2-4）。荧光灯比白炽灯节约电能，光线比较柔和，不刺眼睛，温度为 21.0～26.7 ℃，光照效率最高；但存在设备投资较大，温度低时不易启亮等缺点。现代养猪场为节约电能也可采用节能灯，节能灯是一种紧凑型荧光灯，其发光强度是白炽灯的 5～6 倍。目前猪舍灯具主要选用节能灯或 T8 型标准直管荧光灯，也已经有项目使用 LED 灯（图 2-5）。无论是节能灯、直管荧光灯或者 LED 灯都最好配备可靠的三防灯罩（防水、防尘、防腐）。因使用三防罩不利于散热，可能会使部分灯具的使用寿命受到影响，因此在灯具选择时要注意甄选。

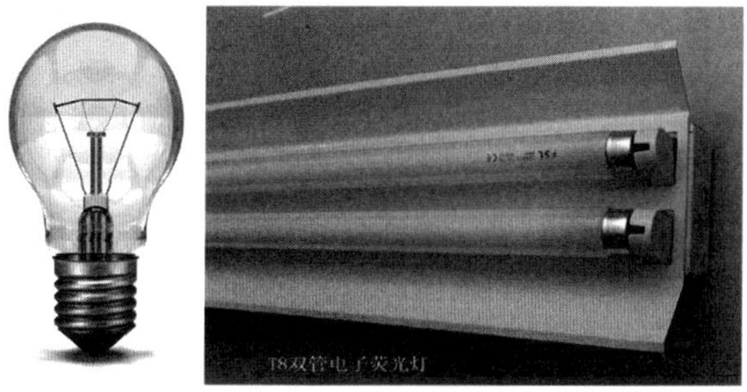

白炽灯　　荧光灯

图 2-4　白炽灯和荧光灯

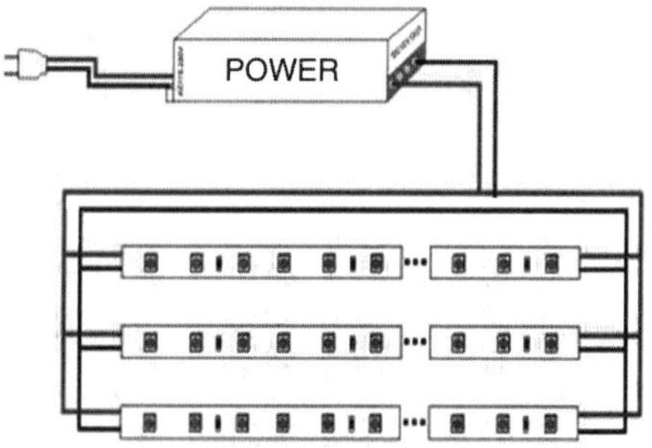

图 2-5　LED 灯

2.灯具总功率的确定

可参考猪舍光照标准（表 2-3 至表 2-6）和各种灯具的能效比，即每单位光通量所需用的电功率计算猪舍所需光源总功率。常用灯具的能效比见表 2-7。通过对比可以发现，常用灯具中大功率 LED 灯的能效比最高。

$$光源总功率=（猪舍适宜照度/1\ m^2 地面设 1\ W 光源提供的照度）\times 猪舍总面积$$

表 2-3　猪舍采光参数（GB/T 17824.3—2008）

猪群类别	自然光照		人工照明	
	采光系数	辅助照明/lx	光照强度/lx	光照时间/h
种公猪	1∶(12～10)	50～75	50～100	10～12
成年母猪	1∶(15～12)	50～75	50～100	10～12
哺乳母猪	1∶(12～10)	50～75	50～100	10～12
哺乳仔猪	1∶(12～10)	50～75	50～100	10～12
保育仔猪	1∶10	50～75	50～100	10～12
育肥猪	1∶(15～12)	50～75	50～100	8～12

表 2-4 美国农业生物工程学会标准建议猪舍光照指标

猪舍类型	光照强度/lx	光照时间/h	备注
配种舍/后备舍	>100	14～16	对发情很有必要
妊娠舍	>50	14～16	刺激发情
分娩舍	50～100	8	如果没烤灯建议 24 h 有照明
保育舍	50	8	24 h 有照明
育肥舍	50	8	

表 2-5 加拿大服务计划建议猪舍光照指标

猪舍类型	光照强度/lx	光照时间/h
配种舍	108～161	14～16
妊娠舍	≥54	14～16
分娩舍	108～161	8
保育舍	54～108	8
育肥舍	54	8

注：光照强度指的是地面上 40 cm 测量的强度。分娩舍、保育舍、育肥舍光照强度 110 lx 为灯具计算采用的光照强度（未考虑利用系数），在猪眼部形成的有效光照强度为 50～60 lx。

表 2-6 行业专家 Dr. Donal G. Levisd 建议猪舍光照指标

猪舍类型	光照强度/lx	光照时间/(h/d)	备注
后备舍	270～300	10～12	光照强度指的是地面上 40 cm 测量强度
配置妊娠舍	150～200	10～12	
分娩舍	200	8～10	

表 2-7 常用灯具的能效比

灯具	日光灯	白炽灯	石英卤素灯	大功率 LED 灯
能效/(W/lm)	0.014	0.067	5.9～7.0	8.0～10.0

3. 确定灯具的数量和每盏灯泡的功率

灯具的行距和灯距约按 3 m 布置，靠墙的灯距为内部灯距的 1/2。布置方案确定后，即可算出所需灯具的数量。根据总功率和数量，算出每盏灯的瓦数。

4. 灯具的安装

为使舍内照度均匀，应尽量降低灯的瓦数而增加灯具的数量，两排以上时应左右交错排列。

灯的高度直接影响地面的光照强度，在实际生产中，灯高一般为 2.0～2.4 m，灯距 4 m，每 0.37 m^2 猪舍配置 1 W 的灯具或按 2.7 W/m^2 配置，可获得相当于 10.76 lx 的照度。为使地面获得 10.76 lx 的照度，白炽灯的高度设置可参见表 2-8。

表 2-8　白炽灯安装高度

光源/W	15	25	40	60	75	100
有灯罩安装高度/m	1.0	1.4	2.0	3.1	3.2	4.1
无灯罩安装高度/m	0.7	0.9	1.4	2.1	2.3	2.9

5.卫生要求

科学建立开放式猪舍光照制度时，应了解本地的自然光照规律。自然光照时间以本地域日出至日落之间的日照时数计算。在实际使用时，要了解日出及日落的时间，然后依据日照时数进行早晚补充照明，人工补充光照是一项严格的管理工作，为了达到人工补充光照的作用，应注意如下几点。

(1)照度足够。应满足猪最低照度的要求，为便于饲养员的工作考虑，地面照度以 10 lx 为宜。光线以白光或黄白色光为宜，不宜用红光。

(2)保持灯泡清洁。脏灯泡发出的光比干净灯泡减少约 1/3，因此，要定期对灯泡进行擦拭。同时，设置灯罩不仅保持灯泡表面的清洁，还可提高光照强度，使光照强度增加 50%。一般采用平型或伞形灯罩，避免使用上部敞开的圆锥形灯罩。

(3)猪舍内设置灯泡功率一般应以 60～100 W 的白炽灯或 18～36 W 的节能灯为宜，猪场多用 25 W 节能灯；设置可调变压器，使电灯在开、关时有渐亮、渐暗的过程。现代猪场多采用全自动电脑定时光控器，有效补充光照，提高生产效率。

(4)人工光照时有时无，光照时间时长时短，会影响光照制度的实施，扰乱种猪的生物学反应，应保证电源可靠、供电稳定。

(5)灯泡安装应稳定，不能因风吹而摇晃，猪舍的用电必须保证绝对安全。

三、猪舍采光设计案例

(一)猪舍自然采光设计案例

甘肃某猪舍哺乳母猪舍共 16 间，间距为 3 m，净跨度为 4.56 m，窗上、下缘距舍内地面分别为 1.95 m 和 0.75 m，设计该哺乳母猪舍南北窗的面积、数量和布置。

(1)据已知条件，该舍每间面积为 13.68 m^2；查表 2-3 知其采光系数标准为 1∶(12～10)，可取 1∶10，如采用单层木窗，遮挡系数为 0.7，则可知每间所需窗口面积(A)为：

$$A=\frac{0.1\times 13.68}{0.7}=1.954\approx 2\ (m^2)$$

(2)考虑到哺乳母猪舍需注意防寒保暖和北方冬冷夏热的特点，北窗面积可占南窗的 1/4，则每间猪舍北窗面积为 2.0÷5＝0.4(m^2)，南窗面积为 0.40×4＝1.60(m^2)。

(3)根据南窗上、下缘高度可知窗口高 1.2 m，由此得南窗宽度为 1.6÷1.2＝1.33(m)，取 1.5 m，窗间墙宽度为 3.0－1.5＝1.5(m)，考虑光照和通风均匀，可每间设高 1.2 m、宽 0.8 m 的立式窗 2 樘，则窗间墙宽度减为 0.7 m，两南窗面积为 1.2 m×0.8 m×2＝1.92 m^2，稍大于计算面积 1.6 m^2，符合要求。北窗设高 0.6 m、宽 0.9 m 的窗 1 个，面积为 0.54 m^2，稍大于计算值 0.4 m^2，上、下缘高可分别为 1.95 m 和 1.35 m。

(二)猪舍人工照明设计案例

(1)灯具数量计算。以育肥舍为例,育肥舍大小为长 60 m、宽 12 m,总面积 720 m^2,吊顶高 2.4 m,光照强度要求为 50 lx;利用系数为 0.5(利用系数与灯具、安装高度、顶棚、墙体、地面反射比均有关,针对猪舍选常用 0.5。也可根据猪舍具体情况咨询照明工程师);灯具总的光通量=面积×光照强度÷利用系数=720 m^2×50 lx÷0.5=72 000 lumens,即光照强度为 72 000 lx。

1 个 36 W 普通直管荧光灯(冷白光)的光通量是 2 200 lumens(即光照强度为 2 200 lx),则大致需要 33 个 36 W 的普通直管荧光灯。

(2)灯具类型的选择。目前猪舍灯具主要选用节能灯或 T8 型标准直管荧光灯,也已经有项目使用 LED 灯。

(3)灯具安装方式。多采用吸顶方式安装。母猪在限位栏饲养时,为保证母猪眼部光照强度,也有装在母猪头部上方的方式。

(三)猪舍常见照明问题与改进建议

1.光照强度不足

问题:大跨度全封闭猪舍自然采光不足,却没有配备足够的照明设备。猪长时间得不到足够的照明会影响后备猪发情、断奶母猪发情再配,昏暗的舍内环境也不利于饲养人员对猪群的观察,导致很多问题无法及时发现。此外,这也不符合动物福利的要求。

改进建议:根据猪舍情况合理选择光源,对原有照明系统进行改造。多数情况通过更换光源就可以解决。

2.光照时长不足

问题:很多猪舍虽然配备了相应的照明设备,但没有为猪提供足够的光照时长,这对于后备猪发情,断奶母猪发情再配,分娩母猪采食、泌乳都有不利影响。

改进建议:对不同猪舍提供相应的光照时长,可以通过温控器或自动控制开关设定照明系统的开启和关闭时间,也可通过加强人为管理解决。

3.灯具选择不合理

问题:目前猪舍中主要使用的节能灯和直管荧光灯都有较好的节能性,但大多数猪舍并没有配套合适的防水、防尘、防爆灯罩。由于猪舍环境相对较差,暴露在这样的环境中的灯具使用寿命会缩短,而且不安全。

改进建议:灯具选择品质可靠的三防灯。

任务评价

一、概念

太阳辐射　日射病　太阳高度角　采光系数　入射角　透光角

二、选择题

1.被称为热射线的是(　　)。

A.紫外线　　B.红外线　　C.可见光　　D.青光

2. 各种光线对猪机体的穿透能力最强的是(　　)。
A. 红外线　　B. 可见光　　C. 紫外线
3. 猪机体对各种光线的吸收能力最强的是(　　)。
A. 红外线　　B. 可见光　　C. 紫外线
4. 仔猪从出生到 4 月龄采用(　　)光照,光照强度为(　　)。
A. 18 h　　B. 28 h　　C. 14～16 lx
D. 40 ～60 lx　　E. 50～100 lx
5. 公猪的光照时间为(　　),光照强度为(　　)。
A. 5 h　　B. 8～10 h　　C. 14 h
D. 100～150 lx　　E. 150～200 lx
6. 生长肥育猪的光照强度一般为(　　)。光照时间对生长肥育猪影响不大,一般不超过(　　)。
A. 10 h　　B. 28 h　　C. 14～16 lx
D. 40 ～50 lx　　E. 50～100 lx
7. 母猪的适宜光照时间为(　　),光照强度为(　　)。
A. 12～17 h　　B. 28 h　　C. 40～60 lx
D. 60～100 lx

三、连线题

红外线过度照射	日射病
紫外线过度照射	杀菌
仔猪箱内悬挂红外线灯	光敏性皮炎
紫外线消毒室停留 10 min	保温

四、填空题

1. 紫外线杀菌作用最适宜的环境条件是温度为________、湿度为__________。
2. 太阳辐射的一般生物学作用有______、________、______和____________。
3. 猪舍窗户的入射角要求不小于______,透光角不小于________。
4. 猪舍窗户面积=______________________。
5. 猪舍窗户的形状有______和________窗,其中______窗保温效果好,故设置在猪舍的________墙;而______窗采光效果好,故设置在猪舍的________墙。
6. 人工照明设计中光源种类有________、__________和________灯。其安装高度为____ m,灯距为______m,行距为________m。

五、简答题

1. 简述紫外线和红外线的作用及生产应用。
2. 光照的时间与强度对猪健康和生产性能有何影响?
3. 猪舍的透光角和入射角如何测定?
4. 灯具安装的要求及注意事项有哪些?

任务二　猪舍采光效果测定与评价

一、数字式照度计的使用

(一)构造原理

照度计由光电探头(内装硅光电池)和测量表两部分组成。当光电头曝光时,由光的强弱产生相应的光电流,并在电流表上指示出照度数值(图 2-6)。

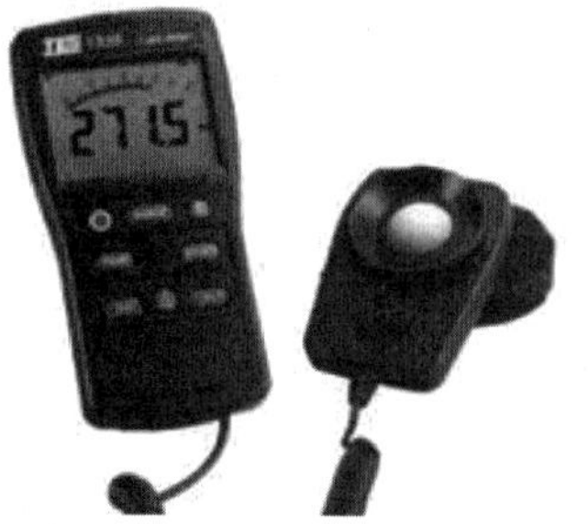

图 2-6　数字式照度计

(二)操作步骤

(1)使用前检查量程开关,使其处于“关”的位置。

(2)将光电探头的插头插入仪器的插孔中。

(3)调零。依次按下电源键、照度键、量程键。若显示窗不是 0,应进行调整;调零后,应把量程键关闭。

(4)测量。取下光电头上的保护罩,将光电头置于测点的平面上。将量程开关由“关”的位置依次由高档拨至低档处进行测定。测量时,为避免引起光电池疲劳和损坏仪表,应根据光源强弱,按下量程开关,选择相应的档次进行观测。

(5)测量完毕,将量程开关恢复到“关”的位置,并将保护罩盖在光电头上,拔下插头,整理装盒。

(6)测定舍内照度时,高度选择在离地面 80～90 cm 处,以猪头部高度为宜。一般以 100 m^2 布 10 个测点进行,测点不能紧靠墙壁,应距墙 0.1 m 以上。

二、猪舍自然采光效果测定与评价

调研某养猪场,将相关信息填入表 2-9 中。

表 2-9　猪舍自然采光效果测定与评价

<table>
<tr><td>实训单位名称</td><td colspan="4"></td><td>地址</td><td colspan="2"></td></tr>
<tr><td>猪舍种类</td><td colspan="4"></td><td>饲养头数</td><td colspan="2"></td></tr>
<tr><td rowspan="3">采光系数测定</td><td>猪舍窗户数</td><td></td><td>窗户玻璃数</td><td></td><td>玻璃面积(长×宽)/m^2</td><td colspan="2"></td></tr>
<tr><td colspan="2">猪舍窗户总有效面积/m^2</td><td colspan="5">窗户数×玻璃数×玻璃面积＝</td></tr>
<tr><td colspan="2">猪舍地面面积</td><td colspan="2"></td><td>采光系数</td><td colspan="2"></td></tr>
<tr><td rowspan="3">入射角和透光角测定(如右图)</td><td>H_1/m</td><td></td><td>S_1/m</td><td></td><td>$\tan\alpha = H_1/S_1$</td><td></td><td rowspan="3">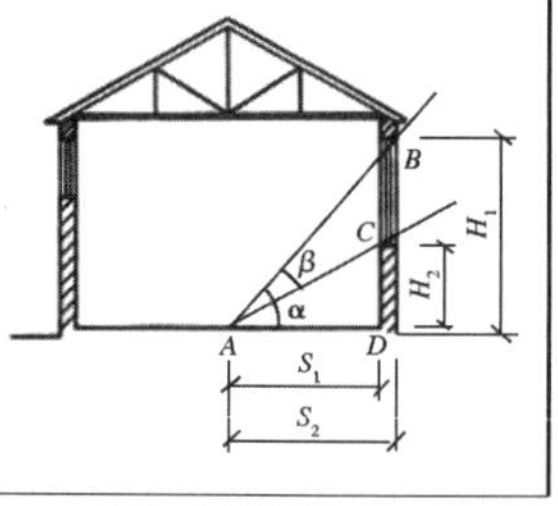</td></tr>
<tr><td>H_2/m</td><td></td><td>S_2(m)</td><td></td><td>$\tan(\alpha-\beta) = H_2/S_2$</td><td></td></tr>
<tr><td colspan="6">查反函数表,得入射角 α=________;透光角 β=________。</td></tr>
</table>

续表 2-9

<table>
<tr><td rowspan="2">光照强度测定（照度计法）</td><td>测定位置</td><td></td><td></td><td></td><td></td><td></td><td></td><td></td><td>平均值</td></tr>
<tr><td>照度/lx</td><td></td><td></td><td></td><td></td><td></td><td></td><td></td><td></td></tr>
<tr><td>综合评定</td><td colspan="9">评价依据：
评价结论：
测定与评价人：__________　　日期：____年__月__日</td></tr>
<tr><td>教师评价</td><td colspan="9">根据表中数据的准确性和学生学习态度、团队配合能力、社会观察能力和实践能力综合评定。
指导教师：__________　　日期：____年__月__日</td></tr>
</table>

三、猪舍人工照明灯具的配置与安装

调研某养猪场，将相关信息填入表 2-10 中。

表 2-10　猪舍人工照明灯具的配置与安装

<table>
<tr><td>实训单位名称</td><td colspan="3"></td><td>地址</td><td colspan="2"></td></tr>
<tr><td>猪舍类别</td><td colspan="3"></td><td>饲养头数</td><td colspan="2"></td></tr>
<tr><td rowspan="2">灯具数量的计算</td><td>S：猪舍地面面积/m^2</td><td colspan="2"></td><td colspan="2">R：每平方米地面获得的灯具功率/（W/m^2）</td><td></td></tr>
<tr><td>W：每盏灯具的功率/W</td><td colspan="2"></td><td colspan="2">灯具个数：$N=\frac{S\times R}{W}$</td><td></td></tr>
<tr><td rowspan="4">灯具的安装</td><td>灯具类型</td><td></td><td>灯具规格/W</td><td></td><td>灯具间距/m</td><td></td></tr>
<tr><td>灯具与墙体间距/m</td><td></td><td>灯高/m</td><td></td><td>灯具安装列数</td><td></td></tr>
<tr><td>是否有光控仪</td><td></td><td>有无灯罩</td><td></td><td>总开关数/个</td><td></td></tr>
<tr><td colspan="6">（请绘出某猪舍人工光照示意图，并粘贴此处）</td></tr>
<tr><td>综合评价</td><td colspan="6">评价依据：
评价结论：
测定人：__________　　日期：____年__月__日</td></tr>
<tr><td>教师评价</td><td colspan="6">根据表中数据的准确性和学生学习态度、团队配合能力、社会观察能力和实践能力综合评定。
指导教师：__________　　日期：____年__月__日</td></tr>
</table>

任务三 猪舍温度调控

一、气温的来源与变化规律

(一)气温的来源

外界自然环境的气温来源于太阳辐射。太阳辐射经过大气层的减弱后到达地面,一部分被地面反射,其余的被地面吸收,使地面增热;地面再通过辐射、传导和对流将热量传递给空气,这部分热量是引起气温变化的主要原因。太阳辐射直接被大气吸收对空气的增热作用很小,正常情况下,只能使气温升高 0.015～0.02 ℃/h。

(二)气温的变化规律

因太阳辐射强度随当地纬度、季节和每天不同时间而变化,因此某一地区的气温也随时间和季节发生周期性的变化。

1.气温的日变化

一天当中,通常凌晨日出之前气温最低,日出后气温逐渐回升,下午 2 点左右达到最高值,之后气温逐渐下降,到次日日出前为止。在气象学中,将一天中的气温最高值与最低值之差称为气温日较差。气温日较差的大小与纬度、季节、地势、下垫面、天气和植被等因素有关。各地气温日较差不同,但总的趋势是从东南向西北递增。东南沿海一带在 8 ℃以下,秦岭与淮河一线以北达 10 ℃以上,西北内陆地区达 15～25 ℃。

2.气温的年变化

一年当中,一般是 1 月份气温最低,7 月份气温最高。在气象学中,最热月份与最冷月份的平均温度之差称为气温年较差。气温年较差的大小受纬度、距海的远近、海拔的高低、降水和云量等因素的影响。我国南北气温在 1 月份相差很大,平均纬度每向北递增 1°,气温下降 1.5 ℃;而 7 月份则南北普遍炎热,南起广州,北至北京北部,平均气温均达 28 ℃左右,说明夏季温度与纬度的关系很小,而与地势高低和距海远近的关系较大。

除了上述的气温周期性变化外,还有非周期性变化,是由大规模的空气水平运动引起的。例如,当春季气温回升后,常因北方冷空气的入侵,又使气温突然下降。在秋末冬初气温下降后,一旦从南方流来暖空气,又会出现气温陡增的现象。

二、猪的等热区和临界温度

(一)猪的产热和散热途径

1.猪产热的主要形式

猪的产热来自体内营养物质的氧化,产热量是衡量猪体内能量代谢强度的一个重要指标。

(1)基础代谢产热。指猪在饥饿、休息、气温适宜(20 ℃)、消化道中无养分可吸收的清醒、安静状态下维持生命活动的产热量。猪在基础代谢状态时,体内所有器官、组织和细胞的代谢均处于最低水平，这是维持生命活动所需的最低产热量。大量研究表明，猪的基础代谢产热量虽然随体型增大，绝对值增加，但若按每千克体重计算，则体型越小的猪反而越高。若按其平均体表面积(m^2)计算，基础代谢产热量均在 4 200 kJ/ m^2左右。因此，每千克体重对应的体表面积越大产热量越多。此外猪的种类、品种、年龄、营养水平和内分泌状态等的差异，对基础代谢产热也有一定的影响。

(2)热增耗。饥饿的猪只采食了饲料后，还没有消化、吸收，但体内已经产生一定的热量称为热增耗，也称体增热。热增耗的大小与采食量成正比，还与饲料的种类有关(粗饲料＞精饲料、蛋白质＞脂肪)。反刍动物瘤胃微生物的发酵产热也是热增耗的来源。热增耗在冬季对猪只御寒具有重要作用，但在夏季高温时则会增加猪的散热负担，为缓和猪的高温应激，炎热高温的环境应用低蛋白高氨基酸日粮，也可在日粮中适当增加脂肪用量。

(3)肌肉活动产热。指猪因起卧、站立、步行、觅食、饮水、争斗等肌肉活动而增加的产热量。除马属动物外，各种动物站立时的能量消耗较躺卧时增加 15%。役畜工作所消耗的能量仅有 20%转变为机械能，其余的 80%直接转变为热能。太冷时猪会通过肌肉的连续收缩和放松反应来产生热量，也就是我们平常所见的发抖现象。

(4)生产过程产热。猪在繁殖、生长、产乳等生产过程中，都在维持产热的基础上增加一定的产热量，这主要是营养成分转化成畜产品的过程中产生的。生产性能越高的猪只产热量也越大，同时生产也增加了养分需要量和采食量，热增耗也相应升高。

2.猪散热的方式

猪在生命活动过程中所产生的热量只有以相应的速度向外散失，才能维持体温恒定。猪散热的主要部位是皮肤和呼吸道，其次是消化道、排泄器官等。

(1)辐射散热。当外界环境温度低于猪皮肤温度时，皮肤通过辐射出不可见的长波红外线而散失大量热量的过程。猪皮肤辐射出的热量，主要为周围的低温物体所接收；干燥空气吸收辐射热的能力很低，潮湿空气吸收能力强。猪密集安置、畜体蜷曲、太阳光照射或皮下脂肪层较厚时，辐射散热会减小。

(2)对流散热。指猪与流体(气体或液体)接触时，通过该流体的流动性而带走体表热量的过程。流体主要是指空气，对流是因外力作用或因空气受热不均导致密度变化而产生的。对流散热可发生于猪的体表和呼吸道表面，散热量取决于散热面的面积、散热面与空气的温度之差及气流速度。

(3)传导散热。指将猪体表热量传递给与其直接接触的低温物体的过程。两种物体通过分子间的碰撞，将热量从高温处向低温处转移。皮肤主要通过直接接触较冷物体如地面、冷水等而传导散热。传导散热量的多少与接触物的导热系数、接触面积和两者的温差成正比。

(4)蒸发散热。指猪皮肤和呼吸道表面的水分，从液态转化为气态过程中，吸收汽化热而散发热量。当皮肤温度为 34 ℃时，动物体表每蒸发 1 g 水约散失 2.43 kJ 热量。

皮肤蒸发：一是渗透蒸发，即皮肤组织水分通过上皮向外渗透，在皮肤表面蒸发。因不见有水滴，常称为隐汗蒸发。在一般天气条件下，人每天的隐汗蒸发量为 600～800 mL。二是显汗蒸发，即通过汗腺分泌，使汗液在皮肤表面蒸发，出汗多时，常见皮肤表面有水滴残留。除马属动物外，畜禽的汗腺机能都不发达或无汗腺。猪的汗腺已退化，只有人的 1/6 左右，加上猪的皮下脂肪厚，出汗的散热效果很有限，所以猪主要以浅呼吸(喘气)来散热，通过舌头上的水分蒸发带走热量。

呼吸道蒸发：在呼吸过程中，猪吸入的是低温干燥气体，呼出的是高温潮湿气体，呼出水分的同时，带走体内的热量，其蒸发的主要部位是上呼吸道。这对缓和热应激有重要意义。

辐射、传导和对流散热合称为“非蒸发散热”，它能使畜舍内气温上升，在寒冷时可减少畜舍采暖，蒸发散热只能使畜舍的湿度升高。此外，通过胃肠道加热饲料和饮水可消耗部分体热，粪、尿排泄也带走少量热，但这种散热不属于正常的生理热调节范围。

(二)猪的等热区和临界温度

1.等热区

猪是恒温动物，正常体温为38～39.5 ℃。由于汗腺不发达，皮下脂肪厚，热量散发困难，猪的耐热性很差。为了保证猪群正常的生长发育和生产性能，需要给猪群提供适宜的温度条件。当环境温度高于猪只体表温度时，可通过空气对流、与地面接触以及呼吸等方式散热；当环境温度低于其体表温度时，猪只会散失热量，此时可以通过其生理调节产热，平衡热量损失，但这一调节功能是有限的，需要采取保温措施。通常把猪主要依靠物理调节维持体温正常时的环境温度范围称为猪的等热区。

2.舒适温度

舒适温度是指猪只不需消耗额外能量来维持体温时的环境温度。为猪只提供并保持舒适温度是猪群福利管理的重要目标之一。临界温度：猪只开始消耗额外的饲料并动用自身生理调节机能来维持体温时的环境温度，也称为下限临界温度(Lower Critical Temperature，LCT)。实际的下临界温度因猪的体型大小、采食量以及其能从环境中获得怎样的舒适度而变化。在最适环境温度的另一端，每一头猪都有一个温度点，环境温度超过该极限，它会利用食物中的能量来消除过多的热量(通常是通过喘气)，这一温度极限被称为上临界温度(Upper Critical Temperature，UCT)，即猪只开始降低采食量并动用自身生理调节机能来降低体温时的环境温度。同一头猪如果生活在地面铺设稻草且空气静止的环境中，它的LCT将高于其生活在板条地板且地板上方有贼风的环境中。环境温度超过上临界温度时，猪在最终变得严重不适并完全停止进食前会减少采食量，这一状况通常称为热应激。LCT和UCT之间的温度范围被称为猪的热中性区(等热区)，当环境温度介于该范围内时，猪能够最大限度地利用所饲喂的饲料，能够以最低成本获得的采食量越大，其产生的热量也越多，并且热中性区越低(图2-7)。

影响猪热中性区的主要因素之一是猪的采食量。当采食量因疾病、食欲或饲喂系统故障而受到限制时，环境温度的需求将增加，因此，断奶后仔猪通常具有更高的LCT，而采食量较小；限饲的肥育猪比自由采食的有更高的LCT；母猪怀孕期间的LCT比其在哺乳期要高得多。许多因素会影响猪的UCT和LCT，例如：有贼风的猪舍，LCT会升高3 ℃；地面铺设稻草，LCT会降低5 ℃；饲养密度低，LCT会升高3.5 ℃；简易猪舍，LCT会降低3 ℃；限饲，LCT会升高3.5 ℃。这些因素表明在特定情况下需要能够识别热中性区，以便选择能够以最低成本获得最大舒适度和最佳生产性能的环境温度(图2-8)。

各类猪群在等热区内，代谢率最低，产热量最少，饲料利用率、生产性能、抗病力均较高，饲料成本最低，经营畜牧业最为有利。生产中应根据具体情况制定不同的饲养管理方案，在不影响投资和运营成本的情况下确保猪只在接近等热区的温度范围内生活和生产。

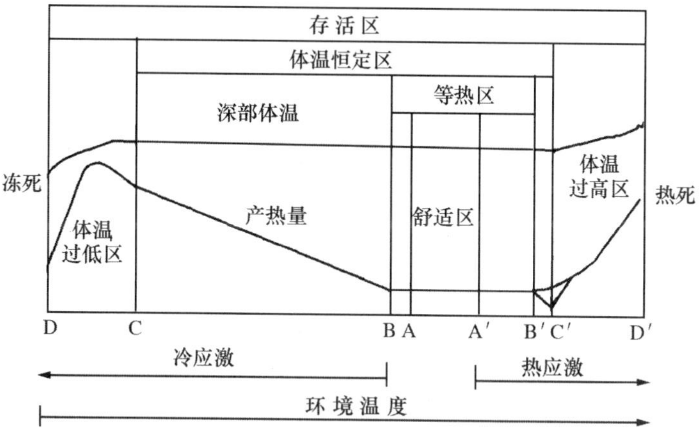

图 2-7　环境温度与猪体热调节的关系

A. 舒适区下限温度　A′. 舒适区上限温度　B. 临界温度　B′. 上临界温度
C. 体温开始下降温度　C′. 体温开始上升温度　D. 冻死温度　D′. 热死温度

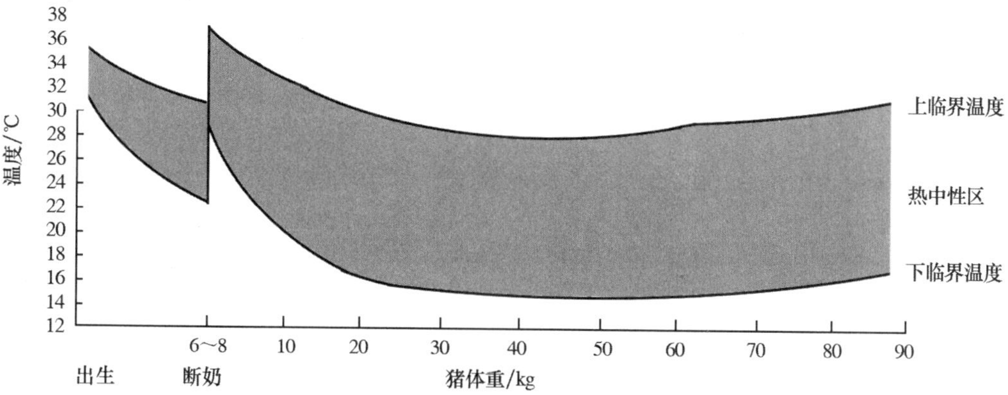

图 2-8　猪热中性区

三、猪舍内温度的来源与分布规律

1. 猪舍内温度的来源

封闭舍内的实际温度状况，主要取决于猪舍外围护结构的保温隔热能力、猪舍的大小、高度和饲养密度等。猪舍内空气的温度，主要来自猪体散发的热量。单头猪产生的热量取决于其体型、采食量和饲料成分。猪通过平衡内部的产热和向环境的散热来维持相对恒定的体内温度——体温的上下 1～2 ℃内。猪产生的热量从它们的身体内部传导到皮肤，然后再通过传导、对流和辐射作为显热(可感散热，即非蒸发散热量)传递到空气，使猪舍温度升高。另外，供暖仔猪舍的热量来自供暖设备。若猪舍保温性能良好，可依靠猪只散发的热量维持环境温度；相反，则舍内温度受舍外气温的影响显著。炎热季节，猪舍内温度大部分来自舍外空气和太阳辐射热，隔热性能良好的猪舍，舍内炎热程度得到显著改善；隔热性能差的猪舍，舍温可能高于舍外。

2.猪舍内温度的分布规律

猪舍内由于潮湿温暖空气上升，猪体散热、外围护结构的保温隔热性能、通风条件等差异，温度分布并不是均匀的。从垂直方向看，一般是天棚或屋顶附近较高，地面附近较低。如果天棚或屋顶保温能力强，舍内空气的垂直温度分布会很有规律，且差别不大。如果天棚和屋顶保温能力差，舍内的热量很快向上散失，就有可能出现相反的情况，即天棚和屋顶附近温度较低，而地面附近较高。所以，在寒冷的冬季，为加强保温，要求天棚与地面附近的温差不超过2.5～3.0 ℃，或每升高1 m，温差不超过1.0 ℃。从水平方向看，舍中央高，而靠近门、窗和墙壁的区域温度则较低。猪舍的跨度越大，这种差异越显著。实际差异的程度取决于门、窗和墙壁的保温能力。保温能力强，则差异小；保温能力差，则差异大。因此，在寒冷的冬季，要求舍内平均气温与墙壁内表面的温差不超过3 ℃；当舍内空气潮湿时，此温差不宜超过2.0 ℃。了解舍内空气温度的分布状况，对于安置猪只、设置通风管等具有重要的意义。初生仔猪怕冷，可安置在猪舍中央。

3.猪舍的适宜温度

猪对温度的要求受体重、地板类型和空气流速影响。温度过高或者过低都会影响猪只的采食量以及生长状况，合理的设定温度有助于猪场减少成本提高生产效益。在一般的养猪场，由于自然条件和人为因素所限，很难将环境温度准确控制在等热区范围内。各种猪群生产环境界限和适宜温度范围不同，应根据不同地区条件、猪群种类、品种和年龄等对空气温度的要求而定（表2-11）。

表2-11 猪舍内空气温度和相对湿度

猪舍类别	空气温度/℃			相对湿度/%		
	舒适温度	高临界值	低临界值	舒适湿度	高临界值	低临界值
种公猪舍	16～24	25	13	60～70	85	50
空怀妊娠母猪舍	15～20	27	13	60～70	85	50
哺乳母猪舍	18～22	27	16	60～70	80	50
哺乳仔猪保温箱	28～32	35	27	60～70	80	50
保育猪舍	20～25	28	16	60～70	80	50
生长育肥猪舍	15～23	27	13	65～75	85	50

总之，在猪场的生产管理中，各阶段猪群所需要的温度是不同的，这就需要生产管理中时刻了解温度，控制温度，以最大限度减小因为温度的不适导致的应激和对生产的影响。种公猪的最适温度范围为17～21 ℃；妊娠母猪的最适温度范围为18～21 ℃；哺乳母猪的最适温度为20～22 ℃；哺乳仔猪的最适温度为29～33 ℃；保育仔猪的最适温度为22～25 ℃；育肥猪的最适温度为18～22 ℃。另外，猪舍适宜的温度不仅仅看温度计示数，必须认真观察猪群的睡姿、采食、健康等情况来调节温度，使猪群处于最适状态。温度高了，猪不采食，大量喝水，分散睡或不睡觉，乱跑；温度低了，仔猪挤成一团（图2-9）。

图 2-9　不同温度下猪只表现

四、气温对猪的影响

当气温高于或低于临界温度时,对猪的健康状况和生产性能都会产生不良影响,其影响程度取决于温度的高低和持续时间的长短。温度越高或越低,持续时间越长,则影响越大。

(一)气温与猪体的热调节

1.高温时的热调节

(1)增加散热。当气温升高但与体温仍有一定差距时,猪提高非蒸发散热量,维持体温恒定。当气温等于或接近皮肤温度时,非蒸发散热完全失效,全部代谢产热需依靠蒸发散热;如果气温高于皮肤温度,机体还以辐射、传导和对流的方式从环境吸收热量,体温升高,机能障碍,出现"热射病",最后衰竭死亡。

(2)减少产热。首先表现为采食量减少或拒食,生产力下降,肌肉松弛,嗜睡懒动,继而内分泌机能开始活动,最明显的是甲状腺分泌减少。

2.低温时的热调节

与高温相反,随着气温的下降,皮肤血管收缩,减少皮肤的血液流量,皮温下降,使皮温与气温之差减少;汗腺停止活动,呼吸变深,频率下降,非蒸发和蒸发散热量都显著减少。同时,肢体蜷缩,群集,以减少散热面积,竖毛肌收缩,被毛逆立,以增加被毛内空气缓冲层的厚度。当气温下降到临界温度以下,表现为肌肉紧张度提高,颤抖,活动量和采食量增大。

(二)气温对猪生产性能的影响

在实际生产中,由于饲养管理、气候条件等多方面限制,温度有时达不到有效控制,温度范围超出了猪的"舒适区",就会使猪体内产热和散热不平衡,不能维持其正常体温,从而出现一系列应激现象,进而影响猪群的生长性能和繁殖性能。

1.温度对猪生长性能的影响

环境温度影响猪自由采食饲料的水平和能量的利用。不同体重的猪,在不同温度时采食量和饲料转化率不同。研究发现,体重 25～45 kg 的猪,在气温 15～20 ℃的情况下,每千克增重所消耗饲料最少,体重 45～125 kg,在气温 15 ℃的情况下,每千克增重所消耗饲料最少。13～30 kg 和 25～105 kg 的猪,在 22～26 ℃和 20～24 ℃温度范围内存在最大平均日增重。体重 15～35 kg 的猪,在 20～27.3 ℃的温度范围内,温度每升高 1 ℃,采食量下降 25 g/d;25～

105 kg 的猪，在温度范围 17～28 ℃内，采食量随温度升高的下降率为 44 g/(d·℃)。

刚断奶的仔猪适宜温度为 28～30 ℃，每周温度应该降低 2 ℃，直到仔猪 8 周龄时温度达到 20～22 ℃，避免温度波动。每日温度变动超过 1 ℃将会降低仔猪平均日增重，提高仔猪料重比。有研究表明，每日温度变动超过 2 ℃时平均日增重为 306 g，料重比为 1.45；每日温度变动低于 2 ℃时平均日增重为 344 g，料重比为 1.17。

育肥猪生长的环境温度是指猪舍温度，育肥猪生长适宜的温度为 15～23 ℃。不同生长阶段和体重的猪适宜的温度是不同的，具体计算公式为：

$$T = 26 - 0.06W$$

式中：T 代表生长所需的最适宜温度(℃)；26 表示最适温度系数；0.06 表示最适温度系数；W 代表猪体重(kg)。

例：猪体重为 100 kg 时，最适宜温度为 $T = 26 - 6 = 20$ ℃。

育肥猪临界最低温度的计算公式为：

$$e = 19.5\ ℃ - 0.065W$$

式中：e 代表临界最低温度(℃)；19.5 表示临界最低温度常数；0.065 表示临界最低温度系数(℃/kg)；W 代表猪活体重(kg)。

例如，猪的体重为 100 kg，临界最低温度 $e = 19.5 - 6.5 = 13$ ℃。

2.温度应激对种公猪和母猪繁殖性能的影响

繁殖猪应尽量避免暴露在 28.9 ℃以上的环境中。对于公猪而言，高温使睾丸温度升高，睾丸重量下降；使精液量减少，精子数减少，精户畸形率上升，精液品质下降。同时，温度升高可使公猪性欲降低。在 35 ℃和 15 ℃条件下的公猪，前者射精量比后者低 8.6%，精子数量下降 11.5%，受胎率下降 13.3%。高温对公猪精液的影响在热应激之后 2～3 周才表现出来，影响可持续 8～9 周。高温对母猪的直接影响，主要是在受精卵的着床期极易造成胚胎死亡。母猪配种后 1 d 开始，经历 5 d 的热应激，胚胎成活率可从 69%下降至 39%。母猪配种后 2～3 周到分娩前为敏感期，这期间热应激可能会对母猪受胎率、产仔数和产仔窝重产生影响。高温对母猪受胎率产生影响的主要原因是热应激使母猪内分泌失调，从而导致排卵数和卵子质量下降。

热应激能降低哺乳母猪的采食量、泌乳量和小猪体重的增长率。高温对母猪泌乳量影响的直接原因是温度升高使皮肤血管舒张，血液更多地流向皮肤，远离乳腺等内部组织，从而导致泌乳量减少。当环境温度从 18 ℃提高到 28 ℃时，泌乳量下降 25%，采食量减少 40%。

(三)气温对猪健康的影响

生长育肥猪对于猪舍环境温度有一定的适应性，但是由于其特殊的皮脂特点、散热及保持体温的方式较为单一和简单，过高、过低或者冷热交替的猪舍环境温度会引起生长育肥猪产生呼吸道综合征、黄白痢和其他营养缺乏性疾病等各种疾病，严重影响生长育肥猪的生产性能。

1.夏季热应激对生长育肥猪的影响

高温对猪体液免疫和细胞免疫都有不良影响，温度过高会造成其采食量下降，增重缓慢，甚至增加生长育肥猪急性猝死症的发病率，死亡率增加，如胃肠出血，急性胃扭转和急性心、肺疾病导致的死亡等，给肥育猪的生产带来巨大损失。同时，气温过高也容易滋生细菌，使生长育肥猪的发病率增高。

2. 猪舍气温过低对生长育肥猪的消极影响

寒冷季节由于气温较低、气温不稳定及猪舍环境潮湿及通风等原因很容易引起生长育肥猪的呼吸道疾病，主要临床表现为咳嗽、气喘和呼吸加快，体温一般不高，食欲时好时坏，生长发育迟缓。有些急性呼吸道疾病可导致猪死亡。此外，温度过低也容易引起猪腹泻，主要表现为病因复杂多样，病程绵延时间较长，病情轻重不一，常造成乳猪甚至保育仔猪成批死亡，生长育肥猪迅速掉膘、生产母猪立即缩奶，严重影响育肥猪的生产性能。

五、猪舍防暑防寒措施

温度是养猪生产中最为重要的环境因素之一。尽管猪能通过自身的调节来维持体温恒定，但是在不适宜的温度条件下，猪只维持体温恒定往往是以损害养殖经济效益、生理机能及免疫力等为代价的。为了最大限度提高猪群的健康水平和养殖经济效益，为猪群提供一个舒适的温度是非常必要的。猪舍温度控制是一个系统工程，需要从猪舍的选址、朝向、猪舍房屋结构、建筑材料选择、通风效率、辅助加温和降温设备等多个方面来进行优化，方能达到理想效果。否则，不仅会造成温控所需的能耗成本显著增加，而且难以达到理想效果。

(一)选择有利于保温隔热的猪舍类型

在选择猪舍类型时，应根据不同类型猪舍的特点、当地的气候特点，结合饲养猪的种类及饲养阶段选择适合本地、本场实际情况的猪舍类型(图 2-10)。例如，严寒地区宜选择密闭式或无窗密闭式猪舍，既有利于保温防寒，同时便于实现机械化操作，提高劳动生产效率。冬冷夏热的地区，可选择开放式或半开放式猪舍，在冬季可搭设塑料薄膜使开露部分封闭或设塑料薄膜窗保温，加强猪舍的保温，以提高防寒能力。

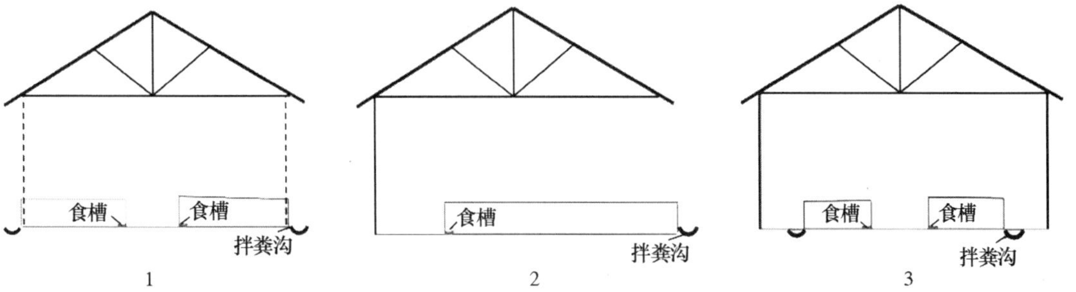

图 2-10　猪舍类型

1. 开放舍　2. 半开放舍　3. 封闭舍

(二)加强外围护结构的保温隔热设计

夏季造成舍内温度过高的原因有过高的气温、强烈的日光照射，而冬季舍内温度过低主要与外界环境温度过低有关。因此，舍内温度在很大程度上取决于猪舍外围护结构的保温隔热性能。根据地区气候差异和猪的生理要求，选择适当的建筑材料和合理的猪舍外围护结构是猪舍温度调控最有效和最节能的措施。

1. 猪舍保温建筑材料选择

为了降低猪场运行过程中温度控制所需的能源消耗，保持猪舍内部温度良好，所有猪舍在设计和施工过程中，必须采用具有良好保温性能的材料。保温材料的科学运用可以有效地达到冬季保温、夏季隔热的目的，使猪舍内部保持冬暖夏凉的理想温度，并能有效地节省能源的消耗，还可以使猪舍内部昼夜温差变化更为均衡。例如：如果希望使长×宽×高为 50 m×20 m×4 m 的猪舍内外环境保持 4 ℃的温度差，在没采取保温措施的情况下，需要 50 kW 的能量损耗；而在采取保温措施的情况下，只需要 5 kW 的能量损耗。基于每栋猪舍每度电 0.77 元的电力成本，因此额外的保温隔热将相当于每小时节省成本 34.05 元。该成本将根据所使用的机械类型而变化。猪场常见建筑材料的导热系数[W/(m^2 · K)]见表 2-12。

表 2-12 猪场常用建筑材料导热系数

材料名称	密度/(kg/m^2)	导热系数/[W/(m^2·K)]	材料名称	密度/(kg/m^2)	导热系数/[W/(m^2·K)]
铝合金	2 500～2 800	203	玻璃	2 500	1.09
钢铁	7 800	48～52	黏土红砖	1 700	0.81
水泥砖	2 150	1.28		1 000	0.27
PVC 板	1 390	0.17	泡沫混凝土	700	0.18
岩棉、矿棉板	150～200	0.05～0.08		300	0.08
聚乙烯泡沫板(EPS 板)	12～30	0.03～0.05	聚乙烯挤塑板(XPS 板)	32	0.028
聚氨酯板	55	0.025	酚醛板	55	0.025
空气	1.29	0.023			

2.猪舍屋顶保温隔热设计

理论研究和实践表明，屋顶比墙体受自然气候的影响大，其保温隔热的要求比墙体高。保温和隔热层的厚度要根据不同地区的气候条件经过热工计算，保证冬季保温和夏季隔热的要求。在夏季，强烈的太阳辐射和高温，可使屋面(红瓦屋面)温度高达 60～70 ℃，甚至更高。但在严寒的冬季，通过屋顶和天棚散失的热量占失热量的 36%～44%。由此可见，屋顶保温隔热性能的好坏，对舍内温度影响很大。

传统的猪舍设计中，屋面多采用石棉瓦建造，该方式的突出缺点就是保温性能差，造成猪舍内部冬季严寒、夏季酷暑。在现代猪舍设计中，推荐采用轻钢结构，屋顶材料选择彩钢聚苯乙烯泡沫夹芯板或彩钢岩棉夹芯板。夹芯板内层可以用 PVC 替代彩钢层，以提高抗腐蚀能力。该材料具有安装方便，质量轻，保温性能好，价格低的优点，目前已在大型猪场得到广泛的应用。为了保证良好的保温隔热性能，要求夹芯板材具有足够的厚度。推荐为：南方地区 100～120 mm，北方地区 120～150 mm。常见屋顶保温隔热设计的措施有：

(1)选用保温隔热性能好的材料。在综合考虑其他建筑学要求与取材方便的情况下，尽量选用导热系数小的材料，如中间夹聚苯板的双层彩钢板、透明的太阳板、钢板内喷聚乙烯发泡等，以加强保温与隔热。

(2)确定合理的结构。选用一种材料往往不能保证最有效隔热。因此，可从结构上综合几种材料的特点而形成较大的热阻来达到良好的隔热效果，充分利用几种材料合理确定多层结构屋顶。其原则是：在屋顶的最下层铺设导热系数小的材料，其上为蓄热系数比较大的材料，最上层为导热系数大的材料。采用此种结构，当屋顶受太阳辐射变热后，热传到蓄热系数大的材料层而蓄积起来，再向下传导时，受到阻抑，从而缓和了热量向舍内传递。当夜晚来临时，被蓄积的热又可通过上层导热系数大的材料层迅速得以散失。这样白天可避免舍温升高而导致过热。但这种结构只适宜夏热冬暖地区。而在夏热冬寒地区，则应将上层导热系数大的材料换成导热系数小的材料较为有利。

(3)增强屋顶反射。在夏季增强屋顶反射，以减少太阳辐射热。舍外表面的颜色深浅和平滑程度，决定其对太阳辐射热的吸收与反射能力。色浅而平滑的表面对辐射热吸收少而反射多；反之则吸收多而反射少。深黑色、粗糙的油毡屋顶，对太阳辐射热的吸收系数值为 0.86；红瓦屋顶和水泥粉刷的浅灰色光平面均为 0.56；而白色石膏粉刷的光平面仅为 0.26。由此可见，采用浅色、光平屋顶，可减少太阳辐射热向舍内的传递，是有效的隔热措施。

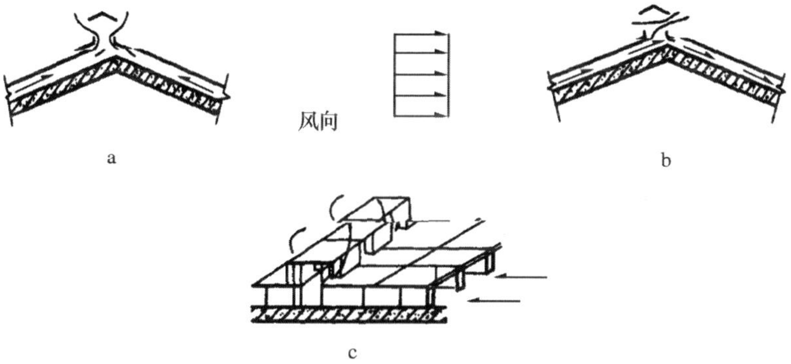

图 2-11　通风屋顶示意图

a. 热压通风　b. 风压通风　c. 平顶通风

(4)采用通风屋顶。通风屋顶是将屋顶设计成双层，靠中间层空气的流动而将顶层传入的热量带走，阻止热量传入舍内的屋顶形式(图 2-11)。其特点是空气不断从入风口进入，穿过整个间层，再从排风口排出。在空气流动过程中，把屋顶空间由外面传入的热量带走，从而降低了温度，减少了辐射和对流传热，有效地提高了屋顶的隔热效果。为使通风间层隔热性能良好，要注意合理设计间层的高度和通风口的位置。对于夏热冬暖地区，为了通风畅通，可适当扩大间层的高度。一般坡屋顶高度为 120～200 mm，平屋顶为 200 mm 左右；在夏热冬冷的北方，间层高度不宜太大，常设置在 100 mm 左右，并要求间层的基层能满足冬季热阻。为了有效地保证冬季屋顶的保温，冬季可将山墙风口封闭，以利于顶棚保温。

3. 猪舍墙壁的保温隔热设计

猪舍墙壁的散热量占建筑总散热量的 40%左右，失热量仅次于屋顶。墙壁必须具备适宜的保温隔热要求，既有利于冬季防寒，又有利于夏季防暑。墙壁的保温隔热能力，取决于所用建筑材料的性质和厚度。如选用空心砖代替普通红砖，墙的热阻值可提高 41%；选用加气混凝土块，则可提高 6 倍。现在，新型保温材料已应用于猪舍建筑上，如中间夹聚苯板的双层彩钢复合板、钢板内喷聚乙烯发泡、透明的阳光板等。设计时，应根据有关的热工指标要求，并结合当地的材料和习惯做法而确定，从而提高猪舍墙壁的保温御寒能力。目前，用新型材料设计的组装式猪舍，冬季为加强防寒，改装成保温型的封闭舍；夏季则拆去部分构件，成为半开放舍，是冬、夏季两用且比较理想的猪舍，但使用的材料要求高，造价也高。

对于炎热地区大型封闭式猪舍的墙壁，则应按屋顶的隔热原则进行合理设计，尽量减少太阳辐射热。

4. 猪舍门、窗的保温隔热设计

门、窗的热阻值较小，同时门窗开启及缝隙会造成冬季的冷风渗透，失热量较多，对保温防寒不利。因此，在寒冷地区，在门外应加门斗，设双层窗或临时加塑料薄膜、窗帘等。在满足通风采光的条件下，门窗的设置应尽量少些。在受冷风侵袭的北墙、西墙可少设门、窗，一般可按南窗面积的 1/4～1/2 设置，这样对加强猪舍冬季保温有重要意义。在夏季，可采用窗口遮阳的措施，减少热量传递。现代猪舍设计中一是采用新型全开平移式窗户，二是采用多层窗户。新型全开平移式窗户可以让窗框高度不变但宽度加大 1 倍，且安装于墙壁内侧或外侧，这样两扇窗户均可同时往两边平移，从而使窗户通风面积加大 1 倍，有利于自然通风降温。这种窗在我国中部及南部全年平均气温较高的地区具有明显优势。

5. 猪舍加强地面保温隔热设计

猪群对于地板的温度要求要稍高于空气温度。因为猪群站立时，处于运动或采食状态，机体产热较多，较低的空气温度有利于散热，这对于猪的食欲有促进作用；但是当猪在躺卧休息时，运动减少，机体产热量也下降，且躺卧休息时猪 40% 左右的身体表面是与地板接触的，此时发生猪的体表与地面的热传导，热量损失速度远远高于辐射或对流传导方式。猪有 75% 左右的时间是躺卧休息的，地面温度低，将导致大量的热量通过热传导方式损失，并且会使猪的腹部受凉，造成腹泻疾病的发生。因此地面的保温很重要。在生产中，应根据当地的条件尽可能采用有利于保温的地面。如在畜床上加设木板或塑料垫等，以减缓地面散热。采用半漏粪地板设计的猪舍，要求实心地面部分要具有足够的保温性能。为了达到这一效果，要求在猪躺卧区部分的实心地面部分，在混凝土层下预先铺设 2～3 cm 厚的挤塑板保温层，在保温层上再铺设反射膜和钢丝网，再在反射膜上安装电热线或水暖管。冬季温度低时，可以对地面进行加温(图 2-12)。研究表明，在外界温度 34 ℃时，利用低温地下水(15～20 ℃)进行地板局部降温(通过埋置在躺卧区的管道)，能使开放式猪舍地面躺卧区的温度维持在 22～26 ℃，具有良好的降温效果。

图 2-12　不同材料地面

(三)实行绿化与遮阳

1. 绿化

绿化不仅起遮阳作用，对缓和太阳辐射、降低舍外空气温度也具有一定的作用。茂盛的树木能挡住 50%～90% 的太阳辐射热，草地上的草可遮挡 80% 的太阳光，可见，绿化的地面比未绿化地面的辐射热低 4～5 倍。绿化降温的原理是：第一，植物通过蒸腾作用和光合作用，吸收太阳辐射热，从而降低气温；第二，遮阳以降低太阳辐射；第三，植物根部所保持的水分，可从地面吸收大量热能而降温。绿化的上述降温作用能使猪舍周围的空气"冷却"，降低地面的温度，从而使辐射到外墙、屋顶和门、窗的热量减少，并通过树木的遮阳来阻挡阳光透入舍内而降低舍温。

种植树干高、树冠大的乔木可以绿化遮阳，还可搭架种植爬蔓植物，使南墙、窗口和屋顶上方形成绿荫棚。但绿化遮阳要注意合理密植，尤其是爬蔓植物，须注意修剪，以免生长过密，影响猪舍的通风与采光。

2. 遮阳

遮阳是指阻挡太阳光线直接进入猪舍内的措施。常采用的方法有：

(1)垂直遮阳。是用挡板沿垂直方向阻挡正射到窗口处阳光的一种方法。适于东向、南向和接近此朝向的窗户。

(2)水平遮阳。是用挡板沿水平方向阻挡由窗口上方射来的阳光的方法。适于南向和接近此朝向的窗户。

(3)综合式遮阳。利用水平挡板、垂直挡板阻挡由窗户上方射来的阳光和由窗户两侧射来的阳光的方法。适于南向、东南向、西南向及接近此朝向窗口。此外，可通过加长挑檐、搭凉棚、挂草帘等措施达到遮阳的目的。试验证明，通过遮阳可在不同方向的外围护结构上使传入舍内的热量减少 17%～35%。

(四)采取降温措施

在炎热的季节，通过外围护隔热、绿化与遮阳措施均不能满足猪只温度要求的情况下，为避免或缓和因热应激而引起猪健康状况异常及生产力下降，可结合适合猪舍有效降温的蒸发降温措施，如采用喷雾、喷淋、湿帘或水帘通风降温、滴水降温与冷风降温等。蒸发降温在干热地区使用效果更好，在湿热地区效果有限。

常用蒸发降温措施有湿帘-风机降温、喷雾降温、间歇喷淋降温和滴水降温等。

1. 湿帘-风机降温

当猪舍采用负压式通风系统时，将湿帘安装在猪舍的进气口，空气通过不断淋水的蜂窝状湿帘降低温度。该方式具有设备简单、成本低廉、降温效果好、运行经济等特点，比较适合高温干燥地区。目前国内使用比较多的是纸质湿帘。它具有耐腐蚀、使用寿命长、通风阻力小、蒸发降温效率高、能承受较高的风速、安装方便、便于维护等特点。此外，湿帘还能够净化进入猪舍的空气。湿帘-风机降温系统是目前最成熟的蒸发降温系统。实验表明，外界温度高达 35～38 ℃的空气，通过蒸发冷却后温度可降低 2～7 ℃。

湿帘-风机降温系统由湿帘(或湿垫)、风机、循环水路与控制装置组成(图 2-13)。湿帘的厚度以 100～200 mm 为宜，干燥地区应选择较厚的湿帘，潮湿地区所用湿帘不宜过厚。

(1)湿帘-风机降温系统的工作原理和布置方式。湿帘-风机降温系统的工作原理是：水泵将水箱中的水经过上水管送至喷水管中，喷水管的喷水孔把水喷向反水板(喷水孔面要向上)，从反水板上流下的水再经过特制的疏水湿帘确保水均匀地淋湿整个降温湿帘墙，从而保证与空气接触的湿帘表面完全湿透。剩余的水经集水槽和回水管又流回到水箱中。安装在猪舍另一端的轴流风机向外排风，使舍内形成负压区，舍外空气穿过湿帘被吸入舍内。当空气通过湿润的湿帘表面时，导致湿帘上的水分蒸发而使空气温度降低，湿度增加。降温后的湿润空气进入猪舍后使舍温降低，舍内空气相对湿度增大。

在炎热的晴天，大气中的水分含量差不多是恒定的，这就意味着在中午温度达到最高值时，相对湿度为最低值。而相对湿度越低，蒸发降温的效果就越好。换言之，也就是在最需要降温时，它的降温效果也最佳。

湿帘-风机降温系统的控制一般由恒温器控制装置来完成。当舍温高于设定温度的上限时，控制装置启动水泵向湿帘供水，随后启动风机排风，湿帘-风机降温系统处于工作状态。当温降低到设定温度的下限时，控制装置首先关闭水泵，再经过一段时间的延时后，将风机关闭，整个系统停止工作。延时关闭风机的目的是使湿帘完全晾干，以利于控制藻类的滋生。

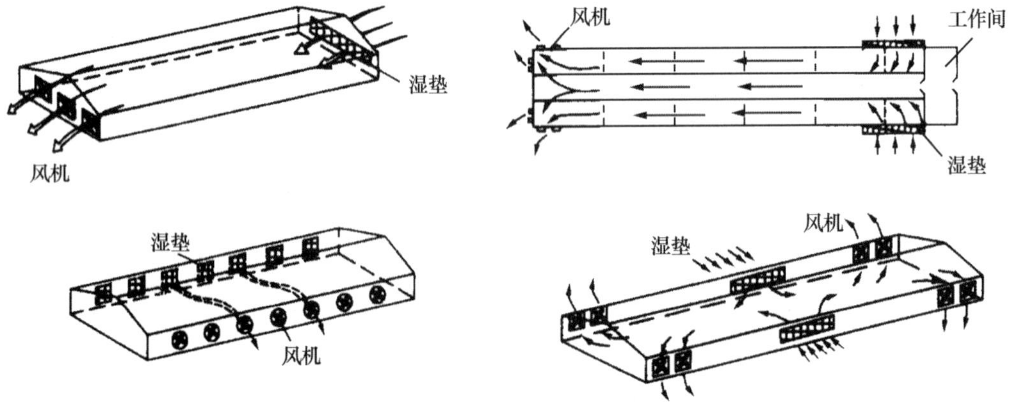

图 2-13　温帘-风机降温系统

(2)湿帘-风机降温系统的设计计算。湿帘设计计算的任务是确定其面积和厚度。增大湿帘厚度，使气流经过湿帘时与其接触时间加长，有利于提高蒸发降温效率。但是，过厚的湿帘使气流所受阻力增大，空气流量相对减少，同时空气经过额外增加的这段厚度时，蒸汽压力差将减小，从而使蒸发量增加缓慢，甚至不增加。因此，应选择合适的湿帘厚度。湿帘的厚度范围通常为 100～300 mm。在设计时可参照供货商所提供的规格。在干燥地区，因空气相对湿度小，增加湿帘与气流的接触时间会使蒸发量增加，有利于提高蒸发降温效率，因此可选择较厚的湿帘。在潮湿地区，因空气相对湿度大，延长接触时间也不会使蒸发量增加多少，反而会使空气阻力增加许多，因此应选择厚度较小的湿帘。

湿帘的总面积根据下式计算：

$$F=L/3\,600v$$

式中：F 为湿帘的总面积(m^2)；L 为猪舍夏季所需的最大通风量(m^3/h)；v 是空气通过湿帘时的流速，即湿帘的正面速度或称为迎风速度(m/s)。

一般取正面速度 $v=1.0\sim1.5$ m/s。潮湿地区取较小值，干燥地区取较大值。

在设计时可参照供货商所提供的湿帘高度和宽度规格，拼成所需要的面积。每侧湿帘可拼成一块，或根据墙的结构制成数块，然后用上、下回水管路连成一个统一的系统。

水的容积按 1 m^2 湿帘 30 L 计算，一般有 1.5 m^3 就足够了。

(3)湿帘-风机降温系统的安装与使用。在安装和使用过程中应注意以下几点：①湿帘底部要有支承，其支承面积不少于底部面积的 50%，底部不得浸渍于集水箱中。②安装的位置不能被触及，若安装在猪能触及的地方，则必须用粗铁丝网加以隔离。③使用水要求 pH 在 6～9。④应当使用井水或自来水，不可使用未经处理的地面水，以防止藻类的滋生。⑤至少每周彻底清洗一下整个供水系统。⑥在不使用时要将湿帘晾干（停水后 30 min 再停风机即可晾干湿帘）。⑦当舍外空气相对湿度大于 85%时，停止使用湿帘降温。⑧不可用高压水或蒸汽冲洗湿帘，应该用软毛刷上下轻刷，不要横刷。

2.喷雾降温

用高压水泵通过喷头将水喷成直径小于 100 μm 雾滴，雾滴在空气中迅速汽化而吸收舍内热量使舍温降低。常用的喷雾降温系统主要由水箱、水泵、过滤器、喷头、管路及控制装置组成（图 2-14）。该系统设备简单，效果显著，但易导致舍内湿度提高。当舍温达到设定最高温时，开始喷雾，喷 1.5～2.5 min，间歇 10～20 min 再继续喷雾。若将喷雾装置设置在负压通风猪舍的进风口处，雾滴的喷出方向与进气气流相对，雾滴在下落时受气流的带动而降落缓慢，可延长雾滴的汽化时间，提高降温效果。猪、奶牛使用效果较好，鸡舍雾化不全时，易淋湿羽毛影响生产性能。湿热天气不宜使用，因喷雾使空气湿度提高，反而对猪体散热不利，同时还有利于病原微生物的滋生与繁衍，需在水箱中添加消毒药物。

3.间歇喷淋降温

间歇喷淋降温是在电磁阀控制器控制下，每隔 30～50 min 开启 5～10 s，使皮肤表面淋湿，可取得良好的效果。由于喷淋降温时水滴粒径不要求过细，可将喷头直接安装在自来水管上，无须加压动力装置，因此成本低于喷雾降温系统。该系统由电磁阀、喷头、水管和控制器等组成（图 2-15）。此设备主要用于猪舍和牛舍。

图 2-14　猪舍喷雾降温系统

图 2-15　喷淋降温

4.滴水降温

滴水降温是将喷头换成滴水器，滴水器安装在猪只肩颈部上方 30 cm 处，使猪的肩颈部达到湿润又不致使水滴到地面，保持猪舍干燥。滴水降温适用于限位饲养的分娩母猪和单体栏饲养的妊娠母猪等。用于猪舍的滴水降温系统的组成与喷淋降温系统相似（图 2-16）。

5.冷风设备降温

冷风机是喷雾和冷风相结合的一种新型设备。冷风机技术参数各生产厂家不同，一般通风量为 6 000～9 000 m^3/h，喷雾雾滴直径可在 30 μm 以下，喷雾量可达 0.15～0.2 m^3/h。舍内风速为 1.0 m/s 以上，降温范围长度为 15～18 m，宽度为 8～12 m。这种设备国内外均有生产，降温效果比较好。

6.全气候环境控制系统控温

一种由通风换气、加热和降温等几种环境控制系统有机组合的,用以将猪舍气候环境全年控制在适宜范围内的环境控制系统。整个系统由百叶窗进气口、管道风机、通风管道、排风机、加热器和湿帘等组成(图 2-17)。

在冬季,温度传感器调节至某个设定温度。当舍温低于设定值时,加热器和管道风机开动,在管道风机的作用下,舍内空气被吸入加热器加热,加热后的热空气通过送风管道上的送风孔均匀地吹入舍内,使舍温上升。当舍温达到或高于设定温度时,加热器关闭,管道风机仍然开动,舍内空气通过管道风机和送风管进行环流。与管道风机相对的上部百叶窗进气口及第一排风机定时打开和开动,以排出舍内潮气和污浊空气,并使舍外一定量的新鲜空气通过进气口、管道风机及送风管道均匀地进入舍内。

图 2-16 滴水降温系统

图 2-17 智能控制系统

在春季,舍温进一步提高,上下百叶窗进气口都打开,管道风机和第一、第二排风机开动,部分舍外新鲜空气由管道风机吸入后通过送风管道吹入舍内,部分空气由下部进气口进入舍内,舍内污浊空气由第一、第二排风机排出。

夏季舍温又进一步提高,管道风机和第一、第二、第三排风机运转,全部百叶窗进气口和带湿帘的百叶窗(相当于进气口)打开,舍外空气大部分由进气口、少部分通过送风管道进入舍内,由排风机排出,对猪舍进行通风降温。当舍温超过设定的上限温度时,管道风机和全部百叶窗进气口关闭,仅湿帘保持打开,全部排风机和水泵开动,舍外空气全部通过湿帘降温后进入猪舍。整个系统由一控制箱进行自动控制。

(五)猪舍的采暖

冬季采取各种保温措施仍不能达到舍温要求时,需人工供暖。猪舍的采暖主要分为局部采暖和集中采暖。

1.局部采暖

局部采暖是为猪舍的局部提供热量使其保持较高的局部环境温度。如在仔猪栏铺设红外线电热毯或仔猪栏上方悬挂红外线保温伞。局部采暖一般用于分娩哺乳母猪舍中。分娩哺乳母猪适宜的环境温度是 17～20 ℃,而哺乳仔猪则为 20～32 ℃,这就要求用局部采暖设备为提供额外热量以满足其对温度的较高要求。局部采暖设备大多置于仔猪保温箱(一种用水泥、木板、玻璃钢等材料制成的供哺乳仔猪休息的箱子)中。常用的局部采暖设备有红外线辐射板加热器、橡胶电热保温板、橡胶—碳纤维复合导电面状发热板、红外线灯和火炉等。

(1)红外线辐射板加热器。这是一种将电能转变为红外线并向外辐射的板条式电加热器。

它由加热器架、辐射板和调温控制开关 3 部分组成。常用的红外线辐射板加热器规格为：功率 230 W，使用电压 220 V，调温控制开关分高低两档，位于低挡时功率为 115 W。

使用时将红外线辐射板加热器悬挂或固定在仔猪保温箱的顶盖上。辐射板在通过电流后产生并向外辐射红外线，在加热器架上的反射板的反射作用下，红外线集中辐射于仔猪休息区。红外线的最显著特点是其热效应，当它被猪体表面吸收后，直接为其加热，因此热效率较高。此外，经红外线辐射后仔猪还能促进增重和增强对各种疾病的抵抗力。

(2)橡胶电热保温板(图 2-18)。橡胶电热保温板是将电热元件——电热丝埋设在橡胶板内，利用电热丝将电能转变为热能加热橡胶板使其表面保持一定的温度。其最高温度可达 38 ℃ 左右，接近于母猪的体温，使躺卧在上面的仔猪感觉舒适。

(3)橡胶-碳纤维复合导电面状发热板。这是碳纤维导电复合纸与橡胶复合制成的低温面状发热板。其结构与橡胶电热保温板基本相同，差别在于用碳纤维复合导电板替代橡胶电热丝作为发热元件。碳纤维复合导电纸发热主要以远红外辐射为主，具有较高的热辐射率。橡胶-碳纤维复合导电面状发热板具有表面温度均匀、面状发热、功率稳定、绝缘强度高、耐酸碱、防滑、使用寿命长等特点。

(4)红外线灯是一种将电能转为红外线并向外辐射的灯泡式电加热器(图 2-19)。红外线灯的工作原理与红外线辐射板加热器大致相同。其结构及接线方式与白炽灯基本相同，温度可由调整红外线灯的悬挂高度来调节，一般悬挂高度为 400～500 mm。红外线灯的主要缺点是价格高，使用寿命较短。

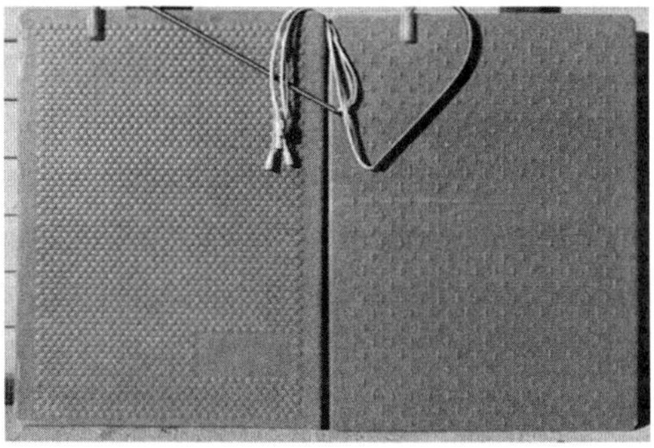

图 2-18　橡胶电热保温板

图 2-19　红外线灯

2. 集中采暖

集中采暖是指集约化、规模化猪场，采用一个集中的热源(锅炉房或其他热源)，将热水、蒸汽或预热后的空气，通过管道输送到舍内或舍内的散热器。近年来，通风供暖设备的研制已有新的进展，热风炉、暖风机在寒冷地区已经推广使用，有效地解决了保温与通风的矛盾。总之，无论采取何种取暖方式，都应充分考虑采暖设备投资、能源消耗等投入与产出的经济效益。

六、某猪场各类猪舍温度调节案例

1. 公猪舍温度调节

夏季公猪应特别注意防暑降温，温度超过 29 ℃，每隔 3 h 用水冲洗公猪 1 次。现在一般都使用水帘降温，其效果更好。在室内温度高于 27 ℃时，开启水帘降温设施。

2. 妊娠猪舍温度调节

水帘降温是妊娠猪舍降温的最佳选择，在没有水帘的猪舍，可以合理进行喷雾或淋浴冲洗猪体—既可帮助猪体散热降温，又可使猪体卫生清洁。夏季深井水水温偏低，宜放于水池，待水温升至 25 ℃时方可冲洗猪体。不能用高压力的凉水直接对妊娠母猪的腹部进行冲洗，以防止母猪腹部血管强烈收缩而引起胎儿死亡。冲洗猪体时间应安排在母猪饲喂前，喂料后 30 min 内不能冲洗。

其他降温措施：可用凉水冲洗栏内地面和墙壁降温；采取定时喷雾淋浴或在屋顶增加喷雾设备；减少妨碍空气流动的物体，增加通风面，充分利用横向空气流动，降低猪舍内温度；安装抽排风设备，增加纵向通风以提高猪体表散热速度；猪舍外搭建凉棚或遮阳网，防止阳光直接照射到母猪身上或舍内；搞好猪场绿化，调节小环境，降低猪舍附近地温；尽量降低舍内温度，防止高温高湿给母猪带来更大的危害。

3. 产房仔猪保温箱及舍内温度调节

分娩哺乳舍环境温度必须相对稳定、适宜，控制在 18～22 ℃，临产母猪在高温季节使用冷水降温时，宜在颈部滴水降温，不宜用冷水大面积冲洗淋浴，因为临产母猪腹部大面积突然被凉水淋湿，会减少对胎儿的供氧量，导致胎儿死亡数增加。增加自然通风量，开窗和开门，通过空气流动，加快舍内和猪体热气散发速度，降低猪舍内温度；舍内环境温度高于 28 ℃时，开启抽排风设备进行通风换气，或开启水帘，降低舍内温度 5～7 ℃。其他降温方法：屋顶安装喷淋水设备、增加隔热层（吊顶）和用凉水冲洗地面等，产房仔猪保温箱温度控制标准见表 2-13 和表 2-14。

表 2-13 产房仔猪保温箱温度控制标准

适宜温度/℃	产房仔猪保温箱温度控制				
20～25	不高于 28	28～30	打开所有窗，开启风扇或增加滴水降温	30 ℃以上	关闭所有门窗，开启水帘设备
	不低于 20	18～15	关闭所有窗户，开启抽排风扇	15 ℃以下	关闭所有门窗，开启抽排风扇，启动舍内升温设备

表 2-14 仔猪保温箱内温度控制

日龄	适宜温度/℃			措施
刚出生仔猪	32～33	不高于 37	高于 35	关闭保温灯，保留垫布
		不低于 32	低于 32	开启保温灯，保留垫布
1～3 d	30～32	不高于 35	高于 32	关闭保温灯，保留垫布
		不低于 30	低于 30	开启保温灯，保留垫布
4～13 d	25～30	不高于 30	高于 30	关闭保温灯，保留垫布
		不低于 25	低于 25	开启小功率保温灯，垫保温板
14～21 d	22～25	不高于 28	高于 25	关闭保温灯，保留垫布
		不低于 22	低于 22	开启小功率保温灯，垫保温板
断奶后 1～3 d	25～30	不高于 32	高于 32	关闭保温灯，保留垫布
		不低于 25	低于 25	开启保温灯，垫保温板

4.保育舍温度调节

在冬春季节，要防止下水道、门窗和天花板吊顶等处的贼风侵袭。关闭门窗和调节进风口，在断奶仔猪躺卧的地方，铺垫保温木板或放置保温箱。采取开启红外线灯、启动热风炉、锅炉供热或其他方式升温和保温，同时必须做到通风换气。当舍内温度高于 33 ℃时，打开所有门窗，对 15 kg 以上保育猪群可同时开启风扇，保育舍安装有水帘的猪场，要关闭所有门窗，开启水帘降温至对应的适宜温度。不同体重的断奶保育仔猪及其舍内温度控制标准见表 2-15。

表 2-15　不同体重的断奶保育仔猪及其舍内温度控制标准

体重/kg	断奶保育仔猪适宜舍内温度/℃	备注
4～5.5	30	潮湿的栏舍会降低仔猪腹感温度 2～4 ℃，有保温垫板的栏舍可提高腹感温度 2 ℃；调节舍内温度时应以较小猪只的适宜温度为标准
5.5～7.5	28	
7.5～12	28～26	
12～21	25～24	
21～25	23～22	在冬春季节，保育仔猪转群前 1～5 d，调节舍内温度至 22 ℃，缩小与生长舍温度差

5.生长育肥猪舍温度调节

舍内温度 18～22 ℃是生长育肥猪的最适宜温度。可通过适当调整卷帘高度、启闭窗户、冲水、喷雾、烧木炭、增加垫料等措施进行舍内温度调整。当温度过高时(32 ℃以上)，育肥猪就会烦躁不安、呼吸急促、采食下降或厌食；当温度过低时(15 ℃以下)，育肥猪会相互拥挤，采食量增加，这不仅导致料肉比上升，而且日增重也会下降。在高温酷暑天气，育肥舍降温操作同公猪舍、妊娠舍的降温措施。猪只不同阶段的环境温湿度控制标准见表 2-16。

表 2-16　猪只不同阶段的环境温湿度控制标准

猪群	日龄	体重/kg	舒适温度/℃	上临界温度/℃	临界温度/℃	适宜湿度/%
哺乳仔猪	1 d	1.5	32～35	37	30	60～70
	1～3 d	1.5～2.0	30～32			
	4～7 d	2.0～2.5	28～30		28	
	8～13 d	2.5～4.5	25～28		23	60～80
	14～25 d	4.5～7.5	23～25			
断奶仔猪	断奶后 1～5 d	25～30	32	25		
保育仔猪	30～35 d	7.5～9.5	23～25	30	20	
	36～63 d	9.5～25	20～23		18	
生长猪	10～16 周	25～65	18～20	27	13	
育肥猪	17 周至出栏	65～95	18～20	27	10	
公猪			16～18	25	10	
妊娠空怀母猪				27	10	
哺乳母猪			18～20	27	10	

七、猪舍防暑防寒管理措施

猪只的饲养管理直接或间接地对猪舍的防暑降温和防寒保暖起到不可忽视的作用。加强猪舍防暑防寒管理的措施主要是：

(1)调整饲养密度。在不影响饲养管理及舍内卫生的前提下，夏季或炎热季节适当降低饲养密度，有利于猪机体散热和降低环境温度；冬季适当加大饲养密度，有利于舍温的提高。

(2)控制舍内的气流。在夏季的中午前后猪舍内温度有时高于舍外温度，加大通风量和气流速度，可以促进猪机体的对流散热和蒸发散热；加强猪舍入冬前的维修与保养，如封门窗、设置挡风屏障及堵塞墙壁缝隙等，防止贼风的产生，对提高猪舍冬季防寒保温性能有重要的作用。

(3)科学饮水。高温季节给予充足的饮水，有条件时可以给冷水吸收机体热量，减轻猪散热负担；低温季节加热饮水和饲料，杜绝喂冰冻料及饮冰冻水可以减少能量消耗，提高猪的抗寒能力。

(4)调整日粮配方。高温环境中猪的采食量下降，为避免猪因采食量下降而导致能量和蛋白质摄入不足，应在日粮中添加油脂等高能物质，饲喂低蛋白质高氨基酸平衡日粮可减少产热，同时在日粮中添加维生素 C、维生素 E、维生素 B_6、维生素 B_{12} 和电解质等物质缓和热应激，从而提高猪生产性能；低温环境中提供营养平衡、数量充足的日粮，满足猪御寒和生产的需要。

(5)控制舍内的湿度，保持空气干燥。

(6)在低温环境中使用垫料，改进低温地面的温热特性。垫料不仅可以保温吸湿、吸收有害气体、改善小气候环境，而且可保持猪体清洁，是一种简便易行的防寒措施。但垫草体积大、重量大，很难在集约化猪场应用。

八、猪舍温度控制操作实施细则案例

(一)猪舍防寒保暖操作细则

1.公猪站和配种舍

适宜温度为 18～25 ℃，最低温度为 15 ℃，低于 15 ℃要采取保温措施，确保舍内温度 10 ℃ 以上。

当温度 $T \leqslant 13$ ℃时，封闭所有门窗及猪舍漏风地方，间隔 3～4 h 进行通风换气。

当温度 13 ℃$<T\leqslant$15 ℃时，关闭所有窗户，仅打开背风面气窗换气。

当温度 15 ℃$<T<$18 ℃时，根据是否出太阳、刮风和猪群的表现灵活开关窗户。

当温度 25 ℃$>T\geqslant$18 ℃时，一般情况下不关窗户。

当温度 30 ℃$>T\geqslant$25 ℃时，开两台风机，同时打开靠近水帘口南北两面的各两个大窗。

当温度 $T\geqslant$30 ℃时，根据猪舍的防暑降温设施情况，打开风机、风扇、水帘等，尽量使猪舍保持在 30 ℃以下。

2.怀孕舍、隔离舍和生长舍

适宜温度为 18～25 ℃，最低温度为 15 ℃，低于 15 ℃要采取保温措施，确保舍内温度 10 ℃ 以上。

当温度 $T \leqslant 10$ ℃时，降落南北两面所有帐幕，舍内搭建"屋中屋"保温。

当温度 $T \leqslant 13$ ℃时，降落南北两面所有帐幕，南面两部分帐幕的中间可以留 20～30 cm 以上的缝隙来换气。

当温度 $T \leqslant 16$ ℃时，降落南北两面下半部分帐幕，如果刮北风可以把北面上半部分帐幕也降下来，但北面两部分帐幕中间可以留 20 cm 缝隙来换气，南面上半部分帐幕可以不降落，或者南面两部分帐幕中间可以留 30～40 cm 缝隙来换气。

水帘口的彩条布一般在 18 ℃以下时不用考虑掀开。

风扇使用：当温度 $T \geqslant 25$ ℃时，开一台风机或一排风扇，当 $T \geqslant 28$ ℃时开全部风机或风扇；具体还可以根据舍内种猪年龄、环境是否感觉闷、有无风吹、是否阴雨阴凉天气来灵活调节。

控制湿度：扫料槽前后放 1/3 的料槽水即可，下班前放 1/2 的料槽水即可，配置自动饮水器的，不需放料槽水，注意扫料槽时切忌动作过大或放水过多，以免弄湿定位栏的地面，粪道湿要及时铺撒生石灰，否则湿度大容易导致母猪毛松、消瘦、流产、跛行、胚胎死亡、产弱仔、死胎、木乃伊等。

3.分娩舍和保育舍

由于猪群的特殊性，各阶段的温度需求不一样，具体各阶段的保温措施如下：

分娩舍临产母猪最佳温度 18～25 ℃，低于 15 ℃要通过关窗户进行调节。

分娩舍产后 1～3 d 内的舍内最佳温度 25～30 ℃，低于 25 ℃需要关窗，保温箱的温度低于 25 ℃需要开保温灯，舍内温度低于 18 ℃ 时烧煤炉。

分娩舍产后 4～7 d 的舍内最佳温度 24～29 ℃，低于 24 ℃需要关窗，保温箱的温度低于 24 ℃需要开保温灯。

分娩舍产后 8 d 至断奶的舍内最佳温度为 20～25 ℃，低于 20 ℃需要关窗，保温箱低于 18 ℃ 需要开保温灯。

分娩舍断奶仔猪、保育舍刚转入的仔猪和保育舍并栏仔猪最佳温度为 25～28 ℃，舍内温度低于 25 ℃时关窗，低于 22 ℃时开保温灯，低于 15 ℃时烧暖风炉。

保育舍 33 d 至上市的仔猪最佳温度为 20～24 ℃，舍内低于 22 ℃关窗，低于 18 ℃开保温灯。

分娩舍吊针的药水要先预热，洗母猪乳房要用热水。分娩保育舍仔猪喂水料或补液盐要用温水。

（二）猪舍防暑降温操作细则

1.配种怀孕舍

（1）温度 25～30 ℃：在无风较闷的情况下，一般使用风扇加强通风即可，可根据具体情况考虑风扇全开或只开一半。

（2）温度 30～32 ℃：使用风扇通风。一般中午值班时间除开喷雾降温时暂停外，其他时间均需开启，白班在上班时间根据实际情况可间歇性或两半风扇交替开启使用，一般情况下 1:00～5:00 不必使用风扇，若舍内空气实在太闷等可将分半使用。雾化降温系统一般不主张使用，在天气变化等异常情况下可调节喷雾降温的开启频率来弥补。

（3）温度 32 ℃以上：风扇的使用同温度 30～32 ℃操作。

雾化系统：当阳光较强时，怀孕后期可以使用雾化系统，5～10 min 的间隔时间，每次喷雾 40 s～1 min；使用时段可分为 1～10 时段，具体定制喷雾时间需根据当时段的实际需要调整，原则上在 0:00～7:00 不主张使用。为控制湿度，建议增加喷雾频率、缩短喷雾时间进行控制。

冲栏：在夏季可以适当增加冲栏次数，但不宜过多，可选择合适的时间段冲栏，大原则是不能因过多冲栏而长期使猪舍潮湿。当温度高于 34 ℃时应考虑给妊娠后期母猪冲湿地板降温，关键是要冲凉地板，水压不能太大，贴着猪身冲，尽量保证在 12:00～15:00 冲地板 2～3 次，这样能明显减少死胎弱仔；对输精栏母猪进行冲水，以减少高温对输精栏母猪的影响，并保持配种母猪较好的发情状态。达到 33 ℃或以上时，视情况要给大栏的猪只以及防晒网冲水，减少热应激对发情的影响，但不能在配种前或查情前冲猪身，以免影响发情状态。

有风机、水帘设备可灵活使用风机与水帘个数进行调温。

2. 分娩舍

(1)临产单元。温度在 27 ℃以上时要开风机；温度在 30～32 ℃时或哺乳母猪喂料前、后开风机的同时要打开滴水降温，开滴水降温时要注意滴水的速度(最好是 2～3 滴/s)，注意室内湿度的控制，下午下班前结合天气情况把滴水关掉；温度在 32 ℃以上，开风机、水帘或滴水降温，滴水量可以加大，根据具体情况每 0.5 h 或 1 h 冲走道、栏底及猪身一次；当中午气温高于 30 ℃时，可以用胶管冲湿走道、中间和两边，甚至是墙面，炎热时 3～4 次/d，但注意要保持下午下班时地面干爽，以防湿度过大；有风机、水帘可以在高温时打开风机水帘进行降温。时刻关注母猪呼吸情况，发现发烧等异常情况及时处理。

(2)在产单元。临近分娩的母猪要加强降温，降温要单独处理，如单独开滴水降温，单独冲猪身等。刚分娩母猪尽量控制湿度，保持栏面干燥，注意对仔猪保温。对整个单元的降温可采用风机、滴水及用水冲栏底、走道等。

(3)高峰期单元。温度 28 ℃以上舍内空气较闷时要开风机；温度 30～32 ℃除开风机和水帘外，要求每 0.5 h 或 1 h 用水冲走道及栏底。(如果母猪采食情况不理想，在喂料前可适当开滴水降温，但滴水时间不宜过长)；温度 32～34 ℃或以上要加上滴水降温(滴水降温的量可考虑 2 滴/s)，根据猪群情况每 0.5 h 或 1 h 冲走道和栏底 1 次。关注母猪呼吸情况，发现异常及时处理。

(4) 断奶单元。温度 30 ℃以上时根据实际情况适当开 1～2 台风机，但需防止风力过大，开启的窗必须拉好半截窗，防止风直接吹猪身。(一般空气流量较好的情况下，全部断完奶的单元不主张开风机，只用水冲走道和栏底即可)。

3. 保育舍

(1)35 日龄之前的仔猪。当温度 28～30 ℃或者舍内比较闷的情况下适当开风机，注意控制时间。仔猪刚转栏当天，尽量不用；当温度 30～32 ℃时，开 1 台风机。(在 31 日龄前开风机需挂饲料袋避免风直吹仔猪)；当温度达到 33 ℃以上时，开 2 台风机且洒水降温。

(2)35 日龄以上仔猪。当温度 28～30 ℃时，开 1 台风机；当温度 31 ℃时，开 2 台风机；当温度达到 32 ℃以上时，开两台风机且洒水降温；当温度达到 33 ℃以上时，对室内走道和栏底冲水降温。上午，35 日龄以下的猪只需关好窗开好风机。上午，40 日龄以上的仔猪下班前需冲水，下午冲水在 4:30 后停止。

(3)当室内温度达到35 ℃时,需对室内走道和室内、外墙壁冲水。一般中午值班,先到各个单元快速巡栏一遍,观察室内温度、通风情况,发现异常情况及时处理。并根据具体情况决定降温的顺序。一般先冲上市前猪只。要求35日龄左右冲2次,40日龄以上的需冲够3次。

(4)注意天花板的密封性,及时封补老鼠洞。

(5)饮水降温:30～35日龄时,如猪只采食量较低可以添加3 d柠檬酸,剂量为0.1%。40日龄以上猪只,视情况(并非每个单元添加)而定,如打喷嚏和流鼻水则可以添加 NH_4Cl 900 g,3 d(清热,化痰)。

(6)添加抗应激药物(维生素C等)。上市第一批猪时为了减少应激,上市前添加抗应激药如维生素C。

(7)清凉性药物降温如风油精、薄荷水等喷雾。

(8)转猪后第4天开冲水器,35日龄后1周2次。

4.公猪站

公猪站一般都安装风机水帘,可通过灵活使用风机和水帘,达到降温通风目的。操作细则如下:

(1)当舍内温度23 ℃以下,自然通风,天气较闷或喂料时可以打开风扇进行通风;23～25 ℃开2台风机抽风,水帘间歇喷雾。

(2)当室内温度29 ℃以上,喷雾降温、屋顶淋水、外墙淋水,有条件的水帘池放冰块。

(3)当温度达32 ℃以上冲栏冲猪身。另外,每天给公猪补充适量的青饲料,如番薯苗、木瓜等,补充维生素,增强公猪食欲。

5.隔离舍

(1)当猪舍温度高于25 ℃或者舍内比较闷没风的情况下要把风扇打开,为了延长风扇的使用寿命,灵活进行开关操作。

(2)当气温高于30 ℃或者预计中午温度会高于30 ℃时,中午下班前要把瓦面自动喷水装置打开,下班前或者根据温度情况可关喷水装置。

(3)室外大栏或者中午阳光能射入的大栏,边上遮光网需拉高些,最好两层以上。

(4)夏季高温天气可以增加后备母猪的冲栏次数(栏舍和猪身),冲栏时间定于每天上午下班前,气温不是很高时,下午高温炎热天气不宜冲猪身,但可以冲走道、栏面、遮光网、水沟,不过如果湿度比较大的天气不宜冲水。

(5)为了减少红皮病的发生,在冲完栏之后,严格消毒,并利用晚上加班用灭虫菊酯进行灭蚊蝇工作,每周进行两次。

(三)猪舍防寒保暖与防暑降温质量记录

(1)猪场防寒保暖工作计划表(表2-17)。

(3)猪场防寒保暖工作检查表(表2-18)。

(3)猪场防暑降温工作计划完成情况跟踪表(表2-19)。

表 2-17　猪场防寒保暖工作计划表

部门	主要工作	负责人	监督人	计划时间	完成情况	验证人
公猪站	门、窗密封、修补破损的天花板	公猪站组长	生产主管和分管各区长			
	冲水器密封					
	水帘口和风机口密封					
隔离舍	帐幕检修(上油、接口密封)	隔离舍组长				
	屋檐封饲料袋或者彩条布					
	拉屋中屋					
配种舍	门、窗密封、修补破损的天花板	各配种舍组长				
	冲水器密封					
	水帘和风机口密封					
怀孕舍	帐幕检修(上油、接口密封)					
	门、窗、屋檐、墙角、地脚窗密封					
	冲水器密封					
	屋檐封饲料袋或者彩条布					
	拉屋中屋					
分娩舍	门、窗密封、修补破损的天花板	各分娩舍组长				
	风机口密封					
	冲水器密封					
	水帘口密封					
	做门帘					
	出猪台密封及防雨					
	准备煤炉、木炭或者电热器					
	拉屋中屋					
保育舍	门、窗密封、准备保温板、修补破损天花板	保育舍组长	生产主管和分管各区长			
	冲水器密封、风机口密封					
	做门帘					
	拉屋中屋，准备保温箱					
	准备煤炉、木炭或者电热器					
	出猪台密封及防雨					
猪车	用彩条布密封车厢、车后门做卷帘	后勤组长	场长			
出猪台	用彩条布密封					
	准备稻草					
舍外水管包扎防冻						

注：此表张贴在各线办公室，每完成一项，由负责人在“完成时间”上打“√”。

表 2-18　猪场防寒保暖工作检查表

线别					
栏舍					
防寒保暖物资是否充足					
防寒保暖检修情况					
防寒保暖方案与培训工作					
帐幕密封					
漏风口、赶猪道入口密封					
水帘密封					
风机密封					
门、窗密封					
冲水器与下水道密封					
屋中屋					
出猪台密封					
车辆密封					
保温与通风的灵活性					
猪只舒适程度					
空气质量					
温度、湿度情况					
呼吸道病控制情况					
整体效果					
好的经验					

表 2-19　猪场防暑降温工作计划完成情况跟踪表

猪场：							
项目			落实时间	责任人	检查人	复查人	备注
回收并保管好防寒保暖物资	彩条布						
	薄膜纸						
	煤炉						
	烟囱						
	煤及煤渣的清理						
防暑降温物资储备、设备检修、设备安装及相关工作	物资采购	遮阳网					
	电路、设备的检修	电风扇及配件					
		柴油					
		灭蚊物资					
		电路					
		发电机					
		风机、电风扇					
		水泵					
		供水管道					

续表 2-19

猪场：							
项目			落实时间	责任人	检查人	复查人	备注
防暑降温实施细则	员工动员、培训、工作安排	动员大会					
		防疫消毒工作培训					
		防暑降温操作培训					
		调整作息时间					
	防暑降温的准备工作	猪舍四周种植树木					
		种植青绿饲料					
		拉遮阳网					
		清除猪舍四周杂草					
		猪舍四周场地平整					

备注：1. 防寒保暖物资指灯泡瓦数、数量，电线，煤炉、煤、碳、石灰、醋酸、柴油、保温板、彩条布、薄膜、帐幕、麻袋物资。2. 防寒保暖检修指保温灯头、插头、插座、线路、发电机等检修，看是否存在漏洞。3. 各项填写按 10 分制进行评定，6 分以下不合格，6 分合格，7～8 分良，9 分以上优。

任务评价

一、名词解释

等热区　舒适区　临界温度　气温日较差　气温年较差

二、选择题

1. 一天中气温最高值出现在(　　)。

A. 11:00　　B. 12:00　　C. 13:00　　D. 14:00

2. 一年中最热月是(　　)。

A. 6 月　　B. 7 月　　C. 8 月　　D. 9 月

3. 热射病是在(　　)环境中发生。

A. 低温　　B. 室温　　C. 高温、高湿　　D. 任何温度

4. 为了保持热平衡，猪的采食量在低温时会(　　)，高温时会(　　)。

A. 增加，减少　　B. 减少，增加　　C. 减少，减少　　D. 增加，增加

5. 对高温环境耐受能力相对较强的是(　　)。

A. 鸡　　B. 猪　　C. 牛　　D. 绵羊

三、填空并连线

环境条件	主要体温调节方式
环境温度＿＿＿＿皮肤温度	非蒸发散热
环境温度＿＿＿＿皮肤温度	蒸发散热
环境温度＿＿＿＿皮肤温度	热射病

四、判断题

1. 空调调温效果好，对贵重的种猪可以考虑使用。(　　)

2. 加强猪舍外围护结构的隔热设计，对猪舍内温度调控非常重要。(　　)

3. 用红外线灯供热可用于仔猪。(　　)

4. 喷雾降温效果好，但容易引起舍内湿度过大。(　　)

5. 高湿对防暑有利，对防寒不利。(　　)

6. 相对而言，保温防寒较降温防暑容易操作。(　　)

7. 幼龄和老龄猪的等热区较青年猪的宽。(　　)

8. 生产力水平高的猪耐寒能力强，而耐热能力弱。(　　)

五、填空题

1. 正常情况下，畜舍内温度的分布是天棚附近____，而地面附近____。

2. 畜舍遮阳的类型有____、____和____。

3. 冬季，要求舍内平均气温(普通温度计测)与墙壁内表面平均温度(半导体温度计测)之差不超过____ ℃；当舍内空气湿度过大时，该温差不超过____ ℃。

4. 据测定，冬季通过墙壁散失的热量占总散热量的____。

六、简答题

1. 影响等热区和临界温度的因素有哪些？在猪的生产中如何应用？

2. 气温对猪的生产力有哪些影响？

3. 猪舍内温度的分布规律是什么？

4. 如何做好夏季的防暑降温和冬季防寒保温工作？

任务四　猪舍温度的测定与评价

一、常见温度计的使用

1. 普通温度计

普通温度计由温度感应部和温度指示部组成，感应部为容纳温度计液体的薄壁玻璃球泡，指示部为一根与球泡相接的密封的玻璃细管，其上部充有足够压力的干燥惰性气体，玻璃细管上标以刻度，以管内的液柱高度指示感应部温度。

液体温度计是利用物质热胀冷缩的原理制成的。当感应部温度增加时，就会引起内部液体膨胀，液柱上升，感应部内的液体体积的变化可在细管上反映为液柱高度变化。

常用的有水银温度计和酒精温度计 2 种。水银温度计应用较广，因为水银的导热性好，对热变化敏感，膨胀均匀，沸点低，故精确度较高。由于酒精在 0 ℃以上膨胀不均匀，沸点低，故酒精温度计不如水银温度计准确，也不能测定高温，但酒精的凝固点是－117 ℃，故可以准确测到－80 ℃低温，这是水银温度计所不及的(水银在－39.4 ℃时冻结)。

2.最高温度计

这是一种特制的水银温度计，可以测定一定时间内的最高温度。这种温度计球部（感应部分）上方出口较窄，气温升高时水银膨胀，毛细管内水银柱上升，当气温下降时水银收缩，但水银收缩的内聚力小于出口较窄处的摩擦力，因此毛细管内的水银柱断裂，不能回到球部而仍指示着最高温度（图 2-20）。每次使用前应将水银柱甩回球部。

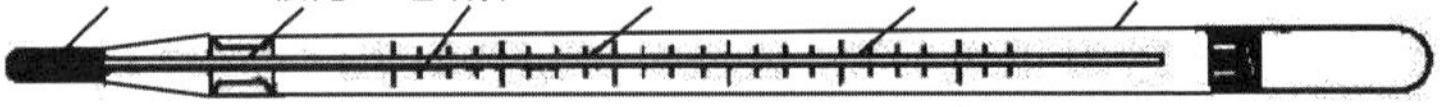

图 2-20 最高温度计

3.最低温度计

这是一种特制的酒精温度计，在毛细管中有一个能在酒精柱内游动的有色玻璃小指针。当温度上升时，指针不被酒精带动，而当温度下降时，凹形酒精表面即将指针向球部吸引，因此可以测量一定时间内的最低温度（图 2-21）。

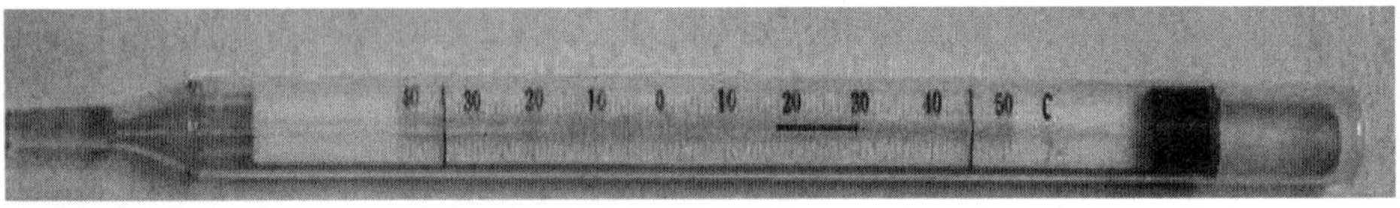

图 2-21 最低温度计

4.最高最低温度计

这是一种用来测定一定时间内的最高温度、最低温度的 U 形玻璃温度计。U 形管底部装有水银，左侧管上部及温度感应部（膨大部）都充满酒精；右侧管上部及膨大部的球部一半装有酒精，其上部充满压缩的干燥惰性气体，两端管内水银面上各有一个带颜色的金属含铁指针。当温度升高时，左端球部的酒精膨胀压迫水银向右侧上升，同时也推动水银面上的指针上升；反之，当温度下降时，左侧端部的酒精收缩，右侧球部的压缩气体迫使水银向左侧上升，指针并不下降。因此，右侧指针的下端指示一定时间内的最高温度，左侧指针的下端指示一定时间内的最低温度（图 2-22）。注意每次使用前应将指针用磁铁吸到水银面上。

5.数字式温度计

数字式温度计可以准确判断和测量温度，以数字显示，而非指针或水银显示，故称数字温度计或数字温度表（图 2-23）。数字温度计采用温度敏感元件也就是温度传感器（如铂电阻、热电偶、半导体、热敏电阻等），将温度的变化转换成电信号的变化，如电压和电流的变化，温度变化和电信号的变化有一定的关系，如线性关系、一定的曲线关系等，这个电信号可以使用 AD 转换电路将模拟信号转换为数字信号，数字信号再送给处理单元，如单片机或者 PC 机等，处理单元经过内部的软件计算将这个数字信号和温度联系起来，成为可以显示出来的温度数值，然后通过显示单元，如 LED、LCD 或者电脑屏幕等显示出来。这样就完成了数字温度计的基本测温功能。数字温度计有手持式、盘装式等。

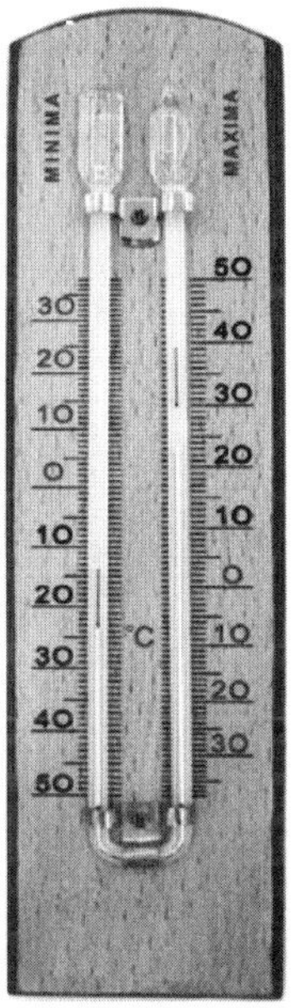

图 2-22　最高最低温度计

图 2-23　数字式温度计

二、猪舍内温度测定部位

在室外测定气温时，一般气象台(站)是将温度计置于空旷地点，离地面 2 m 高的白色百叶箱内，这样可防止其他干扰因素对温度计的影响。在舍内测定气温时，放置位置应根据畜舍而定。猪舍放在 0.2～0.5 m 高处，装在舍中央猪床的中部。

由于猪舍各部位的温度有差异，因此，除在猪舍中心测定外，还应在四角距两墙交界 0.25 m 处进行测定，同时沿垂直线在上述各点距地面 0.1 m、猪舍高 1/2 处、天棚下 0.5 m 处进行测定。

猪舍舍温测试，所测得数据要具有代表性，应该具体问题具体分析，选择适宜的温度测定位点。例如，猪的爬卧休息行为占 80%以上，故当用厚垫草养猪时，垫草内的温度才是具有代表性的环境温度值。

三、猪舍温度的测定与评价

现场测定某猪舍温度指标，将相关信息填入表 2-20 中。

表 2-20　猪舍温度的测定与评价

<table>
<tr><td colspan="2">实训单位名称</td><td colspan="4"></td><td colspan="2">地点</td><td colspan="2"></td></tr>
<tr><td colspan="2">猪群类别</td><td colspan="4"></td><td colspan="2">饲养头数</td><td colspan="2"></td></tr>
<tr><td colspan="2">猪舍类型</td><td colspan="4"></td><td colspan="2">记录时间</td><td colspan="2"></td></tr>
<tr><td rowspan="2">舍外温度</td><td>测定时间</td><td colspan="2">8:00</td><td colspan="2">12:00</td><td>14:00</td><td colspan="2">18:00</td><td>平均值</td></tr>
<tr><td>温度/℃</td><td colspan="2"></td><td colspan="2"></td><td></td><td colspan="2"></td><td></td></tr>
<tr><td rowspan="3">舍内温度</td><td>测定时间</td><td colspan="3">6:00—7:00</td><td colspan="2">14:00—15:00</td><td colspan="2">22:00—23:00</td><td></td></tr>
<tr><td>测定部位</td><td>天棚</td><td colspan="2">畜床</td><td>猪体高</td><td>猪舍中部</td><td>墙内面</td><td>墙角</td><td>平均值</td></tr>
<tr><td>温度/℃</td><td></td><td colspan="2"></td><td></td><td></td><td></td><td></td><td></td></tr>
<tr><td>综合评定</td><td colspan="9">评价依据：
评价结论：
测定与评价人：____________　　日期：____年__月__日</td></tr>
<tr><td>教师评价</td><td colspan="9">根据表中内容的准确性和学生学习态度、团队配合能力、社会观察能力和实践能力综合评定。
指导教师姓名：____________　　日期：____年__月__日</td></tr>
</table>

任务五　猪舍湿度调控

一、空气湿度的表示方法

空气在任何状态下几乎都含有水汽。空气中含有水汽多少常用“空气湿度”或“气湿”来表示。空气中的水汽主要来源于各种水面、潮湿地面的蒸发以及植物的蒸腾。空气湿度通常用下列几个指标表示。

1.水汽压

空气中水汽所产生的压力称为水汽压。水汽压的单位用“Pa”表示。在一定温度条件下，一定体积空气中能容纳水汽分子的最大值是一个定值，超过这个最大值，多余的水汽就会凝结为液体或固体。该值随空气温度的升高而增大。当空气中水汽达到最大值时，称为饱和空气，这时的水汽压，称为饱和水汽压(表 2-21)。

表 2-21　不同温度下的饱和水汽压

温度/℃	−10	−5	0	5	10	15	20	25	30	35	40
饱和水汽压/Pa	287	421	609	868	1 219	1 689	2 315	3 136	4 201	5 570	7 316
饱和水汽重/(g/m^3)	2.16	3.26	4.85	6.80	9.40	12.83	17.30	23.05	30.57	39.60	51.2

2.绝对湿度

绝对湿度也称水汽密度，是指单位体积的空气中所含的水汽质量，用 g/m^3 表示。它直接表示空气中水汽的绝对含量。

3.相对湿度

相对湿度指空气中实际水汽压与同温度下饱和水汽压之比，以百分率来表示。相对湿度说明水汽在空气中的饱和程度，是一个常用的气象指标。

相对湿度＝(空气中实际水汽压/同温度下饱和水汽压)×100%

4.饱和差

饱和差指一定的温度下饱和水汽压与同温度下的实际水汽压之差。饱和差越大，表示空气越干燥，饱和差越小，空气越潮湿。

5.露点

空气中水汽含量不变，且在气压一定时，因气温下降，使空气中水汽达到饱和，这时的温度称为“露点”。空气中水汽含量越多，则露点越高，否则反之。

由于影响湿度变化的因素(气温、蒸发等)有周期性的日变化和年变化，所以空气湿度也有日变化和年变化现象。绝对湿度基本上受气温的支配，在一日和一年中，温度最高值的时候，绝对湿度最高。相对湿度的日变化与气温相反，在一天中温度最低时，相对湿度最高，在早晨日出之前往往达到饱和而凝结为露水、霜和雾。

二、猪舍内湿度的来源和变化

1.湿度的来源

猪舍内空气的湿度通常高于外界空气的湿度，密闭式猪舍中的水汽含量常比大气中高出很多。在夏季，舍内外空气交换较充分，湿度相差不大。猪舍内水汽的来源通常为猪体蒸发的水汽，约占 75%；潮湿的地板、垫料和潮湿物体蒸发的水汽，占 20%～25%；进入舍内的大气本身含有 10%～15%的水汽。

2.湿度的变化

在标准状态下,干燥空气与水汽的密度比为1∶0.623,水汽的密度较空气小。在封闭式猪舍,上部和下部的湿度均较高。因为下部有猪体和地面水分不断蒸发,较轻暖的水汽又很快上升,而聚集在猪舍上部。舍内温度低于露点时,空气中的水汽会在墙壁、窗户、顶棚、地面等物体上凝结,并渗入进去,使建筑物和用具变潮;温度升高后,这些水分又从物体中蒸发出来,使空气湿度升高。猪舍温度低时,易使舍内潮湿,舍内潮湿也会影响猪舍保温。

三、气湿对猪的影响

(一)气湿对猪热调节的影响

在适宜温度条件下,空气湿度对猪热调节没有影响。在高温或低温的情况下,空气湿度与猪热调节有着密切的关系。一般来说,湿度越大,体热调节的有效范围越小。

1.高温时气湿对蒸发散热的影响

在高温时,猪体主要依靠蒸发散热,而蒸发散热量和猪体蒸发面(皮肤和呼吸道)的水汽压与空气水汽压之差成正比。猪体蒸发面的水汽压决定于蒸发面的温度和潮湿程度,皮温越高,猪体越出汗,则皮肤表面水汽压越大,越有利于蒸发散热。如果空气的水汽压升高,猪体蒸发面水汽压与空气水汽压之差减小,则蒸发散热量也会减少,因而在高温、高湿的环境中,猪体的散热更为困难,从而加剧了猪的热应激。

2.低温时气湿对非蒸发散热的影响

在低温环境中,猪主要通过辐射、传导和对流等方式散热,并力图减少热量散失,以保持热平衡。而潮湿空气的导热性和容热量比干燥空气大,潮湿空气又善于吸收猪体的长波辐射热;此外,在高湿环境中,猪的被毛和皮肤都会吸收空气中水分,从而提高被毛和皮肤的导热能力,降低体表的阻热作用。所以在低温高湿的环境中较在低温低湿环境中,非蒸发散热量显著增加,使机体感到更冷。对于这一点,仔猪更为敏感。例如,冬季饲养在湿度较高舍内的仔猪,活重比对照组低,且易引起下痢、肠炎等疾病。

由此可知,高湿是影响猪散热的主要因素之一,寒冷时使猪体感到更冷,炎热时使猪体感到更热,散热受抑制,从而破坏了猪的体热代谢,而相对湿度较低则可缓和猪的应激。高湿会影响猪的日增重、料肉比等,降低猪的生长性能。另外还会影响猪的行为、免疫功能。低湿容易使猪发生皮肤干裂等现象。

(二)气湿对猪生产性能的影响

在适宜温度范围内,空气湿度的高低对任何猪群生产性能几乎没有太大影响,但在高温或低温环境中气湿对猪繁殖性能、生长肥育等生产性能的影响与温度相关。据研究,猪舍相对湿度由45%升高到95%,猪的平均日增重下降6%~8%,若空气温度高于适宜温度11 ℃,相对湿度为80%,猪的日增重和饲料利用率均低于相对湿度为50%的情况。环境温度为28 ℃,环境的相对湿度由30%升至90%,猪的日增重下降16%;环境温度为33 ℃时,相对湿度由20%升至80%,猪的日增重下降29%,并且单位增重耗料增加21%。如在7—8月份最高气温超过35 ℃时,猪的繁殖率与相对湿度呈明显的负相关,在9—10月份,气温下降至35 ℃以下时,高湿对繁殖率的影响很小。适宜温度下30~100 kg体重的猪,相对湿度从45%上升到85%,

对其增重和饲料消耗均无影响。可见环境温度过高，空气湿度增加，会引起猪生长和肥育速度下降。

育成猪舍内的空气相对湿度在45%～75%范围内时，对猪舍内的CO_2、NH_3及空气中的细菌含量没有影响。但当相对湿度增大到90%时，数值将急剧增长。研究表明，育成猪的日增重随着猪舍环境内的空气相对湿度的增大呈线性下降变化。

（三）气湿对猪健康状况的影响

1.高湿环境

在高湿环境下，猪机体的抵抗力减弱，发病率增加，易引起传染病的蔓延。空气湿度高可使猪舍内空气中带菌尘粒沉降率提高，从而降低咳嗽和肺炎的发病率。但高湿适合病原性真菌、细菌和寄生虫的生长繁殖，从而使猪易患螨病、湿疹等皮肤病，高湿还适合秃毛癣菌丝的生长繁殖，在畜群中发生和蔓延。高温、高湿还易造成饲料、垫料的霉败。

在低温情况下，高湿度促进辐射和传导散热，不利于机体维持热平衡，对健康不利，易发生关节炎、肌肉炎、神经痛、肠炎、仔猪白痢等。空气湿度过高可导致猪的繁殖能力下降。

2.低湿环境

干热的空气能加快猪皮肤和裸露黏膜（眼、口、唇、鼻黏膜等）的水分蒸发，造成局部干裂，从而减弱皮肤和黏膜对微生物的防御能力。当猪舍中空气相对湿度低于40%时，易引起皮肤和外露黏膜干裂，降低其防卫能力，使呼吸道疾病和皮肤病发病率增高。

（四）猪舍的适宜湿度标准

猪舍内湿度过低，空气变得干燥，会产生过多的灰尘，易引起呼吸道疾病；湿度过高会使病原体易于繁殖，使猪易患疥癣、湿疹等皮肤病，同时会降低猪舍和舍内机械设备的寿命。根据猪的生理机能，一般情况下，50%～70%的相对湿度是比较适宜的，最高不超过80%；相对湿度低于40%时，为低湿环境，高于85%时，为高湿环境。不管是高湿环境还是低湿环境，对猪健康均有不良影响。各类猪舍适宜湿度见表2-11。

四、猪舍湿度的调控

猪排泄物及舍内废水与猪舍湿度有极其密切的关系。因此，及时清除猪排泄物及废水是控制猪舍湿度的重要措施。

（一）猪舍粪便清理方式

生猪养殖的过程中会产生大量的废弃物，特别是猪的粪便和尿液。猪尿中含有大量的有机物与大量的病原微生物，不仅具有潜在的环境污染风险，而且对猪群和人类健康也有很大的威胁。同时，粪尿污水蒸发会增加猪舍湿度，造成环境恶劣。因此，对猪粪清理工作应引起重视，必须采取适当的方法对其进行收集、处理，做到多积肥、少流失、防污染、降低猪舍湿度。

猪粪清理一般多采用人工清粪、机械清粪、水泡清粪和水冲清粪等方式。

1.人工清粪

人工清粪主要依靠人员，借助简单的工具如粪便清理车、铁铲等设备和用具等，打扫猪圈粪便，并将固体粪便收集起来集中处理。对于实体水泥地面的猪舍，只需要竹箸帚、铁铲和手推车就能将猪栏地面的猪粪收集起来，运送至猪粪堆放场。对于漏缝混凝土地面的猪舍，由于缝隙宽度仅为 5 mm，尿液可以经缝隙漏下，而猪粪被留在地面，可采用特制的清粪耙和清缝耙，清除和收集微缝地板上及缝隙中的猪粪，再用手推车运送至猪粪堆放场集中进行发酵处理。处理好的猪粪可作为肥料或鱼的饲料。人工清粪设备简单，不用电力，一次性投资少，还可以做到粪尿分离，便于后面的粪尿处理，是当前规模猪场最实用而有效的粪污处理首选办法；但劳动量大，生产率低，工作脏累。

2. 机械清粪

对于普通漏缝地板的猪舍，猪粪和尿液一起被踩入或直接漏入粪沟，沟中的固体粪便则可采用机械清粪方式。猪舍常用的机械清粪方式为链式刮板清粪(图 2-24)。

链式刮板清粪装置由牵引机、紧张器、牵引绳和刮粪板等部分组成，通常安装在明粪沟内，位于猪栏的一侧，猪栏的地面要有 3°～5°的坡度，猪粪注入或被清扫至粪沟中，驱动器带链刮板在粪沟内单向移动，将粪便带到猪舍污道端的集粪坑内，然后由倾斜的升运器将粪便送出舍外。

机械清粪的优点是可以减轻劳动强度，节约劳动力，提高工效；缺点是一次性投资较大，故障发生率较高，维修烦琐，需要运行维护费用。

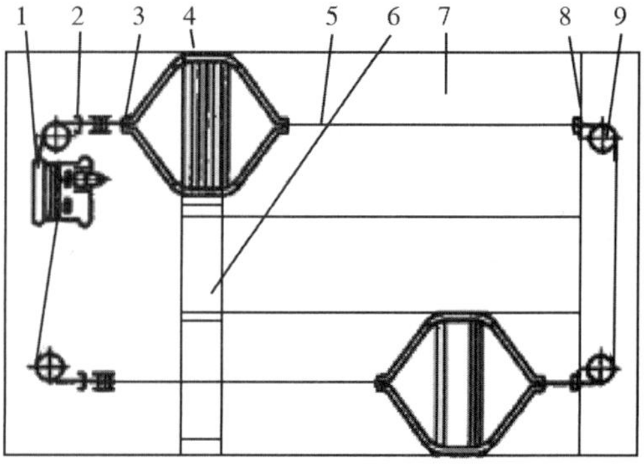

图 2-24 刮板式清粪机平面布置图

1. 牵引装置 2. 限位清洁器 3. 张紧器 4. 刮粪板 5. 牵引钢丝绳 6. 横向粪沟 7. 纵向粪沟 8. 清洁器 9. 转角轮

3. 水泡清粪

水泡清粪是猪群生活在全漏缝地板上，地板下建高 0.7～0.8 m 深的集粪沟，粪沟底部做成一定的坡度。粪沟内粪便在猪舍冲洗水的泡浸和稀释后成为粪液，在自身重力作用下注入端部的横向粪沟，待沟内积存的粪液达到一定程度时(夏天 1～2 个月，冬天 2～3 个月)，提起沟端的闸板排放沟中的粪液。水泡清粪的优点是可以节约劳动力，降低劳动强度；缺点是舍内潮湿，有害气体浓度升高，舍内卫生状况差，粪水混合物的污染物浓度更高，达标处理也更加困难。水泡清粪只适合于周边有足够农田消纳粪污的猪场。

4. 水冲清粪

这种方法多用于封闭式、双列式猪舍。尿沟设在猪台中央通道下面，舍内各猪栏都有暗沟相通，每天采用自动水冲方式将猪舍内的粪便冲入尿沟，尿沟由一端向另一端倾斜，然后，再通过总坑道流入舍外的集粪坑。水冲清粪的优点是设备简单，投资少，劳动强度小，劳动效率高，工作可靠，故障少，易于保持舍内卫生；主要缺点是耗水量大、产生污水多、流出的粪便为液态，处理难度较大。

在节水和环保双重要求下，单纯的水冲清粪工艺方式已基本不采用。目前，最实用又简单的清粪方法是先人工干清粪后，再通过节水冲洗技本，用极少量的水对猪舍进行必要的冲洗，以保持舍内清洁卫生。

(二)猪舍的排水系统

猪舍的排水系统性能不良,往往会给生产带来很大的不便,它不仅影响猪舍本身的清洁卫生,也可能造成舍内空气湿度过高,影响猪的健康和生产力。生产中主要通过合理设计猪舍排水系统及加强日常的防潮管理等来最大限度地降低舍内湿度。猪每天排出的粪尿量平均为6 kg/头,污水排放量见表2-22。

表2-22　猪污水排放量　　kg/(头·d)

猪种类	污水排放量	猪种类	污水排放量
带仔母猪	8～14	育肥猪	3～9
种公猪	5～9	后备猪	2.5～4

猪舍的排水系统因猪种类、猪舍结构、饲养管理方式以及清粪方式等不同而有差别,分为传统式和漏缝地板式两种类型。

1.传统式排水系统(干式清粪)

传统式排水系统是依靠手工清理操作并借助粪水自然流动而将粪尿及污水排出。传统式排水系统常采取粪尿固体部分人工清理,液体部分自流的方式。一般由猪床、排尿沟、降口、地下排出管及粪水池等组成。

(1)猪床。猪床是猪在舍内采食、饮水及躺卧休息的地方,对猪舍卫生、保暖和提高生产力具有重要的作用。因此,猪床地面不仅要平整、牢固,易于消毒、清扫和保暖,而且造价要低。一般多由混凝土构成,为防止散热,可在其地表下层用孔隙较大的炉灰渣、膨胀珍珠岩、空气砖等材料建造一个空气层;为防止潮湿,可在空气层下用油毛毡等防潮材料铺设一个防潮层;为使尿液、污水顺利排出,猪舍地面应向排尿沟方向有3°～4°的坡度。坡度过大会造成猪四肢、韧带负重不均,造成母猪子宫脱垂与流产。

(2)排尿沟。排尿沟是承接和排出猪床流出来的粪尿和污水的设施。

①位置:单列式猪舍的排尿沟一般位于走道对侧,双列式猪舍通常将排尿沟设于中央通道的两侧。

②建筑设计要求:排尿沟一般用水泥砌成,要求其内表面光滑不漏水、便于清扫及消毒,形式为方形或半圆形的明沟,且朝降口方向有1°～1.5°的坡度,沟的宽度和深度根据不同畜种而异,宽度一般为15～30 cm,深度为8～12 cm。猪舍排尿沟宽度为13～15 cm。宽度和深度过大,易使猪肢蹄受伤或使母猪流产。为防止发生这类事故,可在排尿沟上设置栅状铁篦。

(3)降口(水漏)、沉淀池和水封。

①降口:降口是排尿沟与地下排出管的衔接部分,通常位于猪舍的中央。为了防止粪草落入堵塞,上面应有铁篦子,铁篦子应与排尿沟等高。降口数量依排尿沟长度而定,通常以接受两端各10～15 m粪尿的排尿沟为限。

②沉淀池:沉淀池是在降口下部、排出管口以下形成的一个深入地下的延伸部分。因猪舍废水及粪尿中多混有固体物,随水冲入降口,如果不设沉淀池,则易堵塞地下排出管。沉淀池为水泥建造的密闭式长方形池,水深应为40～100 cm。

③水封：水封是用一块板子斜向插入降口沉淀池内，让流入降口的粪水顺板流下先进入沉淀池临时沉淀，再使上清液部分由排出管流入粪水池的设施。在降口内设水封，可以防止粪水池中的臭气经地下排出管逆流进入舍内(图 2-25)，水封的质地有铁质、木质或硬质塑料 3 种。

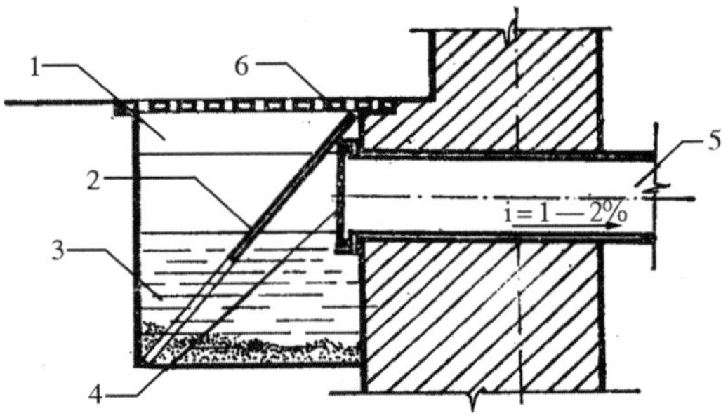

图 2-25　猪舍排水系统沉淀池和排出管

1. 通长地沟　2. 铁板水封，水下部分为细铁篦子或铁网　3. 沉淀池　4. 可更换的铁网　5. 排水管　6. 通长铁篦子或沟盖板

(4)地下排出管是与排尿沟呈垂直方向并用于将各降口流出来的尿液污水导入舍外粪水池的管道。要求有 3%～5%的坡度，直径大于 15 cm，伸出舍外的部分应埋在冻土层以下。在寒冷地区，对排出管的舍外部分应采取防冻措施，以免管中液体结冰。当地下排出管自猪舍外墙至粪水池的距离大于 5 m 时，应在墙外设一检查井，以便在管道堵塞时进行疏通，但需注意检查井的保温。

(5)粪水池是贮积舍内排出的尿液、污水的密闭式地下贮水池。一般设在舍外地势较低处，且在运动场相反的一侧，距离猪舍外墙至少 5 m 以上。粪水池的容积和数量可根据舍内猪种类、头数、舍饲期长短及粪水存放时间而定。一般按贮存 20～30 d，容积 20～30 m^3 来修建。粪水池一定要离饮水井 100 m 以上，粪水池及检查井均应设水封。

对于猪舍的排水系统必须定期进行清理，要防止堵塞并经常清除尿沟内的粪草；定期用水冲洗及清除降口中的沉淀物；为防止粪水池过满，需按时清掏。

2. 漏缝地板式排水系统

漏缝地板式排水系统由漏缝地板和粪尿沟两部分组成。

(1)漏缝地板，即在地板上留出很多缝隙，粪尿落到地板上，液体部分从缝隙流入地板下的粪沟，固体部分被猪从缝隙踩踏下去，少量残粪人工用水冲洗清理。这与传统清粪方式相比，可大大节省人工，提高劳动生产效率。

猪舍漏缝地板分为局部漏缝地板和全漏缝地板两种形式，常用钢筋水泥或金属、硬质塑料制作，其尺寸见表 2-23。

表 2-23　各种猪舍的漏缝地板尺寸

猪舍	缝隙宽/mm	板条宽/mm	备注
哺乳仔猪	10	40	板条厚 25 mm，距地面高 0.6 m。板条占舍内地面的 2/3，另 1/3 铺垫草
育成猪	12	40～70	
中猪	20	70～100	
育肥猪	25	70～100	
种猪	25	70～100	

(2)粪尿沟。粪尿沟位于漏缝地板的下方,用以贮存由漏缝地板落下的粪尿,随时或定期清除。一般宽度为0.8～2 m,深度为0.7～0.8 m,向粪水池方向具有3%～5%的坡度。

(三)猪舍防潮管理措施

在生产实践中,防止舍内潮湿(特别是冬季),是一个比较困难而又非常重要的问题,必须从多方面采取综合措施。

(1)猪舍要建在地势高燥,坐北朝南的地方,并适度抬高猪舍地面。猪舍选址要有利于通风和排水,而且土壤干燥,不返潮;猪舍地面要高出舍外地表,推荐抬高80～100 cm。猪舍的墙基和地面应设防潮层,天棚和墙体要具有保温隔热能力并设置通风管道。传统猪舍建设时,通常猪舍地板与地面相平,粪沟下挖1 m左右。这样做不仅造价增加,而且空气流通不畅,粪污排放困难,后续的粪污管道全部要相应深埋,施工费用增加,而且沉淀池清理将非常不方便。而猪舍地板抬高1 m左右,粪沟可位于地平面以上,排污管道铺设非常方便,也可以非常方便地采用粪沟通风模式。由于较地表高1 m左右,窗户通风效果也更好。国内也有部分猪场采用二层楼房养猪,猪饲养在二层,采用全漏粪地板,下层高2～3 m,用于粪污清理。这种猪舍设计能够较好地保持猪舍干燥,但主要缺点是造价太高,而且猪群周转及饲料投放比较麻烦。在地下水位较高的地方,不仅需要抬高地面,还要求猪舍地面选用防潮材料,力求地面干燥不返潮;并经常疏通圈舍外四周的排水沟,做到平时无积水,雨停水即干。对已建成的猪舍应待其充分干燥后才开始使用。

(2)优化通风方式。在保证良好的通风量的情况下,还需要对通风方式进行优化,以达到事半功倍的效果。主要需要优化的方面包括:粪沟风机的合理使用。在采用全漏粪地板类型或半漏粪地板类型的猪舍,采用粪沟风机通风能够极大地提高通风换气的效率,可以使空气从上到下,通过漏粪地板再排出舍外。不仅节省通风过程的能源损耗,还可以提高通风换气效果,极大提高猪舍空气质量。很多猪场虽然采用了全漏粪地板模式,但是通风设施设计不合理,仅在山墙安装有大型的负压湿帘风机。在日常的运行过程中,不仅通风能耗高,效果也较差,且通风时间过长,在冬季极易使猪舍内部的空气温度降低过多。而采用粪沟通风方式,则可将粪沟内产生的有害气体、水蒸气及时排出舍外,达到有害气体即产即排的效果(图2-26)。

(3)保证舍内排水流畅,防止饮水器漏水。在饲养管理过程中尽量减少舍内用水,并力求及时清除粪便,以减少水分蒸发。目前猪场常用的鸭嘴式饮水器在猪饮水时,常有大量的水从猪嘴角溅出,不仅浪费大量的水,加大后续粪污处理难度,而且造成猪舍地板潮湿,使猪舍湿度高。有条件的猪场,要求采用节水设备,如饮水碗、气压自动平衡饮水器、干湿自动料槽等设备,减少饮水浪费。

(4)优化地板结构和清粪方式。猪排泄粪尿是造成猪舍高湿和空气不良的重要原因,良好的漏粪地板设计能够保证猪群粪尿及时掉入粪沟,确保栏舍干燥干净。在设计猪舍时,要根据猪群的生理需要和管理需要,对漏粪地板、实心地面以及粪沟进行优化设计,做到栏舍内不积尿积粪。漏粪地板类型对于湿度也有较大影响,采用全漏粪水泡粪工艺的猪舍,由于整个猪舍下部积聚粪水,会产生大量的水蒸气及有毒有害气体,如果没有有效的粪沟通风措施,将造成猪舍内部湿度极大。为了降低猪舍内部湿度,推荐采用半漏粪地板类型,即猪舍走道、猪群躺卧休息区采用实心地面,其他地方采用漏粪地板,粪沟内安装刮粪机,及时清除粪污(图2-27)。这种设计方案不仅能够降低造价,而且能够降低空气湿度,提高空气质量。

图 2-26 粪沟风机排风

图 2-27 地板结构设计

(5)处理好通风与保温的矛盾。应在保证温度的情况下加强通风换气，及时将舍内过多的水汽排出；加强猪舍保温，勿使舍温降至露点以下，尤其是冬春季节，要注意解决好通风与保温的矛盾，控制好通风量与风速，并在通风前后及时做好增温工作，力求使通风期间的温度变幅小于 5 ℃，且在短期内恢复正常。

(6)铺垫草可以吸收大量水分，是防止舍内潮湿的一项重要措施。

任务评价

一、名词解释

空气湿度　水汽压　相对湿度　绝对湿度　饱和差　露点

二、判断题

1. 相对湿度越大，空气中水汽含量越高。(　　)
2. 增大湿度阻碍了蒸发散热，但对非蒸发散热影响不大。(　　)
3. 露点与空气中水汽含量有关，水汽量越多，露点越低。(　　)
4. 高湿是造成猪皮肤开裂和脱屑的原因之一。(　　)。
5. 猪舍内水汽 70%～75%来自猪本身。(　　)
6. 无论气温高低，高湿均有利于猪体热调节。(　　)
7. 球虫病的发生与空气湿度大小有关，湿度越大越不利于球虫病的发生。(　　)
8. 排尿沟分为明沟和暗沟，暗沟不易清洗和消毒，一般建议猪舍用明沟。(　　)
9. 在排水系统设计中，漏缝地板的缝隙间距和板条的宽度与猪种类无关。(　　)

三、填空题

1. 猪舍内适宜的湿度标准是______%，最大不超过____%。
2. 猪舍清粪方式一般分为________、________和________等方式。
3. 传统式排水系统一般由________、________、______、______和________组成。
4. 猪舍排水系统设计中对猪床坡度的要求为________。
5. 地下排出管道距离大于______m 时，应设检查井，其坡度一般为__________。
6. 漏缝地板的形式有____________和____________两种。
7. 正常情况下，畜舍内湿度的分布是天棚附近和地面附近________，中央________。
8. 猪舍内水汽的来源中，潮湿的地面、垫草垫料、饲草饲料和饮水蒸发约占______。

四、简答题

1. 为什么说“不论气温高低，高湿度对猪体温调节均不利”？

2. 结合生产实际，试叙述猪场调控舍内湿度的可行性措施。

任务六　猪舍湿度测定与评价

一、湿度计的构造与使用

(一)干湿球温度计

1. 构造

干湿球温度计由两支 50 ℃的温度计组成，其中一支温度计包以清洁的脱脂纱带，纱带下端放入盛有蒸馏水的水槽中(叫湿球)，另一支和普通温度计一样，不包纱带(叫干球)。由于蒸发散热的结果，湿球所示的温度较干球所示温度低，其相差度数与空气中相对湿度成一定比例。生产现场使用最多的是简易干湿球温度计，而且多用附带的简表求出相对湿度(图 2-28)。

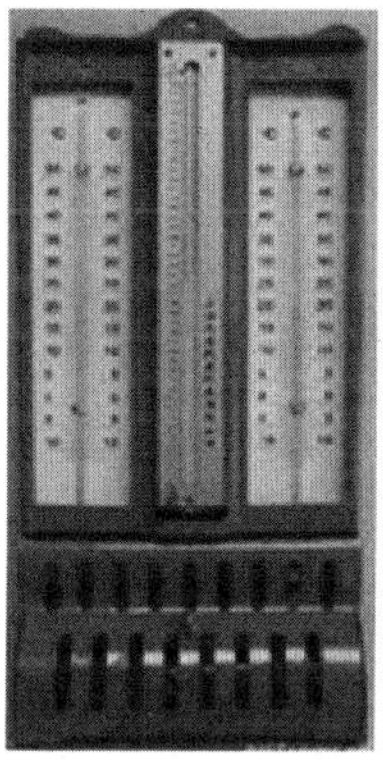

图 2-28　简易干湿球温度计

2. 使用

(1)先在水槽中注入 1/3～1/2 的蒸馏水，再将纱布浸于水中，挂在空气缓慢流动处，10 min 后，先读湿球温度，再读干球温度，计算出干湿球温度之差。

(2)转动干湿球温度计上的圆筒，在其上端找出干、湿球温度的差数。

(3)在实测干球温度的水平位置作水平线与圆筒竖行干湿差相交点读数，即为相对湿度。

3. 注意事项

干湿球温度计应避免阳光直接照射，避开热源与冷源；测定点的高度一般应以猪的头部高度为准；水槽内应注入蒸馏水。

(二)通风干湿球温度计

1. 构造

其构造原理与干湿球温度计相似，但两支水银温度计都装入金属套管中，球部有双重辐射防护管，套管顶部装有一个用发条驱动的风扇，启动后抽吸空气均匀地通过套管，使球部处于≥2.5 m/s 的气流中，形成固定风速，加之金属管的反射作用，减少气流和辐射热的影响，测得较为准确的温度和湿度(图 2-29)。

2. 使用

(1)用吸管吸取蒸馏水送入湿球温度计套管盒，湿球温度计感应部的纱条浸入水中。

(2)用钥匙上满发条，将仪器垂直挂在测定地点，如用电动通风干湿表则应接通电源，使通风器转动。

(3)通风 5 min 后读干、湿温度计所示温度。先读干球温度，后读湿球温度，然后按以下公式计算绝对湿度：

$$K = E - a(t - t')P$$

式中：K 为绝对湿度；E 为湿球所示温度时的饱和湿度；a 为湿球系数(0.000 67)；t 为干球所示温度；t' 为湿球所示温度；P 为测定时的气压。

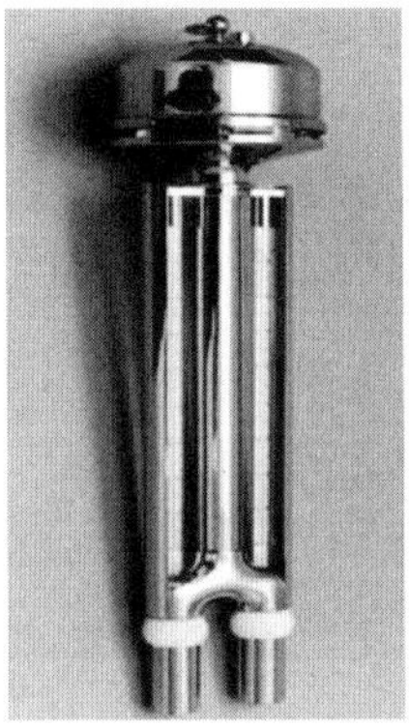

图 2-29 通风干湿球温度计

3. 注意事项

夏季测量前 15 min，冬季测量前 30 min，将仪器放置测量地点，使仪器本身温度与测定地点温度一致。测量时如有风，人应站在下风侧读数，以免温度计受人体散热的影响。在户外测定时，如风速超过 4 m/s 应将防风罩套在风扇外壳的迎风面上，以免影响仪器内部的吸入气流。

二、猪舍湿度测定与评价

现场测定某猪舍湿度指标，将相关信息填入表 2-24。

表 2-24 猪舍湿度测定与评价

<table>
<tr><td colspan="2">实训单位名称</td><td colspan="3"></td><td colspan="2">地点</td><td colspan="2"></td></tr>
<tr><td colspan="2">猪群类别</td><td colspan="3"></td><td colspan="2">饲养头数</td><td colspan="2"></td></tr>
<tr><td colspan="2">猪舍类型</td><td colspan="3"></td><td colspan="2">记录时间</td><td colspan="2"></td></tr>
<tr><td rowspan="2">舍外湿度</td><td>测定时间</td><td colspan="2">8:00</td><td>12:00</td><td>15:00</td><td colspan="2">18:00</td><td>平均值</td></tr>
<tr><td>湿度/%</td><td colspan="2"></td><td></td><td></td><td colspan="2"></td><td></td></tr>
<tr><td rowspan="2">舍内湿度</td><td>测定部位</td><td>天棚</td><td>畜床</td><td>猪体高</td><td>猪舍中部</td><td>墙内面</td><td>墙角</td><td>平均值</td></tr>
<tr><td>湿度/%</td><td></td><td></td><td></td><td></td><td></td><td></td><td></td></tr>
<tr><td>综合评定</td><td colspan="8">评价依据：

评价结论：

测定与评价人：＿＿＿＿＿＿ 日期：＿＿年＿月＿日</td></tr>
</table>

续表 2-24

教师评价	根据表中内容的准确性和学生学习态度、团队配合能力、社会观察能力和实践能力综合评定。 指导教师姓名：＿＿＿＿＿＿　　日期：＿＿年＿月＿日

任务七　猪舍通风换气调控

一、气流的产生和变动

(一)气流的产生及描述

1.气流的产生

空气经常处于流动状态。空气流动的主要原因是两个相邻地区的温度存在差异。温度的差异造成了气压差。气温高的地区，气压较低；气温低的地区，气压较高。高压地区的空气向低压地区流动，这种空气的水平移动称为风。

2.气流的描述

气流的状态通常用“风速”和“风向”来表示。

风速是指单位时间内，空气水平移动的距离，单位是 m/s。风速的大小与两地气压差成正比，而与两地的距离成反比。当空气以气流的形式流动时会出现较高的速度，在非常低的温度下，高速气流对猪的不利影响将会更大。同时，高速空气的冷却作用有利于猪高温期间的热散发。

风向是指风吹来的方向，常以 8 个或 16 个方位来表示。我国大陆大部分处于亚洲东南季风区。夏季，大陆气温高、气压低，而海洋气温低、气压高，故在夏季盛行东南风，同时带来潮湿空气，较为多雨；冬季，大陆气温低，海洋气温高，故多西北风。西北风较干燥，东北风多雨雪。此外，西南地区还受季风的影响，夏季吹西北风，冬季吹东北风。

3.风向频率及风向频率图

风向是经常发生变化的，如果长期观察风向，就可以找出某种风向的频率。风向频率是指某风向在一定时间内出现的次数占各风向在该时间内出现总次数的百分比。在实际应用中，常用一种特殊的图形表示各种风向的频率情况，这种图形称为“风向频率图”(图 2-30)。风向频率图即将某一地区，某一时期内(全月、全季、全年或几十年)全部风向次数的百分比，按罗盘方位绘出的几何图形。它的做法是在 8 条或 16 条中心交叉的直线上，按罗盘方位，把一定时期内各种风向的次数用比例尺以绝对数或百分率画在直线上，然后把各点用直线连接起来。这样得出的几何图形，就是风向频率图。

风向频率图可以表明某一地区一定时间内的主导风向，为选择猪场场址、猪场功能分区规划、猪舍朝向及猪舍门窗设计等提供参考依据。

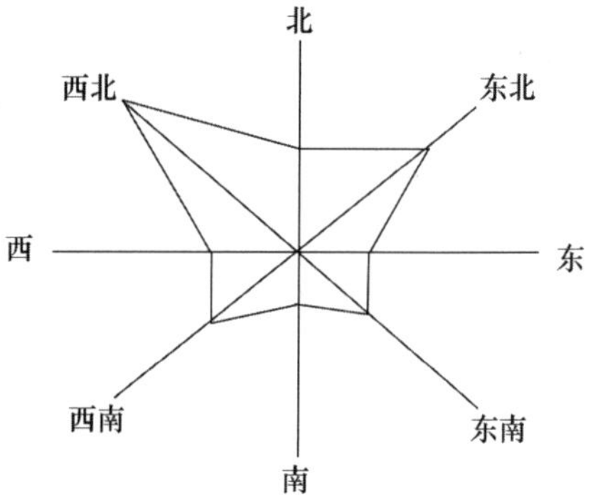

图 2-30 某地冬季风向频率图

(二)猪舍内气流的产生与变动

猪舍内外，由于温度高低和风力大小的不同，空气会通过门、窗、通气口和一切缝隙进行自然交换，发生空气的内外流动。在猪舍内因猪的散热和蒸发，温暖而潮湿的空气上升，周围较冷的空气来补充而形成舍内的对流。舍内空气流动的速度和方向，主要决定于猪舍结构的严密程度和猪舍的通风方式，尤其是机械通风。此外，舍内围栏的材料和结构对气流的速度和方向有一定影响。

二、气流对猪的影响

(一)气流对猪体热调节的影响

高温时气流有利于猪体对流散热和蒸发散热，缓和高温对猪的影响。夏季应尽量提高舍内气流速度，增加通风量。但在气温高于皮温(特别是相对湿度较大时)的情况下，高风速对猪机体有不利的趋势。低温时气流促进猪的对流散热，能耗增多，降低猪对饲料的利用率，甚至使生产性能下降。试验证明，在气温不变的情况下，仔猪的环境风速由 0.1 m/s 增至 0.3 m/s，其感觉相当于环境温度降低 5 ℃，仔猪感到不舒服。据国外某养猪专家研究，舍内气温的总失热中，蒸发失热仅占 10%，气流失热占 35%，地面传导失热占(水泥地面)15%，其余为辐射失热，约占 40%。如猪床为水泥地面，再加上有扫地风，床面凉度就会增大，热量流失达 25%，仔猪最易受凉拉稀。

(二)气流对猪生产性能的影响

气流对猪的肥育性能的影响取决于气温，即在低温环境中增大风速，猪要增加物质能量代谢，增加产热量而降低生产性能。例如，仔猪在低于下限临界温度(18 ℃)的气温中，风速由 0 m/s 增加到 0.5m/s，生长率和饲料利用率分别下降 15%和 25%；在高温环境中增大气流会提高猪的采食量和生产性能。

(三)气流对猪健康的影响

气流对猪健康的影响主要出现在寒冷环境中。应注意严防贼风，特别是夜间。贼风是在猪舍保温条件较好，舍内外温差较大时，通过墙体、门、窗的缝隙侵入的一股低温、高湿、高风速的气流。这股气流比周围舍温低，湿度可接近或达到饱和状态，风速比周围舍内气流大得多，易引起猪关节炎、神经炎、肌肉炎等疾病，甚至引起冻伤。故民谚中有“不怕狂风一片，只怕贼风一线”的说法。防止“贼风”通常采用堵塞屋顶、天棚、门窗上的一切缝隙，避免在畜床部位设置漏缝地板，注意进气口的设置等措施，防止冷风直接吹袭猪体。低温潮湿的气流促使猪体大量散热，使热增耗增多，导致猪机体免疫力下降，对疾病的抵抗力降低，容易诱发各种疾病，如仔猪下痢、感冒甚至发生肺炎，增加仔猪的死亡率。

三、猪舍内气流标准

一般来讲，冬季猪体周围的气流速度以 0.1～0.2 m/s 为宜，最高不超过 0.25 m/s。在密闭性较好的猪舍，气流速度不难控制在 0.2 m/s 以下，但封闭不良的猪舍，有时可达 0.5 m/s 以上。值得注意的是，严寒地区为了追求保暖，冬季常将门窗密闭，甚至将通气管也封闭起来，因而舍内空气停滞、污浊，反而给人和猪带来不良影响。猪舍内的气流速度，能反应猪舍的换气程度。例如气流速度在 0.01～0.05 m/s，说明猪舍的通风换气不良；相反，大于 0.4 m/s，则说明舍内有风，对保温不利。在炎热的夏季，应当尽量加大气流或用风扇加强通风，风速一般要求不低于 1 m/s，机械通风的猪舍风速不应超过 2.5 m/s。

四、猪舍通风换气调控

猪舍通风换气是猪舍空气环境控制的一个重要方面。在高温条件下，通风系统可以为猪提供最佳的生活环境，排除舍内热量，增加猪的舒适感，缓和高温造成的不利影响。管理良好、正常运行和有效的通风系统可有效地将新鲜空气引入猪舍，并排出含有一定比例微生物、灰尘、有害气体和水蒸气的污浊空气。无效通风则不利于猪的生产性能和员工的健康（尤其是在炎热气候下），并且会增加运行成本。冬季猪舍密闭的情况下，引进舍外新鲜空气，排除舍内污浊空气，能防止舍内潮湿和病原微生物的滋生蔓延，保证猪舍空气清新。但如果猪舍的最小通风量设置太高，将损失过多的热量，猪将动用饲料中的能量进行保温；如果环境温度得不到正确的维持，猪可能会产生应激，导致呼吸道疾病的暴发，并引发咬尾。

目前，养猪场使用的各种类型的通风系统旨在实现 3 个目的：一是为猪提供新鲜空气；二是为猪提供合适的温度；三是排出猪生活生产环境中含有微生物、灰尘、有害气体和水蒸气的污浊空气。猪舍通风换气调控主要通过科学计算通风量和合理设计通风系统来实现。

（一）通风换气量的计算

猪舍通风换气一般以通风量（m^3/h）和风速（m/s）来衡量。通风换气量计算的方法有参数法、换气次数法和风速法，此外还有二氧化碳法、水汽法和热量法等。

1. 参数法

根据猪舍通风换气参数计算通风量，对猪舍通风换气系统的设计，特别是对大型猪舍机械通风系统的设计提供了方便。根据猪在不同生长年龄阶段通风换气参数与饲养规模，可计算出通风换气量。其公式为：

$$L = F \times K \times M$$

式中：L 为通风换气量（m^3/h）；K 为通风参数[$m^3/(h·kg)$ 或 $m^3/(h·头)$]；M 为猪头数或总体重（头、只或 kg）；F 为按 10%的通风短路估算通风总量损失，猪生产中最大为 50%。

生产中采用自然通风时，北方寒冷地区以最小通风量（冬季通风参数）为依据确定通风口面积；采用机械通风时，在最热时期，应尽可能排出热量，并能在猪周围造成一个舒适的气流环境。因此，根据最大通风量（夏季通风参数）确定总通风量。各种猪群通风换气量参数可参考表 2-25 至表 2-27。

表 2-25　各种猪群通风换气量技术参数　$m^3/(h\cdot头)$

猪群种类	体重/kg	推荐通风需要量		
		冬季	春秋季	夏季
母猪带仔	182	34	136	850
保育前期仔猪	5～14	3	17	43
保育后期仔猪	14～34	5	26	60
生长猪	34～68	12	41	128
育肥猪	68～100	17	60	204
妊娠母猪	148	20	68	225
公猪	182	24	85	306

注：由于配种猪舍的饲养密度低，每头种猪的推荐通风量为 510 m^3/h。

表 2-26　猪舍通风量与风速

猪舍类别	通风量/[$m^3/(h\cdot kg)$]			风速/(m/s)	
	冬季	春秋季	夏季	冬季	夏季
种公猪舍	0.35	0.55	0.70	0.30	1.00
空怀妊娠母猪舍	0.30	0.45	0.60	0.30	1.00
哺乳猪舍	0.30	0.45	0.60	0.15	0.40
保育猪舍	0.30	0.45	0.60	0.20	0.60
生长育肥猪舍	0.35	0.50	0.65	0.30	1.00

表 2-27　猪的必须换气量参数（每头）

猪群种类	周龄	体重/kg	换气量/(m^3/min)		
			冬季		夏季
			最低	正常	正常
哺乳仔猪	0～6	1～9	0.6	2.2	5.9
肥猪	6～9	9～18	0.04	0.3	1
	9～13	18～45	0.04	0.3	1.3
	13～18	45～68	0.07	0.4	2
	18～23	68～95	0.09	0.5	2.8
种母猪	20～23	100～115	0.06	0.6	3.4
种公猪	32～52	115～135	0.08	0.7	6
	52	135～230	0.11	0.8	7

2. 换气次数法

换气次数是指 1 h 内换入新鲜空气的体积为猪舍容积的倍数。一般规定，猪舍冬季换气应保持 3～4 次/h，不超过 5 次/h，冬季换气次数过多，容易引起舍内温度下降。换气次数法具有一定局限性，尤其是在猪舍较短时不宜适用。当公猪舍、配种舍、妊娠舍长度在 60～90 m 时，可按换气次数法计算通风量。其通风换气量计算公式为：

$$L = N \times V$$

式中：L 为通风换气量(m^3/h)；N 为通风换气次数(次/h)；V 为猪舍容积(m^3)。

3. 风速法

风速法是根据流经猪舍横截面的风速与横截面面积来确定通风量的方法。猪的推荐风速见表 2-28。在湿帘降温系统设计中，风速法确定通风量是较为合理的计算方法，因为湿帘的降温能力通常在 5～8 ℃，舍内必须有一定风速以降低猪的体感温度，缺点是投资比较高。其计算公式为：

$$L = S \times v \times 3\,600$$

式中：L 为通风换气量(m^3/h)；v 为猪舍横截面的风速(m/s)；S 为猪舍横截面面积(m^2)；3 600 为时间换算常数。

表 2-28　不同种类猪的推荐适宜风速　　m/s

猪种类	体重/kg	风速	
		夏季	冬季
哺乳母猪	145	0.4	0.2
仔猪	1.5	0.4	0.25
生长育肥猪	25～80	0.6	0.3
成年猪	150～180	1.0	0.3

(二)自然通风系统设计

猪舍通风换气方式依据气流形成的动力分为自然通风和机械通风两种。自然通风分为无管道自然通风和有管道自然通风两种形式。无管道自然通风是靠门、窗所进行的通风换气，它只适用于温暖地区或寒冷地区的温暖季节。有管道自然通风是指在寒冷地区的封闭舍中，由于门窗紧闭，需靠专门通风管道进行换气。

1. 自然通风原理

自然通风是靠风压和热压为动力的通风。

(1)风压通风原理。当外界有风时，猪舍的迎风面的气压将大于大气压，形成正压；而背风面的气压将小于大气压而形成负压，空气必从迎风面的开口流入，从背风面的开口流出，即形成风压通风(图 2-31a)。只要有风就有自然通风现象。风压通风量受风与开窗墙面的夹角、风速、进风口和排风口的面积等因素影响。

(2)热压通风原理。舍内空气被猪体、采暖设备等热源加热，膨胀变轻，热空气上升聚积于猪舍顶部或天棚附近而形成高压区，使猪舍上部气压大于舍外，这时屋顶如有缝隙或其他通道，空气就逸出舍外(图 2-31b)。通风量大小取决于舍内外温差、进风口和排风口的面积、进风口和排风口中心的垂直距离等因素。

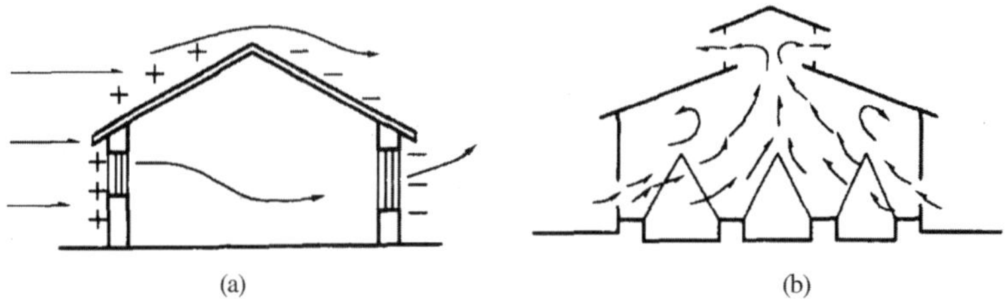

图 2-31　猪舍通风

a. 猪舍风压通风　b. 猪舍热压通风

2. 自然通风设计

自然通风设计主要在于确定进气口和排气口的面积。在自然通风系统设计中，由于猪舍外风力无法确定，通常按无风时设计，以热压通风来确定进、排气口的面积。

(1)排气口总面积。根据空气平衡方程，即进风量等于排风量，由猪舍通风量 $L=3\,600Fv$ 导出：

$$F=L/3\,600v$$

式中：F 为排气口总面积(m^2)；L 为通风换气量(m^3/h)；v 为排气管中的风速(m/s)。

排气管中的风速 v 可用下列公式计算：

$$v=0.5\sqrt{\frac{2gh(t_n-t_w)}{273+t_w}}$$

式中：0.5 为排气管阻力系数；g 为重力加速度($9.8\ m/s^2$)；h 为进、排气口中心的垂直距离(m)；t_n、t_w为舍内、外空气温度(℃)；t_w一般为冬季最冷月平均气温(可查当地气象资料)(℃)；273 为相当于 0 ℃的热力学温度(K)。

排气口的断面一般采用(50 cm×50 cm)～(70 cm×70 cm)的正方形。

(2)进气口面积。进气口面积应与排气口面积相等，但通过门窗缝隙或猪舍孔洞以及门窗启闭，会有一部分空气进入舍内，所以，进气口面积往往小于排气口面积。进气口面积一般按排气口面积的 70%～75%设计。进气口一般为(20 cm×20 cm)～(25 cm×25 cm)的正方形或矩形。

掌握进气口的面积在生产上便于评价已建成猪舍的通风量是否满足要求，也可根据所需通风量计算排气口面积。

(3)通风管的构造及安装。

①进气管：用木板做成，断面呈正方形或矩形。均匀(一侧)或交错(两侧)安装在纵墙上，距墙基约 10～15 cm 处，彼此间的距离为 2～4 m，墙外进气口向下弯，有利于避免形成穿堂风或冬季冷空气直接吹向猪体。进气口应设有铁网，墙里侧设有调节板以控制风量大小。在温热地区，进气口设置在窗户的下侧距墙基 10～15 cm 处，也可用地角窗来代替。在寒冷地区，进气口常设置在窗户的上侧距屋檐 10～15 cm 处，也有的猪、禽舍将进气口设置成侧壁式，即进气口处为空心墙，墙内外分别上下交错开口，使冷空气流通时有个预热的过程。

自然通风的猪舍往往具有较大的进气口，如果这些进气口一直保持开放状态，一旦外部温度下降，猪舍将变得非常寒冷。所以，进气口的大小通常可以利用进气口的叶片、帘子来调整，以控制猪舍内的温度。这种类型的通风方式被称为自动控制式自然通风。进气口的安装位置对于实现最佳空气交换至关重要。

②排气管：用木板做成，断面为正方形，管壁光滑，不漏气、保温。目前，生产中常用铁皮卷成圆筒形，外包保温材料替代木制排气管。常设置在屋脊正中或其两侧并交错，下端从天棚开始，紧贴天棚设有调节板以控制风量，上端突出屋脊 50～70 cm，排气管间的距离在 8～12 m 之间，在排气管顶部设有风帽，可以防止降水或降雪落入舍内，同时还能加强通风换气效果。风帽的形式有屋顶式（无百叶）和百叶风帽。

北方地区，为防止水汽在排气管壁表面凝结，在总面积不变的情况下，可适当扩大每个排气管的面积而减少排气管的个数，这样能使自然通风投入成本减少，但这种方式受自然风速影响大，只能用于小型猪场。

3.猪舍自然通风组织

一个设计良好的猪舍自然通风系统，应在各种气候条件下都能有效地运行。但冬、夏两季由于通风的目的不同，对自然通风的要求也就不同，所以在组织自然通风时应特别注意满足冬、夏两个极端气候的要求。

（1）夏季自然通风的组织。夏季通风的目的是排热降温，要求有较大的通风量和风速。为此，组织夏季自然通风时应该注意：①养猪场要尽量建在地势开阔、无风障的地方。②为了既保证有较好的通风效果，又能有效地缩小猪舍间距，猪舍长轴与当地夏季主导风向之间的夹角以 30°～60°较适宜。③猪舍跨度应≤12 m，猪舍间距为猪舍屋檐高的 3～5 倍。④要有足够大的进、排风口面积，并使进风口位于迎风面，排风口位于背风面，以利于形成穿堂风；进风口要均匀布置，以使舍内气流分布均匀。⑤加设天窗，增加上部排风口的标高和开地脚窗，有利于增加通风量。

（2）冬季自然通风的组织。冬季猪舍通风的目的是排出有害气体和多余水汽，提供新鲜空气。它要求的通风量远远小于夏季，而且舍内气流速度也要小。由于冬季猪舍要有良好的保温性能，一般主要利用热压进行通风换气。为此，组织猪舍冬季自然通风时应该注意：①进气口要避开当地冬季的主导风向，以免大量的冷空气吹入猪舍。②应尽可能提高外围护结构的保温性能，以使舍内外有较大的温差，从而有效地利用热压进行通风换气，此外应消除外围护结构上的缝隙，以免风吹向猪体。③在采用排气管式自然通风系统时，暴露在舍外的排气管外壁应敷设保温层，排气管上方安装风帽；此外进气口位置应高些。④在进、排气口都应设置灵活的调节装置并在生产中根据天气的变化情况进行精心管理。

（三）机械通风设计

机械通风又叫强制通风，是依靠风机为动力的通风换气方式，克服了自然通风受外界风速、舍内外温差等因素的限制，可根据不同气候、季节、猪种类获得理想的通风量和舍内气流的速度，尤其适合于大型密闭式猪舍，是猪舍空气环境控制的一个重要手段。

1.风机类型的选择

在猪舍机械通风设计时，风机类型的选择取决于通风方式，一般正压通风设计常用离心式风机，负压通风设计常用轴流式风机。

（1）轴流式风机。轴流式风机的通风压力小，流量相对较大，其主要组成部分有外壳、叶片、电动机转轴及电动机（图 2-32）。这种风机风向与轴平行，具有风量大、耗能少、噪声低、结构简单、安装维修方便、运行可靠等特点。

(2)离心式风机。离心式风机的全压较高，常用于复杂管网的通风。离心式风机运转时，气流靠带叶片的工作轮转动时所形成的离心力驱动，故空气进入风机时和叶片轴平行，离开风机时与叶片轴垂直(图 2-33)。

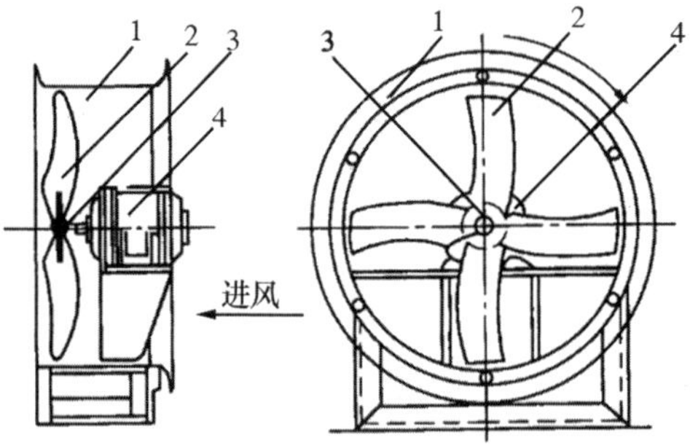

图 2-32 轴流式风机

1.外壳 2.叶片 3.电动机转轴 4.电动机

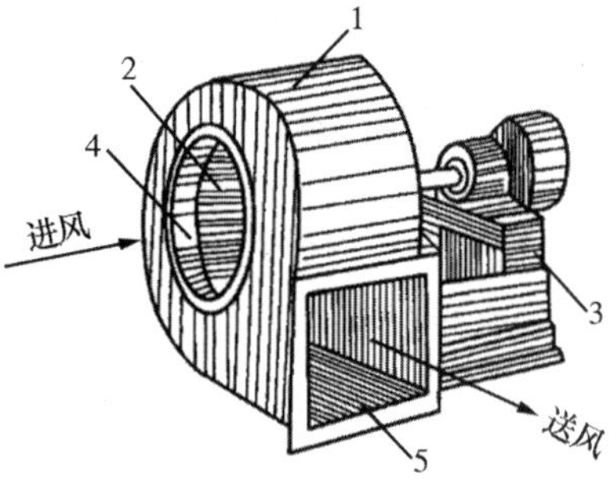

图 2-33 离心式风机

1.蜗牛形外壳 2.工作轮 3.机座
4.进风口 5.出风口

在选择风机时，既要考虑风机克服阻力的能力强、通风效率高，又要满足通风量和风机全压的要求。选择风机的总原则是注重经济效益。为了避免通风时气流太强，引起舍温剧烈变化，采用负压通风时，选用多台风量比较小的风机比安装少数大风量风机合理。出于节省电力、降低管理费用、提高工作效率的考虑，在满足风量要求的基础上选用每马力输出风量最大的风机，通过加大转速来增加风量是极不经济的。夏季通风量和冬季通风量差异很大，故在选择风机时应能保证全年内根据需要进行风量调节，一是选用变速风机，二是选用风机组合，即选用一部风量能满足冬季通风量，也就是最低通风量的风机，全年连续运转；再选一部补充风机，与之配合使用使风量达到夏季风量，这两种风机配对组合。风机应具备防锈、防腐蚀、防尘等性能，并坚固耐用。猪舍一般采用大直径、低转速的轴流式风机(表 2-29)。

表 2-29 不同规格风机的相关参数

风机型号		24 in	36 in	20 in
叶轮直径/mm		630	900	500
外形直径/mm		750×750	1 050×1 070	590 × 590
电机功率/kW		0.25	0.45	0.18
静态力值/(m^3/h)	0 Pa	10 500	20 100	7 470
	12 Pa	9 990	19 000	7 140
	25 Pa	9 650	18 000	6 870
	32 Pa	9 310	17 300	6 670
	38 Pa	9 000	16 700	6 240
	45 Pa	8 630	16 000	5 760
	55 Pa	8 100	15 100	5 060

注：1 in=25.4 mm。

2.机械通风方式

机械通风按舍内气压变化分为正压通风、负压通风和联合通风 3 种形式。

(1)正压通风。正压通风也称进气式通风或送风，是把离心式风机安装在进气口，通过管道将空气压入舍内，造成舍内气压高于舍外，舍内空气则由排风口自然流出。正压通风可对空气进行加热、降温、排污或净化处理，但不易消除通风死角，设备投资也较大。正压通风计算和设计复杂，一般应由专业人员承担设计。正压通风根据风机位置分为两侧壁送风形式、屋顶送风形式、侧壁送风形式(图 2-34)。猪舍正压通风一般采用屋顶水平管道送风系统。

两侧壁送风形式　　屋顶送风形式　　侧壁送风形式

图 2-34　正压通风形式

侧壁送风又可分成一侧送风和两侧送风两种形式。前者是在一侧纵墙上安装风机，另一侧纵墙上开设排气口；后者是在两侧纵墙上都安装风机，排气口开在中间屋脊上。

屋顶送风：风机安装在屋顶，排气口设在两侧纵墙上。

管道送风：风机安装在舍外，通过送风管道将空气送入舍内，排气口一般设在纵墙上。跨度≤12 m 的猪舍可以安装一条送风管道，跨度＞12 m 时安装两条送风管道，对于大跨度猪舍送风管道间距应为 6 m。通常用镀锌钢板、帆布或塑料薄膜等材料制作送风管道。在送风管道上开一系列的圆孔，每一对直径 50 mm 的圆孔可承担 28～55 m^3的通风量。

正压机械通风的优点是只要在进气口上附设一些装置，便可对进入猪舍的空气进行加热、冷却、过滤、消毒等预处理，能有效地保证猪舍的环境状况，气流分布也比较合理；缺点是系统比较复杂，投资和运行维护费用高。

正压机械通风一般用于猪舍冬季热风采暖，炎热地区夏季向猪舍送冷空气，或者要求进入猪舍的空气严格过滤消毒的情况下，只是排出舍内污浊空气和进行通风降温的猪舍不宜采用。

(2)负压通风。负压通风也称排风式通风或排风，通过把轴流式风机安装在排气口处，将舍内空气抽出舍外，造成舍内气压低于舍外，舍外空气由进风口自然流入，是生产中常用的通风形式。负压通风投资少，效率高、费用低，因而在猪生产中广泛使用，但要求猪舍封闭程度好，否则气流难以分布均匀，易造成贼风。负压通风根据风机位置分为屋顶排风、侧壁排风和穿堂风式排风 3 种(图 2-35)；根据气流的方向分为纵向负压通风和横向负压通风(图 2-36)。

横向负压通风：风机安装在纵墙上，有两种形式。一种是一侧纵墙上安装风机，另一侧为进气口；另一种是两纵墙上都安装风机、进气口开在中间屋脊上。前者适合于跨度较小的猪舍，后者用于大跨度猪舍。

纵向负压通风：风机安装在猪舍一端山墙(或靠近山墙的纵墙)上，另一端山墙(或靠近山墙纵墙)上开设进气口。当猪舍长度＞70 m 时，在两端山墙(或靠近山墙的纵墙)上安装风机、在纵墙的中间开进气口。

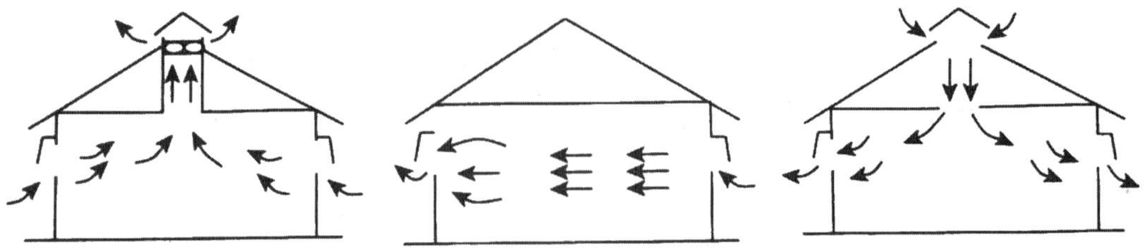

图 2-35 负压通风形式

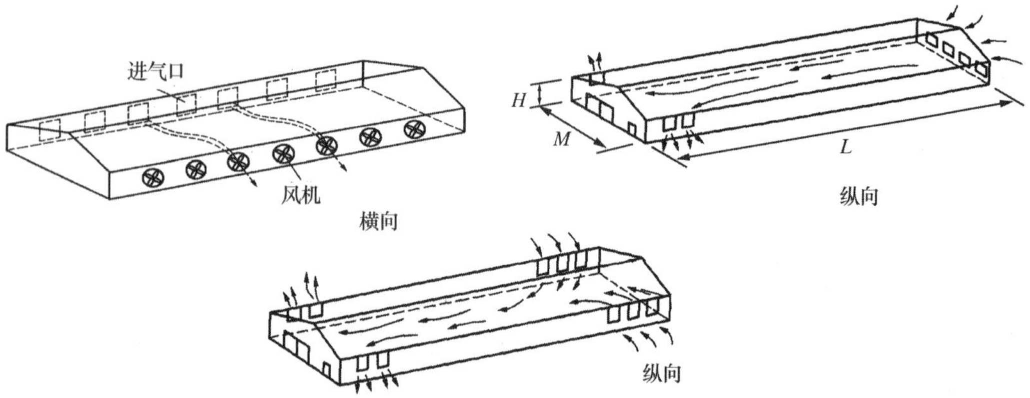

图 2-36 横向、纵向负压通风形式

与横向通风相比，纵向通风进入猪舍的气流沿一个方向直线流动，舍内气流分布均匀且速度较大，消除了通风死角，保证舍内100%都有新鲜空气；使用风机数量少，从而降低了舍内噪声，节省投资及运行维护费用。在生产中纵向通风正逐渐取代横向通风。

在采用负压机械通风时应该注意，除屋顶排风外，为了保证防疫安全，相邻两舍的风机宜相对而设，以免猪舍排出的污浊空气被吸入邻舍。

负压机械通风的优点是设备投资较少，进气分布良好；缺点是较难对进入猪舍的空气进行处理，也不便于猪舍与外界环境的卫生隔离。

(3)联合通风，也称混合式通风，即进风口和排风口同时安装风机，同时可进风与排风，一般用于跨度较大的猪舍，设备投资大。

3.横向负压通风设计

(1)确定负压通风的形式。当猪舍跨度为8～12 m时，一侧墙壁排风(装风机)，对侧墙壁进风；猪舍跨度大于12 m时，宜采用两侧墙壁(装风机)排风、屋顶进风或屋顶排风、两侧墙壁进风形式。

(2)确定猪舍通风量(L)。根据夏季通风参数确定总通风量。

(3)确定风机数量(N)。一般风机设于一侧纵墙上，按纵墙长度(值班室、饲料间不计)，每7～9 m设一台。

(4)确定每台风机流量(Q)，其计算公式为：

$$Q=KL/N$$

式中：Q 为风机流量(m^3/h)；K 为风机效率的通风系数(取1.2～1.5)；L 为夏季通风量(m^3/h)；N 为风机台数。

(5)风机的安装、管理与注意事项。风机与风管壁间的距离保持适当，风管直径大于风机叶片直径5～8 cm为宜；风机不能安装在风管中央，应在里侧；外侧装有防尘罩、里侧装有安全罩；风机不能离门太近，防止通风短路；定期清洁除尘、加润滑剂；冬季防止结冰；风速均匀恒定，不宜出现强风区、弱风区和通风换气的死角区；猪舍内不宜安装高速风机，且舍内冬、夏季节通风的风速应有较大差异；风机型号与通风要求相匹配，不宜采用大功率风机；进风口和排风口距离适当，防止通风短路；选择风机时要求噪声小，有防腐、防尘和过压保险等装置。

4.猪舍通风控制案例——120头育肥猪舍通风设计与控制

(1)120头育肥猪排风量计算。计算方法如下。

①育肥猪45～68 kg的必须换气量：夏季为2.0 m^3/min，冬季68～95 kg的育肥猪为0.5 m^3/min(表2-27)。

②计算最大通风量：$120\times2.0\times60\times1.5=21\,600(m^3/h)$。

计算最小通风量：$120\times0.5\times60\times1.5=5\,400(m^3/h)$。

③故最大风机应选：$21\,600-5\,400=16\,200(m^3/h)$，36 in风机在静压38 Pa时排风量为16 700 m^3/h，因此选一台36 in大风机。另选一台满足最小通风量5 400 m^3/h，20 in风机在55 Pa时排风量为5 060 m^3/h，不能满足，24 in风机在静压55 Pa时排风量为8 100 m^3/h，故另一台选用24 in小风机。所以120头育肥猪舍应选用36 in和24 in共两台轴流畜牧专用风机。

(2)猪舍进风口面积的计算。

①进风口是机械通风最容易被忽视的部分。风量的调节，气流的速度，气流在舍内均匀分布以及整个通风换气效果与进气口的设计都有关。

②据美国的相关资料，进风口面积，一般按1.05～1.3 m^3/h的通风量需1 cm^2的进气口面积来计算。由于通风量随季节调节，故进气口也必须可调节。可在进气口外侧加百叶，内侧设调节板。

(3)120头育肥猪进气口的计算。计算方法：

①120头育肥猪需21 600 m^3/h通风量。

②$21\,600\div1.05=20\,571\ cm^2=2\ m^2$，故需2 m^2进风口。

③在安装水帘时，若用纸水帘选6 m^2即可；若用空心砖要考虑实心部分，应加大3～3.5倍。

(4)猪舍通风的控制。

①机械通风的调节。自控调节，畜舍机械通风系统通过附加的自动调节装置可以达到风机启动或转速变化，以调节风量，控制环境。

②温控装置。最小换气风机常开，另外一台风机安装温度控制器，设定要求温度，当温度

超过设定温度后，风机自动开机降温。

③时间及电器控制。按计算出来的时间表在每个定点时间开机或关机。

(5)猪舍通风程序的设定。

①温控装置设定通风程序。最小换气风机常开，另外一台风机安装温度控制器，设定要求温度，当温度超过设定温度后，风机自动开机降温。

②时间及电器设定。在生产中用换气次数确定通风换气量。换气次数是指在 1 h 内换入新鲜空气的体积相当于畜舍容积的倍数。一般规定冬季换气应保持 3～4 次，不超过 5 次，这种方法只是粗略估计。

(6)120 头育肥猪通风程序设定方法。

①推算方法。根据表 2-27 可查 120 头猪 9～18 kg 最小正常换气量为：$0.3\times120\times60\times1=2\,160(m^3/h)$。

120 头育肥猪猪舍容积为：$23\times8.5\times2=391(m^3)$。

换气次数为：$2160\div391=6$(次/h)。

根据必须换气量理论，猪只平均体重达到 95 kg 时风机全天启动换气。

故 9～18 kg 应 9 min 通风 1 min，18～45 kg 应 8 min 通风 2 min，48～68 kg 应 7 min 通风 3 min，68～95 kg 应 6 min 通风 4 min。

②120 头育肥猪通风程序。由于气流通过风口时有阻力，通过风量约有 15%的损耗，因此把通风时间设为 1.5 min。根据以上推算 120 头育肥猪通风程序为：10 kg 以前 20 min 通风 1.5 min。10～20 kg (6～8 周，即进猪后第 1～3 周)10 min 通风 1.5 min。20～45 kg (9～12 周，即进猪后第 4～7 周)6 min 通风 1.5 min。45～68 kg(13～17 周，即进猪后第 8～12 周) 7 min 通风 3 min。68～95 kg (18 周，即进猪后第 13 周出栏)5 min 通风 2 min(夏季带水帘)。后期全开。

5.猪舍常见通风问题

(1)温度传感器问题。温度传感器是任何通风控制系统中最重要的部分，因为它们能够测定猪感受到的真正温度。但真正的温度可能很难测量，因为如果传感器安装在离猪太近的地方，它们将会被猪损坏，因此它们通常被安装在猪舍中尽可能低但猪碰不到的地方，同时尽可能靠近猪的躺卧区。因此，传感器很难向控制器提供准确的温度读数，管理者必须判断出猪对设定温度的反应，并相应地进行调整。

(2)分娩舍的保温问题。母猪在分娩前和哺乳期的头几天散发出的热量相当少(160 ～180 W)。寒冷天气中，在没有将通风降至一个令人满意的水平时，即使在保温性能良好的猪舍，仅靠这种热量也不太可能维持一个合适的产前温度。在母猪开始分娩前使用加热灯或保暖箱，将有助于分娩舍的保温，但即使采用这种人工加热的方法可能也不足以使猪舍保持足够的温度。

(3)贼风问题。猪舍结构中的间隙或裂缝会使室外的空气进入室内，且通常会以一个非常高的速度进入。找出这些裂缝的简单方法是寻找积灰。堆积的灰尘是由于通过间隙的冷空气使墙壁表面受冷并产生冷凝作用，导致猪舍内的灰尘在此处积聚，故而可突显出猪舍结构中的间隙。找到间隙后要确保它们被密封。

天花板上的障碍物例如檩条、水箱、照明灯或饲料管道和水管（无论在屋脊上的还是在墙上的），都会使进气口进入的空气转向，使冷空气吹向猪栏。若冷空气吹向猪栏的躺卧区，将会使猪产生应激，并有可能引起咬尾。因此，要确保天花板下方的表面平整，没有障碍物。如固定照明灯，使其与气流平行，或将其悬挂在链条上，确保供水和供料管道不阻挡气流通过。

任务评价

一、名词解释

气压　气流　风向频率图　季风　风速　贼风　通风　换气　换气次数　机械通风　正压通风　负压通风　联合通风

二、判断并改错

1. 气压的大小决定于空气密度的大小和海拔高低，密度越大，气压越小，海拔越高，气压越低。（　　）
2. 气压的变化与温度有一定的关系，温度越高，气压越高。（　　）
3. 我国大部分地区，夏季的主风向为东南风，冬季为西北风。（　　）
4. 气流总是由高气压向低气压地区流动。（　　）
5. 气流总是由温度较高的地区向温度低的地区流动。（　　）
6. 风速的大小与两地间温差有关，温差越大，风速越大。（　　）
7. 自然通风设计时通风量的计算用夏季参数。（　　）
8. 自然通风设计时进气口的面积与排气口面积相等。（　　）
9. 纵向负压通风的平均风速比横向负压通风平均风速提高 5 倍。（　　）
10. 离心式风机多适用于正压通风形式，正压通风设计简单，是猪舍最普遍使用的通风类型。（　　）

三、填空题

1. 自然通风的动力是________。
2. 无管道自然通风适用于________地区，但在寒冷季节通风效果__________。
3. 强制通风即______通风。用风机抽出舍内污浊空气的人工通风方式叫____通风。
4. 猪舍内常采用的通风换气量的确定方法有________、________和________。
5. 在任何季节猪舍内都须保持一定的气流，达到通风换气的目的。冬季猪体周围的气流速度以______m/s 为宜，最大不超过______m/s。夏季气流速度以不超过____m/s 为宜。
6. 机械通风按舍内外气压差分为____、____和____通风形式，也可按舍内气流方向分为____和____通风。
7. 自然通风设计时，进气口面积一般是排气口面积的________。
8. 屋顶排气管，一般上端高出屋顶______m，下端伸入舍内不少于______m，排气管之间的间距为______m。

四、连线题

条件	结果
温度高	气压高
海拔高	风
温度低	气压低
气体水平流动	气压低
两地间气压不平衡	气流

五、简答与论述题

1. 夏季增大风速有何作用？

2. 如何理解“不怕狂风一片，就怕贼风一线”？

3. 叙述自然通风和机械通风的概念，比较两种通风方式的原理、通风效果及生产中的应用有何不同。

4. 为什么猪舍内最大通风量以夏季通风量为依据？

5. 轴流式风机与离心式风机各有什么优缺点？风机安装时应注意哪些事项？

任务八　猪舍气流测定与通风效果评价

一、热球式电风速仪

（一）构造原理

热球式电风速仪由测杆探头和测量仪表两部分组成。测杆探头有线型、膜型和球型3种，球形探头装有两个串联的热电偶和加热探头的镍铬丝圈。热电偶的冷端连接在铜质的支柱上，直接暴露在气流中，当一定大小的电流通过加热圈后，玻璃球被加热，温度升高的程度与风速呈现负相关，风速小时则升高的程度大，反之升高的程度小。升高程度的大小通过热电偶在电表上指示出来。将测头放在气流中即可直接读出气流速度。其特点是使用方便，灵敏度高，反应速度快，最小可以测量0.05 m/s的微风速（根据电表读数查校正曲线，求得实际风速）（图2-37）。

图 2-37　热球式电风速仪

（二）表式热球式电风速仪的使用方法

（1）轻轻调整电表上的机械调零螺旋，使指针调到零点。

（2）将“矫正开关”置于“断”的位置，将测杆插头插在插座内，测杆垂直向上放置，螺塞压紧使测杆密闭，这时探头的风速为零。将“矫正开关”置于“满度”，调整“满度调节”旋钮，使电表指针调至满度刻度位置。

(3)将“矫正开关”置于“零位”,调整“粗调”“细调”旋钮,将电表指针调到零点位置。

(4)轻轻拉动测杆塞,使测杆探头露出,测杆上的红点对准风向,从电表上即可读出风速值。

(三)数显式热球式电风速仪的使用方法

(1)仪器使用前,先将风速传感器的电缆插头插在仪器面板的四孔插座内,然后将测杆垂直放置,使探头封闭在测杆内。

(2)开启面板上的电源开关,预热 3 min。数字显示为 00.00。

(3)测量时轻轻拉动测杆顶端的螺塞,使探头露出并置于被测气流中,此时要注意,探头红点的一侧一定要对准风向,这时数字表上显示值为被测风速值(单位:m/s)。

(4)当需要观测某时刻的风速稳定值时,按下“保持”按钮;放开按钮后仪器即恢复原测试状态。

(5)测量完毕后,关闭电源,同时将探头密闭在测杆内,以免损坏敏感元件(热球),然后再取下测杆电缆插头。

(四)热球式电风速仪使用的注意事项

热球式电风速仪是精密仪器,使用时禁止用手触摸测杆探头;仪器装有四节电池,分两组,一组是三节串联,一组是单节,在调整满度时如果电表不灵敏,表明单节电池需要更换;在调整零位时,如果电表不灵敏,表明三节串联电池需要更换。

二、猪舍机械通风设计

设计某猪舍机械通风,将相关信息填入表 2-30。

表 2-30　猪舍机械通风设计

<table>
<tr><td>实训单位名称</td><td colspan="2"></td><td>地址</td><td></td></tr>
<tr><td>饲养规模</td><td colspan="2"></td><td>猪舍种类</td><td></td></tr>
<tr><td>机械通风类型</td><td colspan="4">□正压通风　□负压通风　□联合式通风</td></tr>
<tr><td rowspan="2">通风量计算</td><td>通风参数 K/[m³/(h·kg)]</td><td></td><td>猪头数 M/头</td><td></td></tr>
<tr><td colspan="4">$L=1.1\times K\times M=$</td></tr>
<tr><td>风机类型</td><td colspan="4">□离心式风机　□轴流式风机</td></tr>
<tr><td>风机参数</td><td colspan="4">型号:________ 风量(Q):________ 功率:________ 噪声:________ 机重:______</td></tr>
<tr><td>风机台数</td><td colspan="4">$N=L/Q=$</td></tr>
<tr><td rowspan="2">风机安装</td><td>横向通风示意图</td><td colspan="3">(此处绘制风机安装示意图,标明前后墙、窗户及风机间距、位置等)</td></tr>
<tr><td>纵向通风示意图</td><td colspan="3">(此处绘制风机安装示意图,标明前后墙、窗户及风机间距、位置等)</td></tr>
</table>

续表 2-30

<table>
<tr><td>综合评定</td><td>设计依据：

设计结论：
设计人：____________　　日期：____年__月__日</td></tr>
<tr><td>教师评价</td><td>根据表中调查内容的准确性和学生学习态度、团队配合能力、社会观察能力和实践能力综合评定。

指导教师姓名：____________　　日期：____年__月__日</td></tr>
</table>

三、猪舍通风效果评价

调研某猪场猪舍通风效果，将相关信息填入表 2-31。

表 2-31　某猪舍通风效果评价

<table>
<tr><td>实训单位名称</td><td colspan="3"></td><td>地址</td><td colspan="2"></td></tr>
<tr><td>饲养规模</td><td colspan="3"></td><td>猪舍种类</td><td colspan="2"></td></tr>
<tr><td>通风类型</td><td colspan="6">□1. 机械通风：□正压通风　□负压通风　□联合式通风
□2. 自然通风</td></tr>
<tr><td rowspan="7">通风量测定</td><td colspan="2">风速仪型号</td><td></td><td colspan="2">风机数量 m/台</td><td></td></tr>
<tr><td rowspan="2">风速测定方法</td><td>匀速移动测量法</td><td>按右图所示，匀速移动风速仪测定。</td><td colspan="3">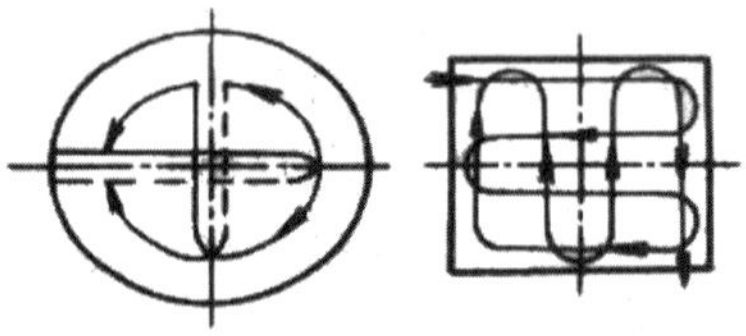</td></tr>
<tr><td>定点测量法</td><td colspan="4">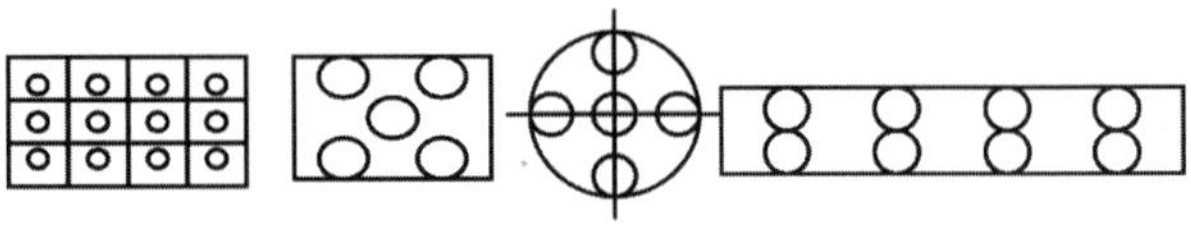
按风口截面大小，把风口划分为若干面积相等的小块，在其中心处测量，较大截面积的矩形风口可选大小相等的 9～12 个小方格进行测量，较小的可选大小相等的 5 个点来测定(见上图)。
风口的平均风速按下式计算：
$$V=\frac{V_1+V_2+V_3+\cdots+V_n}{n}$$
式中：V_1、V_2、V_3、…、V_n 为各测点的风速(m/s)；n 为测定总数。</td></tr>
<tr><td colspan="2">风管截面的风速 V/(m/s)</td><td></td><td colspan="2">风管截面的面积 S/m^2</td><td></td></tr>
<tr><td colspan="6">风管截面的通风量：$L=3\,600\times S\times V=$</td></tr>
<tr><td colspan="6">猪舍总通风量：$L_{总}=L\times m=$</td></tr>
</table>

续表 2-31

综合评定	评价依据： 评价结论： 评价人：__________　　日期：____年__月__日
教师评价	根据表中调查内容的准确性和学生学习态度、团队配合能力、社会观察能力和实践能力综合评定。 指导教师姓名：__________　　日期：____年__月__日

任务九　猪舍空气质量调控

在规模化、集约化生产过程中，由于猪本身的新陈代谢以及大量使用垫料、饲料而产生大量的粪尿污水，还会产生大量的微粒、微生物、有害气体、噪声及臭气等污染物，严重污染猪舍空气环境，如果通风换气不良或饲养管理不善，就会影响猪的健康和生产力。因此，控制猪舍空气质量是保证猪健康和生产优质产品的重要措施。

一、猪舍空气中微粒和微生物污染及其控制

(一)微粒

微粒是指以固体或液体微小颗粒形式存在于空气中的分散胶体。在大气和猪舍空气中都含有微粒，其数量的多少和组成因当地自然环境、土壤特性、植被状况、季节与气象、人为环境等因素的不同而不同。

1.来源

猪舍内微粒小部分来源于舍外空气带入，主要来源于饲养管理过程(分发饲料、清扫地面、使用垫料、通风、除粪、刷拭猪体、饲料加工、毛发、皮屑和细菌)及猪本身(活动、咳嗽、鸣叫)产生。

2.特点

猪舍空气中微粒和舍外大气中微粒差异很大。

(1)有机微粒所占的比例可达60%以上，为微生物的生存提供条件。

(2)往往携带病原微生物，从而传播疾病。

(3)颗粒直径小，小于5 μm的居多，含量为10^3～10^6粒/m^3。

3.危害

猪舍内产生的颗粒物根据尺寸主要分为 PM_{10} 和 $PM_{2.5}$ 两种。颗粒物能进入动物和人的呼吸系统，多种污染物和微生物可以吸附在颗粒物上，对动物福利、生产性能、工人健康和环境均有重要不利影响。有研究证明，PM_{10} 对猪的呼吸系统疾病有重要影响，对黏膜的清除系统有害。颗粒物能够引起猪呼吸系统上皮细胞的炎症或刺激。粒径小于 10 μm 的颗粒物即可进入猪的呼吸道，而大部分微生物附着于粒径 5～10 μm 颗粒物上，并主要附着于 10 μm 颗粒上；粒径为 5 μm 及以下的颗粒主要影响纤毛系统，小于 4 μm 的颗粒可吸入肺泡。颗粒物粒径大小影响其侵入猪呼吸道的深度和停留时间，故造成的危害程度也不同。同时，微粒的化学性质决定其危害的性质。微粒对猪的直接危害在于它对皮肤、眼睛和呼吸道的作用。

(1)皮肤。微粒落到猪体表，可与皮脂腺、汗腺的分泌物，细毛，皮屑及微生物混合在一起对皮肤产生刺激作用，引起发痒、发炎，同时使皮脂腺、汗腺管道堵塞，皮脂、汗液分泌受阻，致使皮肤干燥、龟裂，体热调节机能被破坏，从而降低猪体对传染病的抵抗力和抗热应激能力。

(2)眼睛。大量微粒落在眼结膜上，会引起灰尘性结膜炎或其他眼病。

(3)呼吸道。空气中的微粒被吸入呼吸道后，刺激呼吸道黏膜引起呼吸道炎症。如降尘可对鼻黏膜发生刺激作用，但经咳嗽、喷嚏等保护性反射可排出体外；飘尘可进入支气管和肺泡，其中一部分会沉积下来，另一部分会随淋巴循环到淋巴结或进入血液循环系统，然后到其他器官，从而引起猪鼻咽、支气管和肺部炎症，大量微粒还能阻塞淋巴管或随淋巴液到淋巴结、血液循环系统，引起尘埃沉积病，表现为淋巴结尘埃沉着、结缔组织纤维性增生、肺泡组织坏死，导致肺功能衰退等。有些有害物质微粒还能吸附 NH_3、H_2S 以及细菌、病毒等，其危害更为严重。

此外，某些植物的花粉散落在空气中，能引起人和猪过敏性反应；猪舍空气中的微粒还会影响乳的质量。

4.猪舍中微粒的卫生标准

我国猪场(舍)中对微粒的评价有两项指标，即可吸入颗粒物(PM_{10})和总悬浮颗粒物(TSP)，其质量标准见表 2-32。成年猪舍内颗粒物浓度限值为 1.5 mg/m^3，哺乳猪舍、保育猪舍为 1.2 mg/m^3。

表 2-32 猪场空气环境质量

项目	单位	缓冲区	场区	舍区		
				禽舍	猪舍	牛舍
PM_{10}	mg/m^3	0.5	1	4	1	2
TSP	mg/m^3	1	2	8	3	4

注：表中数据皆为日均值。

5.控制措施

(1)猪场选址时远离粉尘较多的工厂，同时在猪场周围种植防护林带，场内种草种树，绿化和改善猪舍及猪场地面环境。

(2)饲料加工场所设防尘装置并与猪舍保持一定距离。

(3)各种饲养管理操作如分发饲料、打扫地面、清粪、翻动垫料等容易引起微粒飞扬，应尽量避免，或趁猪不在舍内时完成。

(4)保证舍内良好的通风换气，进风口安装空气过滤器。

(5)禁止在舍内刷拭猪体，防止皮肤病的交叉感染。

(二)微生物

当空气污染后，微生物可附着在微粒上生存而传播疾病。在猪舍内，特别是通风不良、饲养密度大、环境管理差的猪舍中，由于湿度大、微粒多，紫外线的杀伤力微弱，微生物的来源也多，微生物数量远远超过大气和其他场所。

1.危害

当猪舍空气中含有病原微生物时，可附着在飞沫和尘埃两种不同的微粒上传播疾病。

(1)飞沫传染。当病畜患有呼吸道传染病，如肺结核、猪气喘病、流行性感冒时，病畜咳嗽、打喷嚏、鸣叫等喷发的大量飞沫液滴中就会含有大量病原微生物，且飞沫中含有有利于微生物生存的黏液素、蛋白质和盐类物质(唾液中存在)。滴径在 10 μm 左右时，由于重量大而很快沉降，在空气中停留时间很短；而滴径<1 μm 的飞沫，可长期飘浮在空气中，并侵入猪支气管深处和肺泡而发生传染。

(2)尘埃传染。病畜排泄的粪尿、飞沫、皮屑等经干燥后形成微粒，微粒中常含有病原微生物，如结核菌、链球菌、霉菌孢子、芽孢杆菌、鸡马立克病毒等，在清扫地面或刮风时飘浮于空气中，被易感动物吸入后就可能发生传染。

一般来说，猪舍中飞沫传染在流行病学上比尘埃传染更为严重。

2.控制措施

为了预防空气传染，除了严格执行对微粒的防制措施外还必须注意以下几个方面。

(1)新建猪场要合理选址、规划布局，远离医院、屠宰场等传染源较多的场所。

(2)建立严格的检疫、消毒和病畜隔离制度。

(3)对同一猪舍的猪采取“全进全出”的饲养制度。

(4)保持猪舍空气干燥，通风换气良好，及时清除舍内粪尿污水、更换垫料。

二、猪舍空气中有害气体污染及其控制

(一)猪舍空气中有害气体的来源、性质及危害

猪舍空气中有害气体主要有氨、硫化氢、二氧化碳、一氧化碳、甲烷和其他一些异臭气体。因为它们对人、畜均有直接毒害或因不良气味刺激人畜的感官而影响工作效率，所以统称为有害气体。其中，最常见和危害较大的是氨、硫化氢和二氧化碳，其来源、性质及危害见表 2-33。一头体重 100 kg 的肥猪，每小时可呼出二氧化碳 40～43 L，因此猪舍内二氧化碳含量往往比大气中高出许多倍。据 Balms 测定，体重 50～80 kg 的猪只每天排放粪便 6 kg，折合氮量 16～37 g。

表 2-33 猪舍空气中有害气体的来源、性质及危害

有害气体	来源	性质	危害
氨气（NH_3）	主要来源于各种含氮有机物（粪尿、垫料、饲料残渣等）腐败分解的产物和尿液中	无色有刺激性气味的气体，极易溶于水，温度越低在水中溶解越多，氨的密度（0.596）很小	可引起咳嗽、流泪、鼻塞，眼泪、鼻涕和涎水显著增多。引起结膜和上呼吸道黏膜充血、水肿、分泌物增多，甚至发生咽喉水肿、支气管炎、肺水肿等。导致猪贫血、缺氧，抗病力会明显降低，产品质量和生产力下降。高浓度的氨可使猪呼吸中枢神经麻痹而死亡
硫化氢（H_2S）	主要来源于含硫有机物的分解，尤其发生消化机能紊乱时，可由肠道排出大量硫化氢	无色具有臭鸡蛋气味的气体，易溶于水	对黏膜产生强烈刺激，引起眼炎、角膜混浊、流泪、怕光及呼吸道炎症甚至肺水肿。降低猪抗病力，造成头痛、恶心、心跳变慢、组织缺氧，高浓度的硫化氢能使猪呼吸中枢神经麻痹，导致窒息死亡，猪长期在低浓度硫化氢影响下，体质衰弱，体重减轻，抗病力下降，容易发生胃肠炎、心脏衰竭等
二氧化碳（CO_2）	猪舍空气中 CO_2 主要来源于猪呼出的气体，舍内有机物分解也可产生一部分	常温下是无色略带酸味的气体，能溶于水，密度大于空气密度	二氧化碳是无毒气体，对猪体没有直接危害。但是，当猪舍内二氧化碳浓度过高时，由于高浓度二氧化碳的影响，空气中的各种气体含量发生改变，尤其氧的相对含量下降，会使动物出现慢性缺氧，生产力下降，体质衰弱，易感染肺结核等慢性传染病
一氧化碳（CO）	一切含碳物质不完全燃烧时都可产生一氧化碳，舍内取暖漏气时浓度较高	无色无味的气体，密度比空气略小，不溶于水，易溶于氨水等弱极性的溶剂	一氧化碳是一种有剧毒的气体，是煤气的主要成分，吸入肺里很容易跟血液里的血红蛋白结合，使血红蛋白不能很好地跟氧气结合，影响氧气的输送，使血管通透性增强，最终导致窒息死亡

（二）猪舍空气中有害气体的卫生标准

猪舍空气中有害气体的卫生标准见表 2-34。

表 2-34 猪舍空气卫生指标 mg/m^3

猪舍类别	氨	硫化氢	二氧化碳	细菌总数	粉尘
种公猪舍	25	10	1 500	6	1.5
空怀妊娠母猪舍	25	10	1 500	6	1.5
哺乳母猪舍	20	8	1 300	4	1.2
保育猪舍	20	8	1 300	4	1.2
生长育肥猪舍	25	10	1 500	6	1.5

（三）猪舍内有害气体调控措施

猪舍空气中的有害气体对猪的影响是长期的，即使有害气体浓度很低，也会使猪体质变弱，生产力下降。因此，控制猪舍空气中有害气体的含量，防止舍内空气质量恶化，对保持猪健康和生产力有重要意义。

（1）科学规划，合理设计。猪场场址选择和建场过程中，要进行全面规划和合理布局，避免工厂排放物对猪场环境的污染；合理设计猪场和猪舍的排水系统、粪尿和污水处理设施及绿化等环境保护设施。

(2)调整饲料配方,从源头上减少有害气体的产生。粪氮、尿氮、总氮、氮吸收和氮沉积量均随日粮 CP 水平的降低而降低,最新的保健养猪技术研究发现,可以通过优化饲料配方,减少舍中有害气体的排放。日粮粗蛋白水平每降低 1 个百分点,猪粪尿散发的氨气就减少约 8%。降低日粮中的粗蛋白含量能够从源头上减少有害气体的产生,但必须合理添加合成氨基酸如赖氨酸、蛋氨酸等必需氨基酸,以保证猪只繁殖与生长发育的需要。

(3)及时清除猪舍内的粪尿。猪粪尿必须立即清除,防止在舍内积存和腐败分解。不论采用何种清粪方式,均须排出迅速、彻底,防止滞留,并便于清扫,避免污染。

(4)保持舍内干燥。潮湿的猪舍、墙壁和其他物体表面可以吸附大量的氨和硫化氢,当舍温上升或潮湿物体表面逐渐干燥时,氨和硫化氢会挥发出来。因此,在冬季应加强猪舍保温和防潮管理,避免舍温下降,导致水汽在墙壁、天棚上凝结。此外,科学控制猪群饲养密度是猪场有效管理的关键之一。

(5)合理通风换气。将有害气体及时排出舍外,是预防猪舍空气污染的重要措施。还可以选择在公猪和核心母猪群舍安装空气过滤系统。

(6)使用垫料或吸收剂。各种垫料吸收有害气体的能力不同,麦秸、稻草、树叶较好。

(7)过滤有害气体。消除有害气体是一个相对困难的问题,可以通过空气过滤器阻止污浊、污染的空气进入猪舍。污浊的空气通过充满填充物质的反应器,其中的有害物质可被转化而消除。过滤反应器有两种,其中酸性过滤器由木屑、沙土、矿石棉组成;而生物过滤器由惰性的或生物活性物质组成。在酸性过滤器中,通过添加酸使循环水的 pH 一直保持在 4 以下,释放出的氨气被酸性溶液转变成氮气;在生物过滤器中,填充媒介物质,添加特定的好氧微生物,可以转化非有机物质或破坏有机复合物,然后经过反硝化作用使有害气体变成无污染的氮气而减少氨气的排放。

三、猪舍噪声调控

声音在猪的养殖中是一个可利用的物理因素。用轻音乐刺激猪,有改善单调环境而防止咬尾癖发生的效果,有刺激母猪发情的作用,还有利于母猪产仔。但是,随着畜牧机械化程度的提高和养殖规模的扩大,噪声的来源越来越多,强度也越来越大,已严重影响猪的健康和生产性能,必须予以高度重视。噪声是一种有害声波,大小用分贝(dB)来表示。从生理学角度来讲,凡是使猪讨厌、烦躁,影响猪正常生理机能,导致生产性能下降,危害健康的声音均称为噪声。

(一)来源

(1)外界传入,如飞机、汽车、火车、拖拉机、雷鸣等。

(2)舍内机械产生,如风机、真空泵、除粪机、喂料机等。

(3)猪自身产生,如鸣叫、采食、走动、争斗等。

(二)危害

噪声对猪机体健康的危害可概括为听觉系统损伤(特异性的)和听觉外影响(非特异性的)两个方面,其危害程度与噪声的强度、暴露时间和方式及频谱特性密切相关。噪声会使猪内脏器官多功能失调和紊乱,惊恐不安,增重减少,生产力下降,发病多,甚至死亡。

(三)噪声的标准和调控

我国猪场环境质量标准(NY/T 388—1999)规定,猪舍内声音最高允许量为80 dB。

为了减少噪声的发生和影响,在建场时应选好场址,尽量避免工矿企业、交通运输的干扰,场内的规划要合理,交通线不能太靠近猪舍。猪舍内进行机械化生产时,设备的设计、选型和安装应尽量选用噪声最小的。猪舍周围种草种树可使外界噪声降低10 dB以上。人在舍内的一切活动要轻,避免造成较大声响。

四、饲养密度控制

饲养密度是指单位面积饲养的猪数或每头猪占有的面积数。饲养密度一方面对猪舍的空气卫生状况有影响,另一方面对猪的采食、饮水、睡眠、运动及群居等行为有很大影响,从而间接影响猪的健康和生产力。猪舍饲养密度越大,猪只散发的热量就越多,气温也越高,还会造成猪只长势缓慢,饲料转化率低,产生更多的恶习,如咬尾、咬耳,且发病率及死亡率更高;饲养密度小,舍内空气温度较低,但会造成栏位利用率下降,饲养成本增加,养殖效益下降。

1.饲养密度对猪的影响

(1)舍温。在同一幢猪舍内,饲养密度大,猪散发出来的热量总和就多,舍内气温就高;饲养密度小则舍温低。因此,为了防暑防寒,在必要和可能的情况下,夏季可适当降低饲养密度,冬季可适当提高饲养密度。

(2)湿度。在同一幢猪舍内,饲养密度大,由地面蒸发和畜体排出的水汽量较多,舍内地面较潮湿;密度小时则比较干燥。

(3)对舍内微粒、微生物、有害气体含量和噪声强度的影响。在同一幢猪舍内,饲养密度大,微粒、微生物、有害气体的数量就多,噪声也比较频繁和强烈;密度小则相反。

另外,饲养密度还决定了每头畜禽活动面积的大小,决定了畜禽相互发生接触和争斗机会的多少,这些对畜禽的起卧、采食、睡眠等行为都有直接影响。因此,确定适宜的饲养密度是给畜禽创造良好外界环境条件的方法之一,是畜舍空气环境控制的一个重要措施。

2.猪的饲养密度要求

猪的饲养密度,一般哺乳母猪每头占猪舍面积为3~4 m^2,断奶仔猪每头0.3~0.4 m^2,育肥猪每头0.8~1.0 m^2。适宜的饲养密度见表2-35,推荐饲养密度见表2-36、表2-37。

表2-35 种猪所需面积及每栏头数推荐表(GB/T 17824.1—2008)

种类	每头占床面积/m^2	每栏饲养头数
种公猪	9.0~12.0	1
后备公猪	4.0~5.0	1~2
后备母猪	1.0~1.5	5~6
空怀妊娠母猪	2.5~3.0	4~5
哺乳母猪	4.2~5.0	1
保育仔猪	0.3~0.5	9~11
生长育肥猪	0.8~1.2	9~10

表 2-36　广东温氏食品集团有限公司推荐饲养密度

猪别	体重/kg	每头猪所占面积/m^2	
		非漏缝地板	漏缝地板
断奶仔猪	4～11	0.37	0.26
	11～18	0.56	0.28
保育猪	18～25	0.74	0.37
生长猪	25～55	0.90	0.50
	56～105	1.20	0.80
后备母猪	113～136	1.39	1.11
成年母猪	136～227	1.67	1.39

表 2-37　正大集团推荐饲养密度

卡美推荐		PIC 推荐	
体重/kg	饲养密度/(m^2/头)	体重/kg	饲养密度/(m^2/头)
<10	0.15	断奶～22.7	最小 0.26
10～20	0.2		
20～30	0.3	22.7～34	0.34
30～50	0.4		
50～85	0.65	34～120	最小 0.68
85～110	0.75		
>110	1	>120	最小 0.8

正大集团推荐每栏饲养头数不超过 30 头，每栏设计饲养较多头数的猪只(例如饲养头数超过 100 头以上)会增加管理难度，使弱猪、病猪不易被发现，造成死亡率增加；同时也不建议每栏设计饲养少于 12～14 头，这样难以设计排便和休息；每栏饲养小猪 45～50 头。

五、垫料对猪舍环境的影响

垫料是指在猪生活的畜床或地面上铺垫的材料。在畜牧生产中，它是改善畜舍内环境的一项辅助性措施，对改善畜舍空气环境有一定的作用。

(一)垫料应满足的条件及其种类

1. 条件

导热性差、吸水性强，柔软、无毒副作用，对皮肤无刺激性，有肥料价值，来源充足，成本低，使用方便等。

2. 种类

(1)秸秆类。最常用的是稻草与麦秸等。稻草的吸水能力为 324%，麦秸为 230%，柔软、价廉、易得。最好铡短使用。

（2）野草、树叶。吸水能力大体在200%～300%，树叶质地较柔软，野草往往夹杂较硬的枝条，易刺伤皮肤和乳房，应予以注意。

（3）锯末。吸水性很强，大约为420%，导热性差、松软，肥料价值较低。

（4）干土。导热性低，吸收水分、湿气和有害气体的能力很强，遍地皆是，取之不尽，北方农村广泛采用；但易污染畜禽的被毛和皮肤，使舍内尘土飞扬；重量大，运送费力。

（5）泥炭。导热性低，吸水能力达600%，吸氨能力达1.5%～2.5%，本身呈酸性，有杀菌作用，缺点与干土相同。

（二）垫料的作用

（1）保暖。垫料的导热性通常都比较低，冬季在导热性较高、蓄热性较大的地面上铺上垫料，可明显降低畜体向地面的热传导。垫料铺垫越厚，保暖效果越好。据测定，当外界气温达－38 ℃，舍内气温为8 ℃时，垫料内的温度为21 ℃。当舍内气温为11 ℃时，铺垫10 cm稻草，5 cm处温度可达到22.5 ℃。

（2）吸湿。垫料的吸水能力为200%～400%，勤铺勤换，能避免尿液流失，保持地面干燥；同时，垫料还可吸收空气中的水汽，降低舍内空气湿度。

（3）吸收有害气体。多数垫料可直接吸收空气中的有害气体，同时，垫料吸收畜禽粪尿后，对NH_3、H_2S的溶解能力增强，可降低有害气体浓度，改善舍内空气新鲜程度。实验表明，给乳牛铺垫草由每天2 kg提高到4 kg，舍内的相对湿度和氨的含量均下降，牛的产奶量上升。

（4）增加缓冲。畜舍地面一般硬度较大，铺上垫料后，柔软舒适，可避免坚硬的地面对孕畜、幼畜和病弱畜禽造成伤害并避免褥疮发生。

（5）保持畜体清洁。经常更换和翻转垫料，可吸收和掩盖畜禽粪尿，减少粪尿与畜体直接接触，降低畜禽体外寄生虫病的发生率，有利于畜体、水槽、饲槽的保洁和卫生。

（6）用后可作肥料或饲料。一般垫料中混有粪便，用后可作肥料。同时，用干苜蓿、麦草、稻草等农作物秸秆作垫料，使用后可提高粗蛋白质的含量，可作为反刍动物饲料。

（三）垫料的使用方法

（1）常换法。每天、几天或几周及时捡出湿污垫草，并不断更换新垫草。使用这种方法舍内比较干净，但用草量较大、费工、费时，有时换垫料时引起的灰尘较多。跨度大的畜舍可用机械清除垫料。

（2）厚垫法。每天或数天增铺新草而不清除湿污部分，越垫越厚，直到春末天暖后或1个饲养期结束后一次清除。优点是保温性好、省工省力，肥料质量好，且在长时间生物学发热过程中可提高地温，垫料内也将形成大量维生素B_{12}。缺点是舍内有害气体含量高，同时，舍内湿度高，有利于寄生虫、微生物的生存和繁殖，畜禽易患呼吸道疾病、寄生虫病、传染性胃肠疾病等。

六、猪舍空气质量测定与评价

利用有害气体测定仪现场测定某猪舍有害气体含量，将相关信息填入表3-38中（CO_2测定仪、H_2S测定仪、NH_3测定仪、粉尘测定仪、噪声仪的使用方法见仪器说明）。

表 3-38　猪舍空气质量的测定与评价

<table>
<tr><td>实训单位名称</td><td colspan="3"></td><td colspan="2">地点</td><td colspan="2"></td></tr>
<tr><td>猪群类别</td><td colspan="3"></td><td colspan="2">饲养头数</td><td colspan="2"></td></tr>
<tr><td>猪舍类型</td><td colspan="3"></td><td colspan="2">记录时间</td><td colspan="2"></td></tr>
<tr><td>测定仪器设备</td><td colspan="7">CO_2测定仪、H_2S测定仪、NH_3测定仪、粉尘测定仪、噪声仪</td></tr>
<tr><td>项目</td><td>畜床</td><td>畜体高</td><td>墙内面</td><td>墙角</td><td>平均值</td><td>标准</td><td>相差</td></tr>
<tr><td>舍内 CO_2测定</td><td></td><td></td><td></td><td></td><td></td><td></td><td></td></tr>
<tr><td>舍内 H_2S测定</td><td></td><td></td><td></td><td></td><td></td><td></td><td></td></tr>
<tr><td>舍内 NH_3测定</td><td></td><td></td><td></td><td></td><td></td><td></td><td></td></tr>
<tr><td>舍内粉尘测定</td><td></td><td></td><td></td><td></td><td></td><td></td><td></td></tr>
<tr><td>舍内噪声测定</td><td></td><td></td><td></td><td></td><td></td><td></td><td></td></tr>
<tr><td>综合评价</td><td colspan="7">评价依据：

评价结论：

评价人：__________　　　　日期：__________</td></tr>
<tr><td>教师评价</td><td colspan="7">根据表中调查内容的准确性和学生学习态度、团队配合能力、社会观察能力和实践能力综合评定。

指导教师姓名：__________　　　　日期：____年__月__日</td></tr>
</table>

任务评价

一、判断并改错

1. 各种类型猪舍内都存在有害气体，但封闭舍内含量更高。(　　)
2. 二氧化碳是空气组成成分，通风良好的猪舍内二氧化碳对猪无害。(　　)
3. 猪舍内有害气体产生的主要原因是有机物分解。(　　)
4. 猪舍内常见对猪有较大危害的有害气体是氨。(　　)
5. 猪舍内微生物含量远远超过大气，但对猪有直接危害的较少。(　　)
6. 饲养管理不善，通风换气不良，是猪舍有害气体浓度升高的根本原因。(　　)
7. 通风良好的猪舍内没有一氧化碳。(　　)
8. 猪舍内的微生物绝大部分能被进入舍内的紫外线杀灭。(　　)
9. 氨气极易溶于水，故猪舍内越潮湿越不利于氨气的控制。(　　)

二、多项选择题

1. 造成猪舍内氨浓度升高的原因有(　　)。

A. 通风不良　B. 不及时清除粪尿　C. 猪舍潮湿　D. 气温低　E. 饲料残渣分解

2. 猪舍内硫化氢升高的原因有(　　)。

A. 不及时清除粪尿　B. 通风不良　C. 破蛋增多　D. 饲料蛋白质过高

三、单项选择题

1. 猪舍内氨气的含量不宜超过(　　)mg/m³。

A. 25　B. 10　C. 12　D. 6.6

2. 猪舍内硫化氢的最大允许量为(　　)mg/m³。

A. 8　B. 10　C. 26　D. 20

3. 纳氏试剂比色法是根据氨与纳氏试剂作用生成(　　)化合物颜色的深浅比色定量。

A. 红色　B. 黄色　C. 蓝色　D. 银色

4. 当猪舍内有硫化氢时，能使醋酸铅浸润试纸变为(　　)。

A. 红色　B. 黑色　C. 蓝色　D. 橙色

四、简答题

1. 简述猪舍内氨气、硫化氢、一氧化碳、二氧化碳气体的来源与危害？

2. 简述猪舍内氨气、硫化氢、一氧化碳、二氧化碳的卫生标准。

3. 控制猪舍内有毒有害气体的措施有哪些？

4. 垫料的种类、作用和铺垫方法有哪些？

任务十　猪场环境监测与节能控制

一、猪舍环境测试

猪舍环境测试就是对猪舍内各种环境因素进行测定和计量的工作。环境因素包括温度、湿度、气流、光照和有害气体等。通过环境测试可以掌握猪舍内的环境状况，便于采取相应的措施为猪创造适宜的环境条件，使其发挥最大的生产潜力。

1. 温度测试

温度是影响猪只生产性能的主要环境因素之一。在中国普遍采用摄氏温标计量温度。常用的测试仪器有普通水银温度计、最高最低温度计、双金属片自记温度计、热敏电阻温度计、热电偶温度计和红外测温仪等。其中普通水银温度计在猪舍温度测试中应用最为广泛，在能够就地读数的地方均可采用；最高最低温度计可以测定一定时间内猪舍的最高和最低温度；双金属片自记温度计主要用于测定记录猪舍一定时间内温度的连续变化情况；热电阻温度计和热电偶温度计用来测定猪舍围护结构表面和猪体皮肤温度，并可进行多点同时观测；红外测温仪用以测量猪体和其他物体表面的温度和温度场，可以在不直接接触的情况下进行测试。

猪舍温度测试包括测试舍内外空气温度、外围护结构两侧附近的空气温度及围护结构内表面温度等。有时为了了解舍内温度分布情况，还需测定舍内水平和垂直方向的温度分布。舍内空气温度的测试一般在舍内距离门窗、墙角和采暖设备 1～1.5 m、距地(床)面 0.5～1.0 m 的地方选取 5～10 个测点进行测定，然后取其平均值；猪舍外围护结构两侧的空气温度测点一般布置在离其内表面 200～250 mm 的地方，舍外空气温度一般在舍外空旷地方地面

2 m 高处的百叶箱内进行测定。

2.空气湿度测试

空气湿度是表示空气潮湿程度的物理量，对猪的散热等有直接影响。一般用相对湿度作为空气湿度的指标，常用的测试仪器有干湿球湿度计、通风干湿球湿度计、电阻式湿度计和毛发式自记湿度计等。其中以干湿球湿度计应用最为普遍，通过干湿球的温度差从相应的表中即可得到空气的相对湿度；通风干湿球湿度计精度较高；电阻式湿度计可以进行远距离测量和自动记录；毛发式自记湿度计主要用于观测舍内一定时间内空气湿度的连续变化情况，但计量精度较差。空气湿度的测点布置与舍内温度测试基本相同。

3.气流测试

气流是影响舍内热传递和空气成分调节的重要环境因素，气流测试包括气流速度和方向的测定。常用的气流速度测试仪器有杯状风速计、翼状风速计、热球式电风速计和卡他温度计等。杯状风速计和翼状风速计精度较低，适合于舍外风力的测定；热球式电风速计是一种灵敏度高、反应速度快的风速计，测试范围为 0.05～10 m/s，是猪舍中常用的气流速度测试仪器。卡他温度计是一种测试微风速度的测试仪，可以测试速度在 1 m/s 以下的微风，一般用于风向不定、风速微弱的自然通风场所的气流速度测定(注意在测点附近有冷却和加热面时不宜使用)。在气流测试过程中，首先测定进、排气口的气流速度，以确定猪舍的通风换气量，测定时分别在距进、排气口一定距离气流稳定的截面上选取几点进行，取其平均值作为进、排气口的气流速度。

(1)舍内平均气流速度的测定。在离开墙壁、门窗、进排气口、地面和天棚等 0.5 m 左右的地方选取若干个测点分别进行测试，然后取其平均值作为舍内的平均气流速度。在测试时要注意，人员移动后要等 3～5 min，待气流恢复原状后再测试，以消除人走动对气流的影响。

(2)舍内气流分布的测试。将猪舍沿长、短轴方向分别均匀地分割成个 5～10 个断面，再沿高度方向均匀地分割成几个断面，这样就得到若干个测点，分别测定其气流速度，即可得到舍内的气流分布。

(3)气流方向的测试。可用香烟和线香观察，也可用氯化铵烟雾测定。

4.光照测试

猪舍光照测试主要是测量照度和光照时数。照度是表示物体被照明程度的物理量。照明程度与照射到物体表面的光通量有关，物体表面所得到的光通量与被照射面积之比称为该面积的照度，单位为 lx。测量照度的仪器是照度计。

测试方法根据感光原理进行，光照首先通过猪的眼睛刺激脑垂体，因此测量高度应与猪的眼睛保持相同的水平，测量范围为猪的活动区域。在同一高度上选择 3～5 个测点进行，取其平均值作为该高度上的照度。在选择测点时应该注意离开墙壁 100 mm 以上。

5.有害气体测试

猪舍中的有害气体对猪有直接的危害，因此需要经常测试和调控。常用的测试仪器有热导式气体分析仪、红外线气体分析仪、磁氧式气体分析仪和干涉式气体分析仪等。这些分析仪器结构复杂，价格昂贵，但精度较高，多用于一些研究实验室。在养猪场中多采用采气管、采气瓶采集舍内空气样品，然后进行化学滴定，按色层原理、试剂消耗量和有关公式计算后得到有害气体的浓度。

6.灰尘测试

灰尘的测试方法有质量法和密度法两种，相应的计量单位有 mg/m^3 和粒/m^3。测试仪器有灰尘浓度测定仪和光电脉冲计数器等。测试时含尘空气通过测试仪器上的滤膜采样装置，灰尘被留在滤膜上。这样根据空气流量、滤膜上所留灰尘质量和测试时间即可计算出空气中的灰尘浓度(mg/m^3)，或根据空气流量、滤膜上所留灰尘数量和测试时间，即可计算出空气中的灰尘浓度(粒/m^3)。测点高度一般为 0.5～1.0 m(即在猪的呼吸区域)。

二、猪场环境卫生监测

猪场环境卫生监测是对猪场环境中某些有害因素进行调查和测量的工作，是进行养猪场环境保护工作的科学基础，其目的是查明环境的污染状况，以便采取相应的防治措施，使养猪场保持良好的环境状态。环境卫生监测的主要任务一是对养猪生产所利用的猪舍、空气、水源、饲料和土壤进行监测，二是对所生产的产品——猪肉及排放的污水和废弃物进行监测，以防污染影响人类健康。前者是猪所处的环境，后者是猪对环境的污染。

1.环境卫生监测内容

(1)空气环境监测：主要包括温度、湿度、气流速度和方向、通风换气量、照度和有害气体浓度等，必要时可测定噪声和灰尘含量等。

(2)水质监测：针对养猪场的水源水质，也针对所排放污水水质。水源水质要达到饮用水的卫生标准，排放的污水应达到污水排放标准。

(3)饲料品质监测：主要监测饲料中是否混入有毒物质、是否污染变质和受到污染。

(4)土壤监测：在选择场址时应监测土壤的污染状况，以鉴定是否对养猪生产产生不良影响，在投产后要测场区及其附近的土壤是否受到养殖生产的污染。

(5)猪肉品质监测：主要监测所产猪肉品质是否符合食品卫生标准。

2.环境卫生监测方法

根据监测的目的和条件可分为以下方面。

(1)经常性监测：通过定点设置的仪器随时观测，以了解各环境因素的变化情况。

(2)定期定点监测：在规定的时间对各项内容进行监测。如计算平均气温、湿度和风速等时，可在一天 24 h 内的 2:00、8:00、16:00 和 20:00 进行 4 次观测，求平均值作为日平均值，月、年平均值则以日平均值推算；每购进一批饲料时要对其品质进行监测。

(3)临时性监测：根据猪的健康状况和环境中污染物剧增情况进行监测。如猪群疾病大面积发生、空气环境发生剧烈变动时需进行临时性监测，以便确定其危害程度，采取相应的应急措施。

在使用城市自来水系统或使用地下水的养猪场，水质监测不必经常进行，一般一年进行 1～2 次即可。在使用地表水的养猪场，则要对水质进行经常性的监测，以确保猪只的饮水卫生。土壤监测一般每年进行 1～2 次即可。

由于现代科学技术的发展，现代化的分析仪器不断出现，监测的方法也从人工操作逐步趋向自动化的仪器分析，环境卫生监测技术正朝着快速、简捷、灵敏、准确的方向发展。

三、猪舍节能

节能是降低能源消耗以减少生产成本的技术和工程措施。目的是在各个生产环节中减少能源浪费、提高其利用率，以尽量少的能源消耗生产出最多的产品，使养猪场获得最大的经济效益。猪舍节能的主要措施有减少热能损失、选择合理的通风方式、利用余热和使用新能源等。

1.减少热能损失

在猪舍的外围护结构中，屋顶、墙壁和窗户是失热最多的。增加这些围护结构的热阻，采取保温措施，如采用阳光板代替玻璃采光，可以使猪舍冬季的失热量大幅度下降，从而降低能源消耗。保温性能好的猪舍不仅在冬季可以减少能源消耗，而且在夏季还可以降低外界传入猪舍的热量，使舍温不致太高。此外确定合理的猪舍朝向，使其在冬季能够充分接受太阳辐射，而夏季又避免太阳暴晒，也能收到一定的节能效果。

2.选择合理的通风方式

在猪舍冬季的通风换气中，应该选择最小通风量以便于减少因通风换气造成的热能损失。在夏季不太炎热的地区，跨度不太大的猪舍应选择自然通风进行降温以降低通风能耗。在机械通风系统中，改横向通风为纵向通风(见猪舍机械通风)不仅可以节约风机电能消耗40%以上，而且还可以因为风机数量的减少使投资降低。

3.利用余热

在猪舍的冬季通风换气中，排出的气体温度较高，而外界气温较低，因此排出气体中含有大量可利用的热能，可以用换热器把这部分能量回收用以加热进入猪舍的冷空气，以减少因通风换气造成的热量损失——舍外空气经换热器加热后通过送气管道进入猪舍，舍内温度较高的污浊空气通过换热器把热量传递给舍外进来的冷空气后再排出舍外。在寒冷地区，利用排气余热加热进入猪舍的冷空气，节能效果十分明显。

4.利用新能源

新能源是相对于传统的化石燃料而言的太阳能、生物能和风能等。太阳能是取之不尽用之不竭、无污染的理想能源。在冬季用太阳能采暖设备为猪舍采暖，可以大大降低常规能源的消耗。中国的一些养猪场还应用温室效应利用塑料大棚养猪，也取得了较好的节能效果和经济效益。

养猪场在生产过程中会排出大量的猪粪尿，可以利用这些有机物生产沼气。沼气是一种优质的气体燃料，其热值高达21 000～25 000 kJ/m^3，可用于猪舍采暖等。生产沼气在节能的同时还对猪粪尿进行了无害化处理，一举两得。

此外，还可利用大地的热容量巨大、地下一定深度温度变化幅度小这一特点，在地下一定深度(通常为3.0～4.5 m)的土层中埋设管道、开挖地道或利用天然的地下洞穴加热，冬季舍外冷空气。冬季冷空气经过这些管道、地道或洞穴加热后送入猪舍可为其加热和补充新鲜空气；夏季空气经管道、地道或洞穴冷却后送入猪舍可为其降温3～5 ℃。

任务评价

1.猪舍环境测试的目的和意义是什么？

2.猪舍温度、湿度测试的主要仪器及温度测试的主要部位有哪些？

3.猪舍气流测试的主要仪器及气流测试点有哪些？

4.猪场环境卫生监测的内容与方法有哪些？

任务十一　猪场智能化管理

一、猪的智能化养殖概述

中国是世界上人口最多的国家，也是对猪肉需求最多的国家，而我国生猪养殖的主要方式是散养，该方式机械化与自动化程度较低，已经不适应现在生产生活的需要，亟须提高机械化与自动化水平。目前，无论国外还是国内，生猪养殖已由散户养殖逐渐过渡到规模化养殖，而且规模越来越大，给猪场的饲养管理、疫病防控和环境控制带来了诸多问题。为应对这些问题，养猪业需要升级 4.0 版本。猪业 4.0 是从粗放型的散养到规模化、集约化养殖，通过自动化养殖，上升到智能化养殖、精准养殖。猪业 4.0 预示着未来养殖业发展的方向，智能化装备为精准养殖提供了一个非常好的支撑。

猪业 4.0 的部署与实施，预示着综合应用信息技术、计算机技术、系统工程技术等先进技术将成为促进我国养猪业发展的主导方向。美国、英国、荷兰、日本等发达国家已通过建立标准化的养殖场，将现代化信息技术用于生猪的采食、行为、环境等相关信息的收集，借助科学的技术手段对这些信息与动物生长的关系进行精准分析，突破传统养猪业的技术壁垒，真正实现了养猪业经济、社会、环保的多赢效益。

（一）认识智能化养猪

在非洲猪瘟和新冠肺炎疫情的双重冲击下，智能化养猪更为重要。在生猪复养和新建猪场的大背景下，新建猪场的智能升级不会单独从某一方面进行，如环控、饲喂等，而是从整体上进行升级，包括智能环控、智能饲喂、人工智能（AI）技术的应用，甚至整个猪场的产业链上下游的连接，打造数字农牧的新生态体系等。

信息化在产业链连接上不仅是提升产业数字化，更主要的是解决产业生产关系的问题，通过信息化或供应链的连接和打通，解决原来产业链每一段的不连接或者信息不对称问题，然后形成整体链条。

在中国，就整个养猪系统工程来说，智能化养殖培育还处于初级阶段，我们还有很长的路要走。但中国的养猪行业有非常好的发展智能养猪的土壤。未来可进行综合性实施，比如精准营养方案、精准动保方案等，逐步探索整体的解决方案。

（二）智能化养猪提升难点

目前，国内智能化养殖的难点和短板是养殖团队智能化人才不足。智能养殖产业链由养殖公司、设备公司、养殖人员组成，如果有非常好的智能化产品，但是现场应用者不具备运用能力或者售后服务、维修保养服务跟不上，则整个产业链无法形成闭环，产品在应用过程中无法真正发挥作用。

智能化生产是由经验驱动的生产转变为数据驱动的生产，不仅仅是收集数据，而且还要通过数据进行决策。目前的智能化平台，很多只停留在可追溯、可统计，但是更重要的可分析、可总结还未实现。瓶颈的突破点就是数据共享和数据集成。孤岛数据是没有任何意义的，一定要将各种各样的数据综合在一起，包括环控、饲喂、配方等，才能实现智能化。

智能化要在中国猪场落地，其实技术上不复杂，只是对专业人才的要求很高，并要求其能与猪场结合发挥自身的优势、知识和能力。比如识别方式不一定要猪脸识别、纹身识别、皮内识别等，未来的方向一定是视频技术，而这种技术要真正落地，还需要很强的技术突破，这对养殖业甚至 IT 行业都是一个变革，需要突破当前研究方式，换一种思路，研发相应的产品。

（三）智能化养猪的实施

基于自动化的智能化分两步实施：第一步，将自动化变现为智能化。将现有自动化技术（自动化设备、智能环控、智能喂料线、智能刮粪等）升级、分析，并打造智能平台，结合当前成熟的自动化技术，做数据分析，将有用的数据呈现给用户。第二步，智能软件、硬件和智能算法升级。养殖智能化要围绕数据、视觉、机器人、声音的智能化应用展开。

要让智能化方案、智能化市场更好地落地，需要有 4 个核心：产品场景化、平台实用化、系统精细化、服务用心化。只有产品、平台、系统、服务形成闭环之后，智能化才能更加精准地落地，更有效地帮助养殖企业。产品场景化需要推动；平台需要为养殖者展现更有效的数据；整个系统是基础，一定要精细化；只有做好后续服务，才能获得和积累更多的数据，进而优化出更好的结果。

只有物联网和各个系统（比如饲喂、环控等）完美契合，进行数据采集、分析，进而做出科学的决策，才能真正意义上解决未来养猪产业发展的痛点。在养猪行业，只是单向地使用智能设备而没有形成对猪场整个系统的智能管理，是行不通的。只有在全过程、全方位实施生产管理设计和决策的智能化、科学化和数字化，才能大大降低生猪养殖的综合生产成本，取得良好的经济、社会和生态效益。

（四）智能化养猪综合效益

利用自动化温控系统、自动化通风系统、自动化环境监测系统、怀孕母猪自动化采食系统、生猪养殖追溯系统、生猪养殖智能化平台等，由智能化设备替代人工，可以完整自动收集、分析包括饲养管理、转栏管理、保育管理、种猪管理、病死猪管理、检验检疫管理、用药管理、环境信息控制管理等在内的有效数据，通过报表分析与数据积累，可为有效生产计划的制定，生产工作流程的优化提供依据。

通过建设新型数字化猪舍，引进监控系统、自动化监测报警系统、粪污节能处理系统，各种智能终端传感器可实时采集猪舍内外各类环境指标（包括猪舍内外温度、湿度、风速、光照度、氧含量、二氧化碳含量、氨等有害气体含量）并实现可视化呈现，系统一旦发现异常情况可自动报警并且按照预先设置的智能曲线自动做出调节，必要时还可由人工通过监控中心或者手机、WEB 访问来控制一系列智能终端设备（降温、加湿、抽风、地暖等），从而实现对现代化猪舍的信息检测和环境的精确调控，进而减少猪只发病率，提高生猪的整体健康度。

通过精准科学的数字化控制手段进行生猪生产和管理，可以有效避免用水、用药和饲喂等行为的过度化和滥用，从而避免对生态环境的破坏，起到保护生态环境的作用。

通过智能化设备的利用，可实现前端“营养需求模型”和“成本核算模型”结合自动生成饲料合理配比，驱动饲料生产智能化；后端“市场需求信息”和“产能信息”结合，打通从养殖到屠宰加工到销售的全产业链条，实现对不同地区、不同时期内根据对猪肉的不同需求进行合理调配，避免猪价波动对养殖利润的影响。实现生猪养殖的工业 4.0，可显著增加生猪养殖的综合效益。

二、智能化猪场生物安全体系

智能化猪场生物安全体系可以减少病猪、死猪的数量，提升生猪质量，保护养猪场的利益，并能促进我国生猪养殖行业的稳定、绿色、可持续发展。通过加强对生猪养殖人员专业知识技能培训、合理规划和建设猪场、重视生猪疾病防治工作、科学合理调节生猪饲料营养、建立和落实相关制度等措施，可确保我国生猪养殖向着集约化、专业化、标准化、环保化的方向发展。

（一）智能化猪场安全措施的重要性

1.有利于降低生猪的染病风险，提高养殖经济效益

近年来，猪新发病在猪场不断流行，暴露了我国生猪养殖在生物安全防控方面存在诸多不足。生物安全措施及体系的科学建立与运用，可有效地控制传染病的发生，从根本上降低猪场疫苗和药物使用量。

2.有利于有效规避生猪养殖行业的市场风险

市场不断变化，养猪场无论规模大小都不能左右市场行情的变化。采取综合的生物安全防控措施，提高自身养殖水平，降低生猪发病风险，对于有效规避市场风险，在不断变化的市场中站稳脚跟具有重要意义。

（二）智能化猪场生物安全措施建立中的问题

随着养殖业的不断发展，我国的智能化猪场建设已初见成效，传统的生猪养殖方式逐步被取代，实现了生猪养殖业的跨越式发展，但在实际发展过程中仍存在诸多问题。

1.智能化生猪养殖模式仍处于起步阶段

我国生猪饲养目前多数仍以家庭式小规模养猪为主，缺乏规模化、专业化、智能化饲养，饲养水平和卫生环境较差。在现有饲养条件下，猪场选址、猪舍布局、营养供给、疫病防控、粪污处理等方面相对薄弱，对传染病的综合防控能力不足，对生猪健康养殖造成较大影响，需要进一步加强综合防控能力。

2.生猪疫病综合防控能力及水平较低

目前，多数养殖场，尤其是小型规模场，普遍缺少完整的健康监测体系和科学免疫程序，没有建立系统完整的免疫档案。免疫程序缺乏完整性和整体性，不利于生猪免疫力的提升。另外，药物滥用、乱用现象普遍，未按照药物使用流程和剂量，随意增加或减少用药量，难以达到防治疾病的预期效果，还会造成药物资源的严重浪费，加重生猪的病情，甚至让猪只产生耐药性。

3.生猪养殖人员综合水平满足不了智能化猪场需求

目前，我国多数养猪场以家庭式养殖为主，生猪养殖人员多为家庭成员，或多为年龄较大、不具备专业生猪养殖知识和技术的农民，未进行系统、专业的养猪技术学习，欠缺猪场科学化、规范化养殖的专业技术。对现代化养猪技术、管理技术等不能较好地应用，尤其对猪场生物安全体系的建立与应用缺少最基本的认知。

（三）现代化养猪场生物安全体系建立方法

1.科学选址、合理规划布局养猪场

猪场的选址与布局关系到猪场的防疫、生产与环境控制等，也是猪场建立生物安全体系、

控制传染病发生的第一步，直接影响着生猪养殖的经济效益。养猪场建设选址时，尽可能选择坐北朝南、向阳背风的地方，附近干燥无污染，充分考虑地势、水源、周边环境等要素，距离居民区、皮革加工厂、屠宰场、毛绒厂、畜产品加工厂、生物制品厂、饲料厂、交通干道等要达到国家规定的要求。

合理划分猪场功能区：生活、行政管理区、生产辅助区等规划在常年主导风向的上风向和地势高处，淘汰隔离、粪污治理和无害化处理区设置于常年主导风向的下风向和地势低处，猪舍等核心功能区位于中间开阔地带，并按繁殖猪群、保育猪群和育肥猪群划分为三点隔离布局，三点间距至少 100 m。

猪舍的布局，一般从主风向和高地势起，顺序设置种公猪舍、后备母猪舍、母猪舍、配种舍、妊娠舍、分娩哺乳猪舍、保育猪舍、育肥猪舍；管理区大门口必须有车辆消毒池、人员消毒室等消毒设施，生产区门口设有专用更衣室、消毒间、消毒池；养殖场周围要建立围墙等围挡设施和进行绿化建设，改善养殖场周围的小气候。

猪场内道路实行净、污分道，互不交叉，出、入口分开。人员、饲料及产品进出走净道，粪便、病猪及废弃设备运输走污道。建立猪场实行自繁自养、小单元全进全出的生产模式。

2.合理设计猪舍

设计科学的猪舍应最大限度地利用自然资源，如阳光、空气、气流、风向等自然因素，为猪群营造一个良好的生存环境；设计多单元的猪舍，应根据生猪的大小、健康状况等分单元设计，这样能有效避免猪群密集造成的通风不良和疾病传播等问题。

3.建立和落实相关制度

建立和落实生产管理制度、猪场人员管理制度、饲养管理操作规程、防疫消毒制度、免疫程序、档案管理制度、重大动物疫情报告制度、病死猪尸体及粪污无害化处理制度。

4.科学合理调节猪只饲料营养

饲料营养与猪群健康密切相关。合理调节饲料营养可预防控制很多传染病，降低传染病的控制成本。

5.重视生猪的疫病防治工作

多方面重视猪场传染病的防治工作，根据当地传染病流行情况及养殖场的实际，制定科学合理的免疫程序，群防群控群治，建立隔离区，做好病猪的隔离与处置，找出疾病暴发的原因，防止病情加重和扩散。并严格进行消毒，扫除鼠患虫害。

6.加强对生猪养殖人员的培训

通过线上与线下相结合、集中培训和个人自学相结合的方式，加强对生猪养殖人员在现代化和智能化养猪知识和技能方面的培训，帮助其不断提升专业知识和技能，掌握先进的养猪技术，实现科学化、规范化养猪；向广大养猪户宣传科学防病治病的措施，帮助其增强对猪场生物安全体系建立的意识并应用于生产当中。

三、人工智能化养猪

人工智能养猪可极大提高养猪产业劳动生产率和经济效益，发挥生物安全级别高等优势，改变传统养殖模式，打破环保制约因素，实行养猪产业转型升级。人工智能养猪将成为中国又一朝阳产业，代表着中国先进的养猪生产力，具有广阔的发展前景。

（一）人工智能养猪概念

人工智能（AI）基于互联网、物联网及大数据等技术的发展而提出，其定义是集合工业制造的概念构建网络平台，最大限度地取代人工，提高劳动生产效率和经济效益。

人工智能养猪是把人工智能与养猪业结合在一起，通过互联网、物联网、大数据技术的链接，实现猪场生产效率的大幅提升，形成管理数字化、业务电商化、发展金融化、产业生态化的商业模式，探索出一条自动化、信息化、智能化养猪的新路。所以，人工智能养猪简称 AI 养猪。

（二）人工智能养猪设计原理

动物生物学特性，是指动物自然形成的特定的某些生长、繁殖指标、习性。人工智能养猪场的设计原理是依照生猪生物学特性，运用精准饲养、控温通风、母猪繁殖、疫病防控、机械化养猪方面最新研究成果，用大数据、机器人、互联网技术全面管理生猪生产全过程，达到节约人工、节料、节水、节能，降低养猪生产成本，减少疫病损失，极大地提高劳动生产率和经济效益之目的。

（三）人工智能养猪技术设备

畜禽营养数字化及养殖设备智能化是当前我国畜牧业现代化管理的重要目标之一，已列入国家重点研发计划。家畜养分的精细化预测、动态供给及精准饲喂、生产全过程的数字化监管与追溯性是实现家畜饲料的高效利用及保障畜产品品质的前提和基础。饲料营养数字化、饲养数字化及生产过程的数字化与溯源是家畜养殖全程数字化的主要手段。家畜饲养数字化关键技术与智能装备创制相结合，充分发挥了数字化、模型化与设备智能化控制协同融合的优势，实现了个体与群体、环境与营养、设备与饲喂对象的融合，满足了家畜生长、产品产出效率与品质等对环境精细化控制、养分动态变量供给及养殖过程最优化周转的需求。

1. 猪脸谱识别技术

随着照相机技术的迅速发展，使用图像数据提醒生产商注意猪的健康和生产力的能力也逐步提高。3D 相机增加了一个深度扫描测量方法，再加上红外线成像，3D 相机就可以在较低的光线下工作，利用猪脸谱识别技术对猪脸进行扫描，从而了解猪的健康状况，包括进食量、身份信息、口味喜好等。

2. 养殖巡检机器人

巡检机器人安装在猪舍顶棚，可沿着巡检轨道在顶部来回“走动”，利用摄像头巡检棚内猪只的活动轨迹。

3. 智能摄像头

智能摄像头具有物联网和云功能、红外线补光灯夜视功能和传送输入端手机（电脑）查看功能，且具备较宽的广角监控视野。安装在一定位置、具有一定数量的摄像头，对猪场人员出入、生猪调出和调入、场内车辆出入情况等，实施全方位全天候抓拍成像监控，可供管理人员分析猪场管理漏洞和提高生物安全级别。

4. 精准饲养投料系统

由料仓、投料管道、自动喂料间、喂料间感应器、投料电脑控制器等设备组成。利用精准饲养投料系统可形成营养、料肉比、成本等验证模型完善的饲喂控制系统和完整的监管链。

近年来，液态饲喂远程监控系统问世，实现了浏览器、数据服务器、采集终端、PLC控制器、饲喂设备之间的控制链。

5.红外线测温成像技术

红外线测温成像技术结合声学特征、红外线测温成像技术，可通过猪的体温、咳嗽、叫声等判断猪是否患病，预警疫情，或用于疫病早期诊断。

6.母猪发情和妊娠早期诊断技术

母猪发情和妊娠早期诊断技术可清晰呈现哺乳母猪何时断奶转舍、配种舍待配母猪是否进入情期、何时诱情查情、哪些母猪需孕检并标注栏位等。

7.可记录注射信息的注射器

以往对猪只注射疫苗的信息都需要人为手动记录，而新开发的V-ETIC注射器适用于佩戴低频RFID耳标的猪，可以随时随地收集、存储、共享和利用注射信息。

8.气候传感器

气候传感器可测量的参数包括空气温度、表面温度、气流、耗水量、pH、空气速度、湿度、光照强度、饲料消耗量、耗电量、耗热量、氨气、H_2S、CO_2等。

9.红外线温度传感器控温技术

红外线温度传感器一般安装在靠近加热器的顶棚上，当仔猪哺乳时，传感器可记录仔猪休息的体表面温度和地板温度，它还可以感知休息区域的变化并做出反应，随时调整加热器的热量输出。

10.移动猪栏和机器人驱赶系统

移动猪栏主要针对妊娠母猪定位栏而设计，后期预产期移到产仔哺乳栏，可减少驱赶应激和流产。机器人可对进出入的猪只进行驱赶，使仔猪进入预定的栏舍、待出栏的育肥猪到装车台装车。这样能有效避免人员与生猪接触，减少疫病传播。

11.体重测量系统

动物个体重是一项复杂的生长发育性状，与家畜肉用、毛用、繁殖等经济性状息息相关，而且这一数据对家畜精准化养殖、精准化管理至关重要。传统动物体重测量主要是体尺估计或磅秤称重，这种简单的人工测定方式很难精确反映动物的生长状况和饲料利用率等指标，因为动物活体的站立姿势往往会对体重测量结果造成较大误差。且家畜具有野性，容易发生伤人事件，故测定体重时要将家畜捆绑或驱赶到特制铁笼中，然后再放置到测定台上，程序烦琐。智能化称重有效利用主控制器、超高频RFID和WSN模块研制出一种智能化家畜体重测定仪。借助于与之配套的人机交互界面和养殖信息数据库，养殖场可以全面地了解养殖场内家畜体重及其他生长性状信息，便于依据历史数据合理调节家畜饲养过程。

（四）人工智能养猪优势、劣势和环保制约因素

1.人工智能养猪优势

(1)提高生产效率和经济效益。以养猪中的关键指数PSY为例(猪场PSY是指每头母猪每年所能提供的断奶仔猪头数，是衡量猪场效益和母猪繁殖成绩的重要指标)，欧美PSY为25头以上，而中国的PSY平均值为18头。按照每头断奶仔猪约300元的利润来说，相差7头

就有约 2 000 元人民币的收益差距。传统养殖中，影响 PSY 指数的一个关键是养殖工人判断母猪发情时的能力。母猪是否会嗅公猪、身体是否僵硬、阴户是否红肿且有分泌物是母猪是否发情的典型特征。这些行为特征预示着母猪即将排卵，随后可以进行人工配种操作。人工智能则可以大幅提高判断的准确性。ET 农业大脑可以实现母猪每年多产仔 3 头，死胎淘汰率降低 3%。特驱集团可将母猪 PSY 提升到 32 头。假定一个存栏 500 头基础母猪数的商品猪场使用了母猪智能饲喂系统，只需饲养 300 头母猪就能实现年产近万头商品猪的生产目标，而母猪存栏数可减少 40%左右。

(2)节约人工成本。人工智能养殖 2 万头的猪场只要 13 人，而传统养殖需员工约 48 人，可减少员工 35 人，节省员工 72.9%。即使人工智能养猪场员工为技术工人，相对工资略高，但也可节省员工工资 40%～50%。

(3)节约饲料成本。人工智能养猪通过精确饲料配方、精确饲料饲喂、清槽剩料回收可节约饲料 10%以上，并改善猪的生长和繁殖性能。

(4)减少疫病损失。由于智能化设备能对疫病做出早期诊断和疫情预警，可减少发病率 50%，减少疫病损失 35%以上。一般猪场疫病发病率为 10%，病死亡率为 15%，则 1 万头猪发病可达 1 000 头，死亡 150 头，每头损失 2 000 元，则损失 30 万元，智能化猪场可减少疫病损失达 10 万元以上。

(5)节约猪场用地。集群式楼房智能化猪场 1 栋楼房可容纳 8 800 头母猪，配套 1 栋育肥栏，可年出栏 25 万头肉猪。要实现 100 万头肉猪出栏，传统养殖方式需要 8 000 多亩地，而集群式楼房智能化猪场仅需 400 多亩地即可。

(6)可做到猪肉生产全过程可追溯，确保肉品质量安全。通过耳标芯片和猪脸识别技术，可以精准细化记录到猪场每头猪的采食量、疫苗免疫接种、免疫注射量、猪只是否发病、注射兽药品种及注射量等信息，因此可建立起肉品质量追溯体系。

2. 人工智能养猪劣势和环保制约因素

(1)人工智能养猪场一次性投入建设成本高。人工智能猪场比规模场建设投入高 30%，比机械化养猪场高 15%。养猪业本身就是投入大、资本回收周期长的产业，而人工智能硬件设备更加昂贵，投入巨大，且其稳定性、匹配性尚未得到很好的整合和验证，设施设备运转和维护对专业技术人员的知识要求更高，现有设备和系统尚未形成精准指导成熟模式。

(2)耳标芯片和猪脸识别技术还存在缺陷，有待改进和成熟。耳标芯片经常被猪咬掉而失去识别功能。猪脸识别方面，由于同一品种和近亲繁殖，猪脸近似率较高，差异化较低，识别存在困难。因为猪是多胎动物，猪脸差异化程度低，同胎差异化更低。此外，猪配合度低，难以拍摄猪脸，一般情况下猪是睡觉或眯着眼，对面部特征拍摄的数据录入往往花费很多时间。一般而言，猪脸识别率不超过 85%。据统计，全国有 1 692 家猪场 168 821 头大猪参与了猪脸识别并录入猪脸数据库。

(3)人工智能化猪场需要大批 AI 智能化技术工人。人工智能化猪场的工人需要先培训后上岗，储备足够智能化技术工人才能兴办智能化猪场。

(4)存在环保制约因素。人工智能化猪场一上阵就是万头以上的规模，因此产生粪尿量大且处理难度增大，环保压力大，制约了人工智能化猪场的发展。

任务评价

1. 什么是人工智能(AI)和人工智能养猪?
2. 智能化养猪实施的难点有哪些?
3. 智能化猪场生物安全体系建立的方法有哪些?
4. 智能化养猪技术设备有哪些?
5. 人工智能化养猪的优势、劣势分别是什么?
6. 人工智能化养猪的环保制约因素是什么?

项目三
猪场环境管理与污染控制

价值目标

通过管理猪场饲料、饮水、恶臭、蚊蝇、鼠害、废弃物等，有效控制猪场对人生存环境的污染，使学生掌握外部环境对猪场的影响和猪场对自然环境的危害，培养学生环境控制和开展环境监测的能力，了解我国推进碳达峰和碳中和，彰显大国责任与担当，培养学生的民族自信心和自豪感，培养学生哲学思辨能力，实现自我价值和社会价值的统一；培养学生的法治思维，加强学生环境保护的法律意识，学法、执法、懂法、用法；培养学生的“三农”情怀，引导学生以强农兴农为己任，“懂农业、爱农村、爱农民”，树立把论文写在祖国大地上的意识和信念，增强学生服务农业农村现代化、服务乡村全面振兴的使命感和责任感，培养知农爱农的创新人才。

学习目标

了解养猪场饲料、饮水污染与控制，猪场恶臭、蚊蝇、鼠害的影响与控制；掌握养猪场废弃物处理和利用方法及环境消毒与防疫措施；能对养猪环境进行科学消毒和环境调查与评价。

学习任务

任务一　饲料污染与控制

一、含有毒有害成分的饲料

（一）含硝酸盐和亚硝酸盐的饲料

1. 含硝酸盐和亚硝酸盐的饲料种类

蔬菜类饲料、天然牧草、栽培牧草、树叶类和水生饲料等均含有不同程度的硝酸盐，其中以蔬菜类饲料含量较高，如白菜、小白菜、萝卜叶、苋菜、莴苣叶、甘蓝、甜菜茎叶和南瓜叶等。通常，新鲜青饲料中富含硝酸盐，不含亚硝酸盐或含量甚微，但在氮肥施用过多、干旱后降雨或菜叶发黄后，其含量显著增加；少数植物由于亚硝酸盐还原酶的活性较低，也可能使亚硝酸盐的含量增高。

2.硝酸盐和亚硝酸盐对猪的危害

(1)亚硝酸盐中毒——高铁血红蛋白症。硝酸盐在一定条件下转化为亚硝酸盐,由亚硝酸盐引起高铁血红蛋白症。

饲料中硝酸盐转化成亚硝酸盐的途径为:一是体外形成,常见于青饲料长期堆放而发热、腐烂、蒸煮不透或煮后焖在锅内放置很久时,此时硝酸盐大量还原为亚硝酸盐。二是体内形成,反刍动物能将硝酸盐还原成亚硝酸盐,再进一步还原成氨而被吸收利用。但反刍动物大量采食了含硝酸盐高的青饲料或瘤胃的还原能力下降时,即使是采食新鲜青饲料也较容易发生亚硝酸盐中毒。猪最容易发生亚硝酸盐中毒。

(2)形成致癌物亚硝胺。亚硝胺具有很强的致癌作用,尤其是二甲基亚硝胺。当饲料中同时有胺类或酰胺与硝酸盐、亚硝酸盐时,就有可能形成亚硝胺,亚硝胺既可在体外形成,也可在体内合成。

硝酸盐还可降低动物对碘的摄取,从而影响甲状腺机能,引起甲状腺肿;饲料中硝酸盐或亚硝酸盐含量高,还会破坏胡萝卜素,干扰维生素食物吸收利用,引起母畜受胎率降低和流产。

3.预防措施

(1)合理施用氮肥,以减少植物中硝酸盐的蓄积。

(2)注意饲料调制、饲喂方法及保存方法。菜叶类青饲料宜新鲜生喂,如要熟食需用急火快煮,现煮现喂。青饲料要有计划采摘供应,不要大量长期堆放;如需短时间贮放,应薄层摊开,放在通风良好处经常翻动,也可青贮发酵。青饲料如果腐烂变质严禁饲喂。

(3)饲喂硝酸盐含量高的饲料时,可适量搭配含碳水化合物高的饲料,以促进瘤胃的还原能力;在饲料中添加维生素 A,可以减弱硝酸盐的毒性。

(二)含氰苷的饲料

1.含氰苷的饲料种类

含氰苷的植物很多,常见含氰苷的饲料主要有:生长期的玉米、高粱(尤其是高粱幼苗及再生苗)、苏丹草(幼嫩的苏丹草及再生草含量高)、木薯、亚麻籽饼、箭舌豌豆等。

2.氰苷对猪的危害

猪采食含氰苷的饲料,易引起氢氰酸中毒。通常氰苷对机体无害,但氰苷进入猪体后,在胃液盐酸和氰苷酶的作用下,水解产生游离的氢氰酸则能引起猪机体缺氧。表现为中枢神经系统机能障碍,出现先兴奋后抑制,呼吸中枢及血管运动中枢麻痹。一般单胃动物出现中毒症状比反刍动物慢,中毒病程很短,严重时来不及治疗。

3.预防措施

(1)合理利用含氰苷的饲料。用玉米幼苗、高粱幼苗及再生苗、苏丹草幼苗等做饲料时,必须刈割后稍微晾干,使氢氰酸挥发后再饲用。

(2)减毒处理。木薯应去皮,用水浸泡,煮制时应将锅盖打开,然后去汤汁,再用水浸泡。亚麻籽饼应打碎,用水浸泡后,再加入食醋,敞开锅盖煮熟。用箭舌豌豆籽实做饲料,可炒熟或用水浸泡并换水一次。

(3)严格控制饲喂量,与其他饲草饲料搭配饲喂。

(4)选用氰苷含量低的品种做饲料。

(三)菜籽饼(粕)中的有毒物质

菜籽是油菜、甘蓝、芥菜、萝卜等十字花科芸薹属作物的种子。菜籽榨油后的副产品为菜籽饼(粕),菜籽饼(粕)中含粗蛋白为28%～32%,尤其以蛋氨酸含量较多,因此常用作蛋白质饲料。

1.菜籽饼(粕)中有毒物质及其危害

菜籽饼(粕)中含有芥子苷,在榨油过程中,菜籽被磨碎、细胞被破坏时芥子苷与同时存在的芥子酶接触,在温度、湿度和pH适宜的条件下,由于芥子酶的催化作用,芥子苷会水解生成异硫氰酸酯类(芥子油)和噁唑烷硫酮等有毒物质。芥子油有辛辣味、具挥发性和脂溶性,对皮肤和黏膜有强烈的刺激作用,可引起胃肠炎、肾炎及支气管炎。噁唑烷硫酮是致甲状腺肿物质,可阻碍甲状腺素的合成,引起垂体前叶促甲状腺素的分泌增加,从而导致甲状腺肿大。

芥子油长期作用也可引起甲状腺肿大,但比噁唑烷硫酮作用弱。菜籽饼中还含有1%～1.5%的芥子碱、1.5%～5%的单宁等,有苦涩味,影响猪的适口性。

2.菜籽饼(粕)的去毒方法

(1)加热处理法。利用蒸煮加热的方法可让芥子酶失去活性,使芥子苷不能水解,并使已形成的芥子油挥发(噁唑烷硫酮仍然保留)。但在猪体内或其他饲料中的芥子酶或微生物作用下,芥子苷仍然可分解产生有毒成分;而且加热会使蛋白质的生物学价值降低,故加热不宜过久。

(2)水浸泡法。芥子苷是水溶性的,用冷水或温水(40 ℃左右)浸泡2～4 d,每天换水一次,可除去部分芥子苷,但养分流失过多。

(3)氨或碱处理法。每100份菜籽饼(粕)用浓氨水(含氨28%)4.7～5.0份或纯碱粉3.5份,用水稀释后,均匀喷洒到饼(粕)中,覆盖堆放3～5 h,然后置蒸笼中蒸40～50 min即可喂用,也可在阳光下晒干或炒干后贮存备用。

(4)坑埋法。据青海省经验,选择向阳、干燥、地势较高的地方,挖一个宽0.8 m,深0.7～1.0 m,长度以埋菜籽饼(粕)数量来决定的长方形坑,将菜籽饼粉碎,按1∶1比例加水浸软后装入坑内,顶部和底部都铺一层草,在顶部覆土20 cm以上,2个月后即可取出饲用。此法对芥子油去毒较好,噁唑烷硫酮也有所减少。

(5)培育低毒油菜新品种。培育低毒油菜新品种是解决去毒问题的根本办法。目前,我国在引进和选育低毒油菜品种方面做出了积极的努力,并已取得成效。

3.菜籽饼(粕)的合理利用

(1)去毒处理,限量饲喂。菜籽饼中的芥子油含量高达0.3%,噁唑烷硫酮高达0.6%时,应去毒后再作猪、鸡饲料。经去毒处理的菜籽饼,其用量以不超过日粮的20%为宜;若去毒效果不佳,则应不超过10%。

(2)与其他饼(粕)饲料搭配饲喂。菜籽饼(粕)中的有毒物质对单胃动物的影响比反刍动物大,故菜籽饼(粕)用作猪饲料时用量应逐渐增加,且最好与其他饼类或动物性蛋白饲料配合饲喂。

我国饲料卫生标准中规定,菜籽饼(粕)中异硫氰酸酯(以丙烯基异硫氰酸酯计)≤4 000 mg/kg。鸡配合饲料和生长育肥猪配合饲料≤500 mg/kg,肉用仔鸡、生长鸡配合饲料中的噁唑烷硫酮≤1 000 mg/kg,产蛋鸡配合饲料≤500 mg/kg。

(四)棉籽饼(粕)中的有毒物质

1.棉籽饼(粕)中的有毒物质及其毒性

(1)棉酚。棉籽饼(粕)中有游离棉酚和结合棉酚,其中游离棉酚有毒,而结合棉酚无毒,所以棉酚的毒性强弱主要取决于游离棉酚的含量。机器榨棉籽油时因压力较大,温度较高,游离棉酚含量较少;农村土榨法压力小、温度低,榨后的棉籽饼(粕)中游离棉酚含量较高。游离棉酚可对神经、血管及实质脏器细胞产生慢性毒害作用,进入消化道后可引起胃肠炎,积累在神经细胞中可使神经机能紊乱,还能影响公猪的繁殖性能及禽蛋产品,使蛋黄变成黄绿色或红褐色。

(2)环丙烯类脂肪酸。棉籽饼(粕)中环丙烯类脂肪酸主要引起母畜的卵巢和输卵管萎缩。

2.棉籽饼(粕)的去毒方法

(1)加热处理。加热处理就是利用较高温度加速棉籽饼(粕)中的蛋白质与游离棉酚相结合形成无毒的结合棉酚,可去毒75%～80%。一是煮沸法,将棉籽饼(粕)加水煮沸1～2 h;若能加入15%～20%的大麦粉或小麦麸一同煮,去毒效果更好。二是蒸汽法,将棉籽饼(粕)加水润湿,用蒸汽蒸1 h左右。三是干热法,将棉籽饼(粕)置于锅中,经80～85 ℃炒2 h或100 ℃炒30 min。

(2)添加铁制剂。铁制剂与游离棉酚结合可形成不能被猪吸收的复合物而随粪便排出,从而减少对机体的危害。硫酸亚铁($FeSO_4 \cdot 7H_2O$)是常用的棉酚去毒剂,将粉碎过筛的硫酸亚铁粉末按游离棉酚含量的5倍均匀拌入棉籽饼(粕)中,再按1 kg饼(粕)加水2～3 kg浸泡4 h,即可直接饲喂。

3.棉籽饼(粕)的合理利用

(1)控制喂量,间歇饲喂。对于肉用猪,由于机榨棉籽饼中含毒较少,无论是否经过去毒,均可按日粮的20%喂给。土榨饼则必须经过去毒,而且喂量不可超过日粮的20%,连续饲喂2～3个月后应停喂2～3周后再喂。乳猪、仔猪和母猪不能食用棉籽饼(粕),但在生长育肥猪日粮中可添加4%～6%。

(2)对于种用猪,饲喂棉籽饼(粕)应慎重,喂量比例要小,去毒效果要好。最好不用棉籽饼饲喂种公猪。

(3)饲喂时应合理搭配其他蛋白质饲料,如添加少量鱼粉、血粉或赖氨酸添加剂,搭配适量的青绿饲料进行饲喂。

我国饲料卫生标准规定,棉籽饼(粕)游离棉酚≤1 200 mg/kg,生长育肥猪配合饲料≤60 mg/kg。

(五)含有感光过敏物质的饲料

有些饲料,如荞麦、苜蓿、三叶草、灰菜、野苋菜等,均含有感光过敏物质。猪采食这些饲料后,感光过敏物质经血液到达皮肤引起感光过敏症,在皮肤上出现红斑性肿块,也可引起中枢神经系统和消化机能的障碍,严重时可导致死亡。感光过敏症常见于绵羊和白毛猪,在白色皮肤、无毛或少毛部位症状最明显。因此,含光敏物质的饲料应少喂或不喂;若要饲喂应与其他饲料搭配饲喂,并在饲喂后防止猪晒太阳,或在阴天、舍饲时饲喂。

(六)其他饲料

1.马铃薯

马铃薯的块茎、茎叶及花中含有称为龙葵素(马铃薯素或茄碱)的毒素。在成熟的薯块中含量不高,但发芽或被阳光晒绿的马铃薯中龙葵素含量明显增加,可达 0.5%～0.7%,而含量达 0.2%即可导致中毒。中毒轻者表现为胃炎,重者以神经症状为主,甚至导致死亡。因此,应保管好薯块,避免阳光直射和发芽。饲喂时发芽和变绿的部分一定要削除,然后用水浸泡,弃去残水,再煮熟,如能加些醋效果更好。马铃薯茎叶要晒干或开水浸泡后方可用作饲料;也可与其他青饲料混合青贮后再饲喂,但饲喂量不宜过大,且不能饲喂妊娠母猪,以防流产。

2.蓖麻籽饼及蓖麻叶

蓖麻茎叶和种子中含有蓖麻毒素和蓖麻碱两种有毒成分。蓖麻毒素毒性很强,多存在于蓖麻籽实中。蓖麻毒素对消化道、肝、肾、呼吸中枢均可造成危害,严重者可导致死亡。用蓖麻籽饼作饲料时,须经煮沸 2 h 或加压蒸汽处理 30～60 min 去毒后再利用;也可捣碎加适量水,封缸发酵 4～5 d 后饲喂。蓖麻叶不可鲜喂,须经加热封缸发酵处理后再利用,饲喂时由少到多逐渐加量,用量控制在日粮的 10%～20%。

二、霉菌毒素对饲料的污染

霉菌种类繁多,在自然界分布极广,以寄生或腐生的方式生存。在高温、高湿、阴暗、不通风的环境下可大量繁殖。大多数霉菌对猪无害,但其大量繁殖常常引起饲料霉烂变质。少数霉菌污染饲料后,在适宜的条件下会产生毒素,猪若食用了这种饲料则会引起急、慢性中毒,甚至造成突变、致畸、致癌,严重危害猪的健康。霉菌毒素的中毒可分为肝毒、肾毒、神经毒、造血组织毒等。

(一)霉菌毒素中毒的特点

(1)中毒的发生和某些饲料有关,如饲喂某批饲料后,一些猪在一段时间内相继发病,而同时同地饲喂不同饲料的猪不发病。

(2)检查可疑饲料时,可发现有某些霉菌和霉菌毒素的污染,通过动物试验可以发生相同的中毒病症。

(3)发病有一定的地区性和季节性,但没有传染性和免疫性。

(4)摄入霉菌毒素的量不致引起急性或亚急性中毒时,无明显的早期症状;但长期摄入可导致动物慢性中毒。

(二)黄曲霉毒素中毒

1.黄曲霉毒素的种类及危害

黄曲霉毒素属于肝毒性毒素,是由黄曲霉和寄生曲霉中的产毒菌株产生的。自然界中黄曲霉的存在较为普遍,适于在花生、玉米上生长繁殖,也可在大麦、小麦、薯干、稻米等上面生长繁殖。最适宜繁殖的温度为 30～38 ℃,相对湿度为 80%～85%及以上。而产生黄曲霉毒素最适宜的条件是基质水分在 16%以上,温度在 23～32 ℃,相对湿度在 85%以上。黄曲霉毒素分为 B 类和 G 类两种,其中黄曲霉毒素 B_1 的毒性最强。因此,饲料、食品检测时,均以黄曲霉毒素 B_1 为指标。

黄曲霉产生的黄曲霉毒素能引起肝脏损害,也能严重破坏血管的通透性和毒害神经中枢,引起急性中毒。如果长期少量摄入可引起慢性中毒，并能诱发肝癌，还可引起胆管细胞癌、胃癌、肠癌等。

我国饲料卫生标准规定，黄曲霉毒素 B_1 在猪配合饲料及浓缩料中的允许量：仔猪≤10 μg/kg，生长育肥猪、种猪≤20 μg/kg。

2.黄曲霉毒素的预防措施

（1）防霉。主要是指饲料和粮食的防霉，其具体方法有：

控制水分。饲料及粮食作物收获、运输、贮存的过程中要注意通风干燥，控制水分。一般谷物的含水量在13%以下，玉米在12.5%以下，花生仁在8%以下，霉菌不易生长和繁殖。

化学防霉。通常使用熏蒸剂熏蒸或在饲料中添加防霉剂。常用的熏蒸剂有氯化苦、磷化氢、环氧乙烷、溴甲烷等。防霉剂有丙酸及丙酸盐、乙酸及乙酸盐和苯甲酸及其钠盐。

控制温度。饲料或粮食作物低温贮存，可有效防霉。

控制粮堆气体成分，进行缺氧防霉。

（2）去霉。发霉较轻的玉米等饲料做去霉处理后可饲喂猪只。但若发霉严重则不可饲喂。去霉常用的方法有：

拣除霉粒。霉变轻微者，可将霉粒拣除后再利用。

水洗。将霉玉米等饲料先用清水淘洗，然后磨碎，加入3～4倍清水搅拌，静置，浸泡12 h，除去浸泡液，再倒入同量清水，反复进行，每天换水2次，直至浸泡水变为无色为止。

石灰水加热去霉法。将玉米用石灰水煮沸1 h，再滤去石灰水，然后将玉米磨碎、烤熟。

（三）赤霉菌毒素

赤霉菌毒素主要侵染小麦、大麦和玉米，也可侵染稻谷、甘薯、蚕豆、甜菜等。赤霉菌繁殖的适宜温度为16～24 ℃，相对湿度为85%。

1.赤霉菌毒素的种类及危害

赤霉菌毒素主要是赤霉烯酮和赤霉病麦毒素两种。赤霉烯酮可引起猪急性中毒，表现为阴户肿胀，乳腺增大，乳头潮红，妊娠母猪流产，严重的还可出现直肠和阴道脱垂，子宫增大增重甚至扭曲和卵巢萎缩。亚急性中毒时，表现为母猪不育或产子减少；仔猪体弱或产后死亡，存活的雄性仔猪具有睾丸萎缩、乳房增大等雌性症状。赤霉病麦毒素能使猪食后呕吐、马呈现醉酒状神经症状。

2.防治措施

（1）防霉。赤霉菌以田间浸染为主，故应注重田间防霉，如选育抗病品种，开沟排渍，降低湿度，花期喷杀菌剂等。收割时应快收、及时脱粒和晒干，保存于通风干燥的场所；病麦与好麦分开，单收、单打、单保存。

（2）去毒。已收获的赤霉病麦进行去毒和减毒处理后可用作饲料。常用的方法是水浸泡和去皮法。

三、农药对饲料的污染

1.饲料中农药的残留

农业生产过程中，为了促进农作物的增产，防治作物的病虫害，农药的使用越来越广泛。

在农药施用时，一部分直接喷洒于植物体表面被吸附或吸收，另一部分落入土壤中被作物根部吸收。残留在作物表面和内部的农药，在阳光、雨水、气温等外界环境条件的影响下，大部分被挥发、分解、流失、吹落而离开植物体。但到收获时，植物体内仍有微量的农药及其有毒的代谢物。此外，由于农药施用不当或任意加大用量和浓度，也会造成农药大量残留于植物中。这些植物作为饲料被猪采食后，有毒物质会在猪体内积累而形成毒害。也有些农药由于保存、运输或施用不当而直接进入猪体，产生毒害作用。

2. 饲料中农药残留的危害

(1)有机氯杀虫剂。有机氯农药化学性质稳定，在自然条件下不易分解、残留期长。它主要损害中枢神经系统的运动中枢、小脑、肝脏和肾脏。

(2)有机磷杀虫剂。有机磷农药是人工合成的磷酸酯类化合物，具有强大的杀虫力，对人畜的毒害也很大。但其性质不稳定，残留期短、残留量低，在生物体内较易分解和解毒。常用的有对硫磷、内吸磷、甲拌磷、乐果、敌敌畏及敌百虫等，一般经呼吸道、消化道和皮肤黏膜吸收而引起中毒。其毒害主要是引起神经传导功能的紊乱，出现瞳孔缩小、流涎、抽搐，最后因呼吸衰竭而死亡。

(3)氨基甲酸酯类杀虫剂。氨基甲酸酯类杀虫剂是一类杀虫范围广、防治效果好的农药。西维因、速灭威、呋喃丹等都属于这类药剂，其性质不稳定、易分解，对人畜毒害小，无蓄积作用。并且其中毒时间较短，恢复较快。目前，发现有些品种的氨基甲酸酯类杀虫剂能产生抗药性，对高等动物也产生致畸、致癌等不良作用。

(4)熏蒸剂。熏蒸剂是利用有毒的气体、液体或固体挥发所产生的蒸汽毒杀灭害虫或病菌的化学药剂。常用的熏蒸剂有氯化苦、溴甲烷、磷化铝等，主要用于粮食熏蒸。其毒性虽大，但容易挥发散失。

3. 防止农药污染的措施

(1)禁用和限制使用部分剧毒和不易分解的农药，尽量选择高效低毒的农药。

(2)制定农药残留极限值，允许绝大多数农药有限度地残留，且低于这个残留值时，即使长期食用仍可保证食用者健康。

(3)制定农药的安全间隔期。安全间隔期是指最后一次施药到作物收割时残留量达到允许范围的最少间隔天数。大多数有机磷农药安全间隔期为 2 周，其中高效低毒、残留期短的农药，如马拉硫磷、敌敌畏，安全间隔期为 7～10 d；高效低毒、残留期长的农药，如乐果为 10～14 d；高效高毒、残留期短的农药，如对硫磷为 15～30 d；高效高毒、残留期长的农药，如内吸磷为 45～90 d。

(4)控制施药量、浓度、次数，采用合理的施药方法。农药的残留量与农药的性质、施药量、浓度、施药次数和施药方法有关，随施药量、浓度和施药次数的增加而增加。因此，施药时应严格遵守药剂使用说明，不滥用、不乱用；接近作物收获期时应停止施药。

(5)严格执行饲料中农药残留标准。我国饲料卫生标准规定：米糠、小麦粉、大豆饼(粕)、鱼粉中的六六六允许含量≤0.05 mg/kg；生长育肥猪配合饲料≤0.4 mg/kg。米糠、小麦粉、大豆饼(粕)、鱼粉中的滴滴涕(DDT)的允许含量≤0.02 mg/kg；鸡、猪配合饲料允许含量≤0.2 mg/kg。

四、重金属对饲料的污染

污染饲料的重金属元素主要是指镉(Cd)、铅(Pb)、汞(Hg)以及类金属砷(As)等生物毒性显著的元素。

1.饲料中重金属元素的来源

一是某些地区(如矿区)自然地质化学条件特殊,其地层中的重金属元素显著高于一般地区,从而使饲用植物中含有较高水平的重金属元素。如一些地区的地下水中砷含量很高。二是由于采矿及冶炼行业污染防治措施不当,长期向环境中排放含有重金属元素的污染物。三是农业生产过程中的农田施肥、污水灌溉以及农药施用不当,造成重金属直接污染农作物,或通过土壤积累而被作物吸收。四是在进行配合饲料生产时,添加的酸性物质使机器表面镀镉溶出,从而造成饲料的重金属污染。此外,一些猪专用驱虫剂或杀菌剂中含有镉,一些矿物添加剂如麦饭石、膨润土、沸石、海泡土以及饲用磷酸盐类和饲用碳酸盐类等在没有经过合理脱毒处理情况下,也会造成饲料重金属元素含量超标。

2.饲料重金属污染的防制措施

(1)严控工业"三废"排放。加强工业环保治理,严格执行工业"三废"的排放标准。

(2)加强农业生产管理。禁止含重金属有毒物质的化肥、农药的施入;进行土壤质地改良时,应严格控制污泥中重金属元素含量;禁止用重金属污染的水灌溉农作物。

(3)减少重金属向植物中的迁移。对于可能受到重金属污染的土壤施加石灰、碳酸钙、磷酸盐等改良剂;多施农家肥,有机物质可促进重金属元素的还原作用,降低其活性,减少其向植物中迁移。

(4)加强饲料生产管理。禁止使用含重金属的饲料加工机械、容器和包装材料;严格控制饲料中(配合饲料、添加剂预混料和饲料原料)有毒重金属的含量,加强饲料卫生监督检测工作。

五、抗生素不合理使用的危害及控制

抗生素能够有效治疗多种疾病,但不合理使用抗生素,却会造成多种危害。

第一,危害人体健康。当人体一次性摄入过量的抗生素残留物时,会造成机体的急性中毒。当人们食用含有抗生素残留的动物产品后,还有可能造成一部分人发生过敏,进而产生抗体,这些产生抗体的人员再接触这些抗生素或者使用这些抗生素进行治疗时,残留的抗生素就会与抗体结合,并引发过敏。如"瘦肉精"中毒事件。

第二,污染环境。对畜禽使用抗生素药物后,残留药物以原形或者代谢物的形式随着畜禽的粪便排泄出体外,并残留在环境中。残留在环境中的大部分抗生素还具有活性,这对土壤中的微生物、昆虫,以及水中生物都会造成巨大的影响。尤其是抗菌药物、驱虫药物,对环境具有非常大的威胁,这些药物经不同的方式进入环境,影响空气、水体等,会给人类和畜禽的健康造成严重的危害。

第三,增加细菌耐药性。畜禽饲养中,大量使用抗生素肯定会造成细菌耐药性的提高。在当今这个经济全球化发展的时代,耐药细菌具有非常快的传播速度,并且传播范围也变得越加广大。抗生素的滥用,在造成敏感菌大量死亡的同时也导致了耐药菌的大规模繁殖,使细菌耐药性增加。这不仅会造成病程延长，治疗费用增加，还会引发并发症，造成患畜死亡率显著升高。细菌耐药性问题不仅严重影响畜禽疾病的预防和治疗，对人体的健康也构成巨大的威胁。

第四，严重影响临床给药与新药的研发。在畜禽的饲养过程中，发生感染性疾病时，往往会采用多种抗菌药来进行治疗，这不仅导致了饲养费用的增加，同时也因为畜禽病程时间的延长而降低了畜禽的生产性能，降低了生产效益。不合理使用抗生素也为新药的研发带来了巨大的压力。这是因为抗生素药物的不合理使用加强了细菌的耐药性，而耐药能力的增强则导致了抗菌类药物使用时间的明显缩短。这种情况下就要求进行新药物的研发以抑制细菌耐药性。但是新药物的研发时间较长，技术含量较高，并且需要消耗大量的费用，而研发成功的概率却非常低。

任务评价

一、填空题

1. 含有毒有害成分的饲料有________、________、________、__________、__________、__________。

2. 棉籽饼(粕)中的环丙烯类脂肪酸会使蛋黄黏稠变硬，加热后形成__________，蛋清变为__________色，有人称其为“桃红蛋”。

3. 含氰苷的饲料有____、______、______、________、__________等。

4. 菜籽饼(粕)加工过程中产生的有毒物质是__________和__________。____________可引起胃肠炎、肾炎及支气管炎等，__________是致甲状腺肿大的物质。

5. 硝酸盐和亚硝酸盐含量最高的饲料是青饲料中的____________。

6. 常见的霉菌是指________和________。黄曲霉毒素主要由________、________产生，以__________毒性最强。

7. 棉籽饼中的有毒物质主要是______和______。

8. 生长期的高粱中所含氰苷在酶的作用下水解为____。

二、简答题

1. 预防饲料亚硝酸盐中毒的措施有哪些?

2. 菜籽饼(粕)和棉籽饼(粕)的去毒方法有哪些?

3. 农药在饲料中残留的原因是什么? 如何防止?

4. 如何正确施用农药?

三、连线题

有毒成分	代表饲料	对猪的主要危害
游离棉酚	棉籽饼	致甲状腺肿
噁唑烷硫酮	闷制的青绿饲料	母猪输卵管萎缩
亚硝酸盐	幼嫩的高粱幼苗	血红蛋白失去运氧能力
氢氰酸	霉变的玉米	非反刍家畜神经毒素
环丙烯类脂肪酸	菜籽饼	中毒死亡
黄曲霉毒素		肝脏

任务二 饮水污染与控制

一、猪场常用水源的种类及特点

水源归纳起来可分为三大类:降水、地面水、地下水。

1.降水

降水是天然的蒸馏水,质软、清洁。但在以雨、雪等形式降落的过程中吸收了空气中的各种杂质和可溶性气体而受到污染,且降水不易收集,贮积困难,水量受季节影响大,所以除严重缺水地区外,一般不将降水作为猪场的水源。

2.地面水

地面水来源包括江、河、湖、海和水库等,是由降水和地下水汇集而成。地面水一般来源广、水量足,本身有较好的自净能力,且地面水取用方便,是猪生产广泛使用的水源。其缺点是水质和水量易受自然条件影响,易受生活废水和工业污水的污染,常需要在使用前进行人工净化和消毒处理。

3.地下水

地下水由降水和地面水经过地层的渗滤贮积而成。由于经过地层的渗滤,水中所含的悬浮物、有机物及细菌等大部分被滤除,受污染机会少,较清洁,水量稳定,是最好的水源。但地下水受地质化学成分的影响含矿物质多,硬度大,有时含有某些毒性矿物质,会引起地方病,使用前应进行检测。

二、水体污染与自净

(一)水体污染物的种类及危害

1.有机物污染

主要来自生活污水、畜产污水以及造纸、食品工业废水等。当水中有有机物时,微生物分解有机物会消耗大量氧气;当水中的溶解氧消耗殆尽后,就会引起水生动植物大批死亡,形成更多有机物;这些有机物在缺氧环境下继续进行厌氧分解而产生腐败性物质,并释放出氨和硫化氢等难闻的气体,会使水体变黑发臭。这种现象称为水体"富营养化"。水体富营养化后不再适于饮用。同时有机物分解产生的废气还会污染附近猪场场区和居民区的空气,对人、畜机体健康产生不良影响。在粪便、生活污水等废弃物中往往含有某些病原微生物及寄生虫卵,而水中大量有机物又为各种微生物的生存和繁殖提供了有利条件。因此,当水体受到有机物污染时,除有机物本身所造成的污染外,还可能造成疾病的传播和流行。

2.微生物污染

水源被病原微生物污染后,可引起某些传染病的传播与流行,如猪丹毒、猪瘟、副伤寒、马鼻疽、布鲁氏菌病、炭疽病和钩端螺旋体病等。水体被微生物染污的主要原因是病畜或带菌者的排泄物、尸体进入水体，兽医院、医院的污水以及屠宰场、制革厂和洗毛厂的废水进入水体。介水传染病的发生和流行取决于水源污染的程度及病原菌在水中生存的时间等因素。由于天然水有自净作用，因此偶然的一次污染通常不会造成持久性的介水传染，但大量而经常性的污染则极易造成传染病的介水传染。

3. 有毒物质污染

未经处理的工业废水、大量使用的农药和化肥等可通过一定的途径使水源受到不同程度的污染。污染水源的有毒物质很多，常见的有铅、汞、砷、铬、锗、镍、铜、锌、氟、氰化物以及各种酸和碱等；有机毒物有酚类化合物、有机氟农药、有机磷农药、有机酸、石油等。在多矿地区的地层中含有大量的砷、铅、氟等物质时，也可使水中此种有毒物质含量增高。

4. 致癌物质污染

某些化学物质如砷、铬、苯胺、镍及其他芳香烃等具有致癌作用，有的可在水体中悬浮，有的可在基底污泥和水生生物体内蓄积，对人畜健康造成危害。

5. 放射性物质污染

天然水体中放射性物质含量极微，对机体无害，但当人为事故造成放射性物质进入水体时，就可使水体中的放射性物质急剧增加，危害机体健康。

（二）水体的自净作用

水体受污染后，由于本身的物理、化学和生物学等多种因素的综合作用，逐渐消除污染的过程称为水的自净。水的自净作用，一般有以下几个方面。

1. 混合稀释作用

污染物进入水体后，逐渐与水混合稀释而降低自身的浓度，最后可稀释到难以检出或不足以引起毒害作用的程度。

2. 沉降和逸散

水中悬浮物因重力作用而逐渐下沉，比重越大，颗粒越大，水流越慢，沉降越快。附着于悬浮物上的细菌和寄生虫卵会随同悬浮物一起下沉。悬浮状态的污染物被水中的胶体颗粒、悬浮的固体颗粒、浮游生物等吸收，可发生吸附沉降。有些污染物，例如砷化物，易与水中的氧化铁、硫化物等结合而发生“共沉淀”。溶解性物质也可以被生物体所吸收，在生物死亡后随残体沉降。此外，污染水体的一些挥发性物质在阳光和水流动等因素的作用下可逸散而进入大气，如酚、金属汞、二甲基汞、硫化氢和氢氰酸等。

3. 阳光照射

日光中的紫外线具有杀菌作用，但由于紫外线的穿透力较弱，其杀菌作用有限，尤其是当水体较浑浊时，其作用就更加有限。此外，阳光可提高水温，促进有机物的生化分解作用。

4. 有机物的分解

水中的有机物在微生物作用下，进行需氧或厌氧分解，最终使复杂的有机物变为简单物质，称为生物性降解。此外，水中有机物也可通过水解、氧化和还原等反应进行化学性降解。当水中溶解氧充足时，有机物在需氧细菌作用下进行氧化分解，使含有氮、碳、硫和磷等的化合物分解为二氧化碳、硝酸盐、硫酸盐和磷酸盐等无机物，这些最终产物无特殊臭气。当溶解氧不足时，有机物则在厌氧细菌作用下进行比较缓慢的厌氧分解，生成硫化氢、氨和甲烷等具有臭味的气体。从卫生观点来看，需氧分解比厌氧分解好，故应限制向水体中任意排污，保持水中常有足够的溶解氧，防止厌氧分解发生。

5.水栖生物的拮抗作用

水栖生物种类繁多，进入水体的病原微生物常受非病原微生物的拮抗作用而易于死亡或发生变异。此外，水中多种原生生物能吞食很多细菌和寄生虫卵，如甲壳动物和轮虫能吞食细菌、鞭毛虫以及碎屑。

6.生物学转化及生物富集

某些污染物质进入水体后，可以通过微生物的作用发生物质转化。随着物质的转化，其毒性升高或降低，水体污染的危害性也随之加重或减弱。生物学转化中最突出的例子是无机汞的甲基化。此外，水体中的污染物被水生生物吸收后，可在其机体组织中浓集，又可通过食物链（浮游植物→浮游动物→贝、虾、小鱼→大鱼），逐渐提高生物组织内污染物的聚集量（提高几倍到几十万倍）。凡脂溶性、进入机体内又难于异化的物质，都有在体内浓集的倾向，如有机氯化合物、甲基汞和多环芳香烃等。

（三）水体自净的卫生学意义

水的自净过程可使有机物转变为无机物，致病微生物死亡或发生变异，寄生虫卵减少或失去活力而死亡，毒物的浓度降低对机体不发生危害。因此，在进行污水净化及水源卫生防护时，可充分利用水体的自净能力这一有利因素。但水体的自净能力是有限的，无限制地向水体中排污会使这种能力丧失，在生产生活中必须执行污水排放规定，保护水源。

三、饮用水的净化与消毒

为了使饮用水的水质符合卫生要求，保证饮用安全，一般水源水质尚须进行净化与消毒处理。水的净化处理方法有沉淀（自然沉淀及混凝沉淀）和过滤。净化的目的主要是除去悬浮物质和部分病原体，改善水质的物理性状。消毒的目的主要是杀灭水中的病原体，防止介水传染病。

（一）水的净化

1.自然沉淀

当水流减慢或静止时，密度大于水的悬浮物可借助本身重力作用逐渐下沉，称自然沉淀。一般在专门的沉淀池中进行，需要一定时间。

2.混凝沉淀

（1）原理。地面水中常含有泥沙等悬浮物和胶体物，当水流速度减慢或静止时，水中较大的悬浮物可因重力作用而逐渐下沉，从而使水得到初步澄清，即自然沉淀。但悬浮在水中的微小胶体粒子多带有负电荷，胶体粒子之间彼此互相排斥，不能凝集成比较大的颗粒，可长期悬浮而不沉淀。这时，必须加人一定的混凝剂，使水中的微小胶体粒子生成带正电荷的胶状物，带正电荷的胶状物与水中原有的带负电荷的胶体粒子互相吸引，凝集形成较大的絮状物而沉淀，即混凝沉淀。这种絮状物表面积和吸附力较大，可吸附一些不带电荷的悬浮微粒及病原体共同沉降，因而使水的物理性状大大改善。

(2)方法

硫酸铝法：硫酸铝[$Al_2(SO_4)_3 \cdot 18H_2O$]是一种常用的混凝剂。硫酸铝在水中与重碳酸盐结合成氢氧化铝胶体颗粒，可吸附水中悬浮微粒产生凝集而沉淀，其化学反应如下：

$$Al_2(SO_4)_3 + 3Ca(HCO_3)_2 \rightarrow 2Al(OH)_3 \downarrow + 3CaSO_4 + 6CO_2 \uparrow$$

硫酸铝的用量为50～100 mg/L，即每50 kg水加硫酸铝2.5～5 g。集中式给水可建自然沉淀池与混凝沉淀池；分散式给水可将明矾碾碎加入水中，用棍棒按照顺一个方向搅动均匀；也可用一根竹筒，将筒的内部打通，最后一节不要打通，四周钻成小孔，将明矾由竹筒上部装入，然后把竹筒放在水桶或水缸的水中搅动，待出现矾花时即可取出，静置约0.5 h后水即可澄清；或用纱布包明矾并系于棍棒上，持棒在水中搅动亦可。

硫酸铝要与水中的重碳酸盐作用后才可生成氢氧化铝胶体。因此，当水中的碱度不足和重碳酸盐的含量很低时，需加入适量的熟石灰[$Ca(OH)_2$]，才能保证有良好的混凝效果。熟石灰的用量为硫酸铝用量的1/3左右。除硫酸铝外，还可应用明矾[$Al_2(SO4)_3 \cdot KSO_4 \cdot 24H_2O$]及三氯化铁($FeCl_3$)作混凝剂，用三氯化铁混凝的化学反应如下：

$$2FeCl_3 + 3Ca(HCO_3)_2 \rightarrow 2Fe(OH)_3 \downarrow + 3CaCl_2 + 6CO_2 \uparrow$$

碱式氯化铝(又名羟基氯化铝)法：碱式氯化铝是一种新型净化剂，其特点是使用方便，用量少，因其分子量较大，故吸附力强，范围宽。不需要投入熟石灰等碱性助凝剂。用铝片和稀盐酸及碳酸钠等原料可以土法自制生产。使时可将碱式氯化铝液体逐滴滴入水中，当水中出现矾花(絮状物)时即可，静置后，水便可澄清；或按30～100 mg/L的用量加入水中，数分钟即可形成矾花下沉。

3.过滤

过滤是使水通过滤料得到净化。其原理一是隔滤作用，即水中悬浮物粒子大于滤料的孔隙者、不能通过滤层而被阻留；二是沉淀和吸附作用，即水中的微小物质如细菌、胶体粒子等，虽不能被滤层隔滤，但当水通过滤层时悬浮物沉淀在滤料表面上时，同时滤料表面因胶体物质和细菌的沉淀而形成胶质生物滤膜，吸附水中的微小粒子和病原体。通过过滤，可除去80%～90%以上的细菌及99%左右的悬浮物，也可除臭、色以及阿米巴包囊及血吸虫尾蚴等。

常用的滤料是沙，所以也叫沙滤。另外，也可用矿渣、煤渣等，但不应含有对机体有害的化学物质。

过滤时，集中式给水需修建各种形式的沙滤池。分散式给水水源可在河、塘岸边修建各种形式的沙滤池或沙滤井(图3-1)，也可用沙滤桶(缸)。在桶或缸中分层装入滤料，在桶的下部开一孔接出水管，水通过各层滤料后由出水管排出。如在水源和渗滤井之间挖一沙滤沟，或建造水边沙滤井，则能更好地改善水质(图3-2)。滤料的铺法：最底层铺10 cm左右厚、直径1～2 cm大小的碎石，上面铺以棕皮二层，再上面铺粗沙10 cm，粗沙上面铺细沙约22 cm厚，上面再铺棕皮一层，棕皮上面压上约10 cm厚的碎石即可。滤桶(缸)下面接以清水缸贮存清水。沙滤使用过久，砂层堵塞，须用清水洗砂，除去悬浮物后继续使用。滤水的效果决定于滤层的厚度、滤料粒径的适当组合、滤水速度、原水的浑浊度以及滤池的构造和管理等。

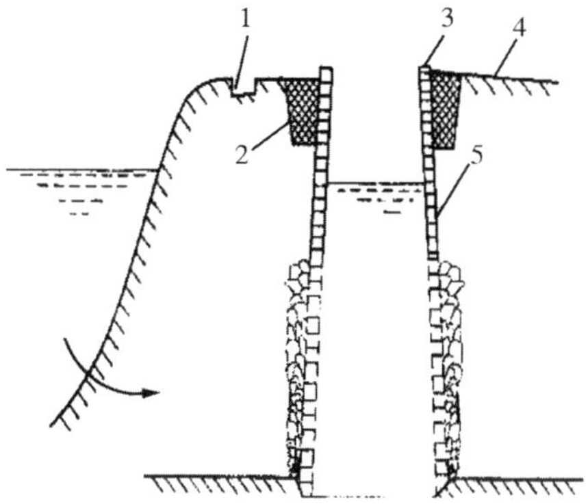

图 3-1　自然渗滤井

1.排水沟　2.黏土　3.井栏　4.井台　5.井筒

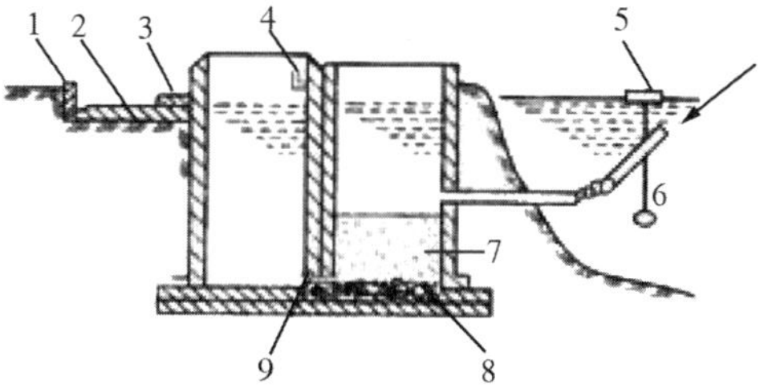

图 3-2　塘边沙滤井

1.井台边栏　2.井台　3.踏步　4.挂筒钩
5.竹或木浮子　6.坠石　7.沙　8.石子　9.连通管

(二)水的消毒

水经过混凝沉淀和过滤处理后,已除去异臭、异色、异味、杂质和部分病原菌,但为了确保饮水安全,还必须对其进行消毒处理以彻底消灭病原体。常用的消毒方法有物理消毒(如煮沸、紫外线、臭氧法、超声波法等)和化学消毒(如氯化消毒法、高锰酸钾法等)两大类。目前主要采用氯化消毒,其杀菌力强,设备简单,使用方便,费用低。

1.氯化消毒原理

氯在水中水解为次氯酸,与水中细菌接触时易扩散进入其细胞膜,与细胞中的酶发生作用,使细菌糖代谢失调而死亡。

2.氯化消毒剂

常用的氯化消毒剂有液态氯、漂白粉和漂白粉精等。液态氯主要用于集中式给水的加氯消毒,小型水厂和一般分散式给水多用漂白粉和漂白粉精。漂白粉的杀菌力取决于其有效氯含量,新制的漂白粉含有效氯 25%～35%,但其性质不稳定,易失效,应密封、避光、于阴暗干燥处保存。漂白粉精含有效氯 60%～70%,性质稳定,多制成片剂使用。

3.氯化消毒方法

(1)常量氯消毒法。即按常规加氯量(表 3-1)进行饮水消毒。如在井水消毒时,步骤为:计算井水的水量→找出加氯量→确定应加漂白粉量。称好的漂白粉置于碗中,加少量水调成糊状,再加水稀释,静置,取上层清液倒入井中,30 min 后取水样测定,余氯为 0.2～0.3 mg/L 即可取用。由于井水随时被取用,应根据用水量大小而决定消毒次数,最好每天消毒两次(取水前)。

表 3-1　不同水源消毒的常规加氯量

水源种类	加氯量/(mg/L)	水中加漂白粉量/(g/m³)	水源种类	加氯量/(mg/L)	水中加漂白粉量/(g/m³)
深井水	0.5～1.0	2～4	湖、河水(清洁透明)	1.5～2.0	6～8
浅井水	1.0～2.0	4～8	湖、河水(水质混浊)	2.0～3.0	8～12
土坑水	3.0～4.0	12～16	塘水(环境较好)	2.0～3.0	8～12
泉水	1.0～2.0	4～8	塘水(环境不好)	3.0～4.5	12～18

(2)持续氯消毒法。即在井或容器中放置装有漂白粉(精)的容器(塑料袋、竹筒、陶瓷罐或广口瓶等),让消毒剂通过容器上的小孔不断扩散到水中,使水经常保持一定的有效氯含量。加氯量可为常用量的20～30倍,一次放入,可持续消毒10～20 d,这样可减少每天对水源消毒的烦琐工作,但应经常检查水中余氯的含量。

(3)过量氯消毒法。一次加入常量氯化消毒法加氯量10倍的氯剂进行饮水消毒。主要用于新井或旧井修理和淘洗、井被洪水淹没或落入污染物、该地区发生介水传染病等情况。一般投入消毒剂10～12 h后再取水。若水中氯味太大,则用汲出旧水不断涌入新水的方法,直至井水没有明显氯味为止,也可按1 mg余氯加3.5 mg的硫代硫酸钠脱氯后再用。

四、水的特殊处理法

在生产实践中,水处理时可根据水源、水质的具体情况而采取相应的净化措施。浑浊的地面水需要沉淀、过滤、消毒;较清洁的水消毒处理即可;水受到特殊有害物质(如含铁、氟过高,硬度过大,有异臭味)污染,需采取特殊处理措施。

1.除铁

水中溶解性的铁盐常以重碳酸亚铁、硫酸亚铁、氯化亚铁等形式存在,用曝气法可使其生成不溶于水的氢氧化铁。如含有硫酸亚铁、氯化亚铁也可加入石灰,使其生成氢氧化铁,经沉淀过滤去除。

2.除氟

可在水中加入硫酸铝或碱式氯化铝(1 L水中加入约0.5 mg),经搅拌、沉淀而除氟。

3.软化

水质硬度超过250～400 mg/L时,可用石灰、碳酸钠、氢氧化钠等加入水中,使钙、镁等化合物沉淀而去除,也可采用电渗析法、离子交换法等。

4.除臭

可用活性炭粉末作滤料将水过滤除臭;或在水中加活性炭后混合沉淀,再经沙滤除臭;也可用大量的氯除臭。如地面水因藻类繁殖发臭,可在原水中投入硫酸铜(1 mg/L以下)灭藻。

五、水质卫生标准

畜禽生产过程中离不开水,如畜禽饮用、饲料调制及畜禽舍、用具和畜体的洗刷等都需使用大量的水,水质的好坏直接影响人、畜健康和畜禽产品质量。因此,畜禽场的水源应符合水量充足,能满足场内人、畜禽的饮用和其他生产、生活需求;便于防护,不易受污染;取用方便,处理技术简单易行等要求。人的生活用水一般每人每天按20～40 L来计算,各类猪只每日需水量见表3-2。

表3-2 各类猪只的每日需水量 L/头

猪群类别	哺乳母猪	公猪、空怀及妊娠母猪	断奶仔猪	育成育肥猪
需水量	30～60	20～30	5	10～15

供猪场的水源要求水质要清洁，不含细菌、寄生虫卵及矿物毒物。在选择地下水作水源时，要调查是否因水质不良而出现过某些地方性疾病。农业农村部在《畜禽饮用水质量标准》《畜禽产品加工用水水质》《生活饮用水水质标准》中明确规定了无公害畜禽生产中的水质要求。水源不符合饮用水卫生标准时，必须经净化消毒处理，达到标准后方能饮用。生活饮用水水质标准和畜禽饮用水水质要求见表 3-3 和表 3-4。

表 3-3　生活饮用水水质标准

指标	项目	标准
感官性状指标	色	≤15°，并不得呈现其他异色
	浑浊度	≤3°
	臭和味	不得有异臭、异味
化学指标	pH	6.5～8.5
	铝/(mg/L)	0.2
	铁/(mg/L)	0.3
	锰/(mg/L)	0.1
	铜/(mg/L)	1.0
	锌/(mg/L)	1.0
	氯化物/(mg/L)	250
	硫酸盐/(mg/L)	250
	溶解性总固体/(mg/L)	1000
	总硬度(以碳酸钙计)/(mg/L)	450
	耗氧量(COD_{Mn}法，以 O_2 计)/(mg/L)	3.00
	挥发酚类(以苯酚计)/(mg/L)	0.002
	阴离子合成洗涤剂/(mg/L)	0.3
毒理学指标	砷/(mg/L)	0.01
	镉/(mg/L)	0.005
	铬(六价)/(mg/L)	0.05
	硒/(mg/L)	0.01
	汞/(mg/L)	0.001
	铅/(mg/L)	0.01
	银/(mg/L)	0.05
	氟化物/(mg/L)	1.0
	氰化物/(mg/L)	0.05
	硝酸盐(以氮计)/(mg/L)	10
	氯仿/(mg/L)	0.06
	四氯化碳/(mg/L)	0.002
	溴酸盐(使用臭氧时)/(mg/L)	0.01
	甲醛(使用臭氧时)/(mg/L)	0.9
	亚氯酸盐(使用二氧化氯消毒时)/(mg/L)	0.7
	氯酸盐(使用复合二氧化氯消毒时)/(mg/L)	0.7

续表 3-3

指标	项目	标准
微生物指标①	总大肠菌群/(MPN/100 mL 或 CFU/100 mL)	不得检出
	耐热大肠菌群/(MPN/100 mL 或 CFU/100 mL)	不得检出
	大肠埃希氏菌/(MPN/100 mL 或 CFU/100 mL)	不得检出
	菌落总数/(CFU/100 mL)	100 个/mL
放射性指标②	总 α 放射性/(Bq/L)	0.5
	总 β 放射性/(Bq/L)	1

①MPN 表示最可能数;CFU 表示菌落形成单位。当水样检出总大肠菌群时,应进一步检验大肠埃希氏菌或耐热大肠菌群;水样未检出总大肠菌群,不必检验大肠埃希氏菌或耐热大肠菌群。②放射性指标超过指导值,应进行核素分析和评价,判定能否饮用。

表 3-4 畜禽饮用水水质标准

指标	项目	标准	
		畜	禽
感官性状指标	色	≤30°	
	浑浊度	≤20°	
	臭和味	不得有异臭、异味	
一般化学指标	pH	5.5～9.0	6.5～8.5
	总硬度(以碳酸钙计)/(mg/L)	≤1 500	
	硫酸盐 /(mg/L)	≤500	≤250
	溶解性总固体/(mg/L)	≤4 000	≤2 000
毒理学指标	氟化物/(mg/L)	≤2.0	
	氰化物/(mg/L)	≤0.20	≤0.05
	砷/(mg/L)	≤0.20	≤0.20
	汞/(mg/L)	≤0.01	≤0.001
	铅/(mg/L)	≤0.10	≤0.10
	铬(六价)/(mg/L)	≤0.10	≤0.05
	镉/(mg/L)	≤0.05	≤0.01
	硝酸盐(以氮计)/(mg/L)	≤10.0	≤3.0
细菌学指标	总大肠菌群/(MPN/100 mL)	成年畜 100,幼畜和禽 10	

任务评价

一、填空题

1. 水的卫生指标包括______、______、______、______。

2. 水源种类有______、______和______,最适合猪场的水源是______。

3.水体污染物的种类有______、________、________、______、______。
4.饮用水的净化方法有________、________、________。
5.饮用水的消毒方法有________、________、__________。
6.水中氨氮测定的方法是____________。
7.水质硬度一般分为__________硬度和____________硬度。
8.水体"三氮"主要指______、________和__________。
9. 我国生活饮用水卫生标准规定水中的细菌总数不得超过____个/mL。
10. 地下水的温度比较稳定,一般为______℃。
11.饮用水的净化处理中常用的混凝剂有______和______。
12.地面水的温度随季节和气候变化而变化,其变化范围为____℃。
13.我国规定饮用水的pH为______。

二、选择题

1.选择水源,应优先考虑选取(　　)。
A.地下水　　B.降水　　C.地面水
2.饮水过量氯消毒法,一般至少需要(　　)才能达到消毒效果。
A.10～15 min　　B.30～45 min　　C.10～12 h　　D.12～24 h
3.水中氨氮测定采用的方法是(　　)
A.马钱子碱比色法　　B.简化纳氏试剂比色法　　C.重氮化偶合比色法
4.不属于水质感官性状指标的是(　　)
A.臭、味　　B.pH　　C.浑浊度　　D.色
5.应以猪的(　　)考虑水源水量是否满足猪的需要。
A.一般用水量　　B.最大用水量　　C.最小用水量

三、名词解释

1.水的自净　2.生化需氧量(BOD)　3.耗氧量(COD)　4.溶解氧(DO)

四、简答题

1.简述"三氮"及其在水体污染中的指导作用。
2.何为水体的"富营养化",简述其形成。
3.简述测定水中"三氮"含量对判断水体污染有何意义?

任务三　水中"三氮"指标检验

一、实训目标

通过实训,要求学生能配制实训中所需的试剂,掌握水中"三氮"的检验方法,为今后从事水质检查与消毒工作打下基础。

二、仪器设备与试剂

(1)氨氮标准溶液。将分析纯氯化铵置于烘箱内,105 ℃烘烤1 h,冷却后称取0.381 9 g

置于 100 mL 容量瓶内，用无氨蒸馏水稀释至刻度。吸取 1.0 mL，再用无氨蒸馏水稀释至 100 mL。此溶液 1.0 mL 相当于 0.01 mg 氨氮。

(2)酒石酸钾钠(粉状)。

(3)纳氏试剂。称取 50 g 碘化钾，溶于 50 mL 热的无氨蒸馏水中，向其中逐滴加入氯化汞饱和溶液(25 g 氯化汞溶于热的无氨蒸馏水中)，直至生成的碘化汞红色沉淀不再溶解为止；再向其中加入氢氧化钾溶液(150 g 氢氧化钾溶于 300 mL 无氨蒸馏水中)，然后用无氨蒸馏水稀释至 1 L；再追加 0.5 mL 氯化汞饱和溶液，盛于棕色瓶中，用橡皮塞塞紧，避光保存。静置后，使用其上层澄清液。

(4)无氨蒸馏水。每升蒸馏水中加入 2 mL 化学纯浓硫酸和少量化学纯高锰酸钾，蒸馏，收集蒸馏液。

(5)亚硝酸盐氮标准溶液。称取干燥的分析纯亚硝酸钠 0.246 2 g，溶于少量水中，倒入 1 L 容量瓶内，加蒸馏水至刻度。临用时取此溶液 1.0 mL，加蒸馏水稀释至 100 mL。此溶液 1.00 mL 相当于 0.000 5 mg 亚硝酸盐氮。

(6)格氏试剂。称取酒石酸 8.9 g，对氨基苯磺酸 1 g ，a-萘胺 0.1 g，磨细混合均匀，保存于棕色瓶中。

(7)无亚硝酸盐氮的蒸馏水。取普通蒸馏水，加氢氧化钠呈碱性，蒸馏，收集蒸馏液。

(8)浓硫酸和马钱子碱。

三、原理

(1)氨氮测定(简化纳氏比色法)。水中氨与碘汞离子作用，生成黄棕色碘化氧汞铵络合物，其颜色深浅与氨氮量成正比。

(2)亚硝酸盐氮测定(简化重氮化偶合比色法)。水中亚硝酸盐与格氏试剂反应，生成玫瑰红色化合物，其颜色深浅与亚硝酸盐氮量成正比。

(3)硝酸盐氮(马钱子碱比色法)。在有浓硫酸的条件下，水样中硝酸盐与马钱子碱作用，产生黄色化合物(初显樱红色，冷却后转变为黄色)。黄色的深浅基本上和硝酸盐浓度成正比例关系。

四、操作方法

1.氨氮测定(简化纳氏比色法)

(1)取水样 4 mL 于小试管中。

(2)另取小试管 6 支，分别加入氨氮标准溶液 0、0.1、0.2、0.4、0.8、2.0 mL，加无氨蒸馏水至刻度(4 mL)。

(3)向各管加入酒石酸钾钠粉末 1 小匙(约 2～3 粒大米容积)，混匀使其充分溶解。

(4)向各管加入纳氏试剂 1～2 滴，混匀，放置 10 min 后比色。

(5)确定水样中氨氮含量(表 3-5)，如现场测定无条件配制标准色列，可按表 3-5 中 1 横行第 4、5 栏观察，从试管侧面和上面看颜色，以概略定量符号表示。

表 3-5　氨氮测定比色列

管号	加标准液量/mL	氨氮含量/(mg/L)	从试管侧面看	从试管上面看	概略定量符号
0	0	0	无色	无色	—
1	0.1	0.25	无色	极弱黄色	±
2	0.2	0.5	极弱黄色	浅黄色	+
3	0.4	1.0	浅黄色	明显黄色	++
4	0.8	2.0	明显黄色	棕黄色	+++
5	2.0	5.0	棕黄色	棕黄色沉淀	++++

2.亚硝酸盐氮测定(简化重氮化偶合比色法)

(1)取水样 4 mL 于小试管中。

(2)另取小试管 6 支,分别加入亚硝酸盐氮标准溶液 0、0.05、0.16、0.8、2.4、4.0 mL,加无亚硝酸盐氮的蒸馏水至刻度(4 mL)。

(3)向各管加入格氏试剂一小匙,摇匀,使其溶解,放置 10 分钟后观察颜色。

(4)确定水样中亚硝酸盐氮含量(表 3-6),如现场测定无条件配置标准色列,可按表 3-5 中第 1 横行第 4、5 栏观察从试管侧面和上面看的颜色,以概略定量符号表示。

表 3-6　亚硝酸盐氮测定比色列

管号	加标准液量/(mg/L)	亚硝酸盐氮含量/(mg/L)	从试管侧面看	从试管上面看	概略定量符号
0	0	0	无色	无色	—
1	0.05	0.006	无色	极弱玫瑰红色	±
2	0.16	0.02	极弱玫瑰红色	浅玫瑰红色	+
3	0.80	0.1	浅玫瑰红色	深玫瑰红色	++
4	2.40	0.3	深玫瑰红色	深红色	+++
5	4.0	0.5	深红色	极深红色	++++

3.硝酸盐氮测定(马钱子碱比色法)

(1)取水样 2 mL 于小试管中。

(2)加入约 1.5 mL 浓硫酸,混合,冷却。

(3)投入少量马钱子碱结晶,用力振荡。此时在水样中形成明显的红色,经过一些时间转变为黄色。

(4)确定硝酸盐氮概略含量(表 3-7)。

表 3-7　硝酸盐氮测定比色　　mg/L

从侧方观察时水样颜色	硝酸盐氮含量
与蒸馏水比较时刚能识别出的淡黄色	0.5
刚能看见的淡黄色	1
很浅的淡黄色	3
浅淡黄色	5
淡黄色	10
浅黄色	25
黄色	50
深黄色	100

五、技能考核标准

<table>
<tr><th rowspan="2">考核内容及分数分布</th><th rowspan="2">操作环节及要求</th><th colspan="2">评分标准</th><th rowspan="2">考核方法</th><th rowspan="2">熟练程度</th><th rowspan="2">时限</th></tr>
<tr><th>分值</th><th>扣分依据</th></tr>
<tr><td rowspan="5">水中“三氮”检验(100分)</td><td>①氨氮测定</td><td>25</td><td>配制的标准溶液不符合要求扣10分;取样不准确扣5分;操作步骤每少1项扣2分;结果判定不准确扣5分</td><td>口述</td><td rowspan="5">掌握</td><td rowspan="5">90 min</td></tr>
<tr><td>②亚硝酸盐氮测定</td><td>25</td><td>配制的标准溶液不符合要求扣10分;取样不准确扣5分;操作步骤每少1项扣2分;结果判定不准确扣5分</td><td rowspan="4">单人操作考核</td></tr>
<tr><td>③硝酸盐氮测定</td><td>25</td><td>配制的标准溶液不符合要求扣10分;取样不准确扣5分;操作步骤每少1项扣2分;结果判定不准确扣5分</td></tr>
<tr><td>④熟练程度</td><td>10</td><td>在教师的指导下完成时扣5分</td></tr>
<tr><td>⑤完成时间</td><td>15</td><td>每子项规定30 min内完成,超时5 min扣1分,直至15分为止</td></tr>
</table>

任务四 恶臭、蚊蝇、鼠害污染与控制

一、猪场恶臭污染与控制

(一)猪场恶臭的危害

猪场臭气的产生,主要是碳水化合物和含氮有机物的分解。在有氧条件下,这两类物质分别分解为二氧化碳、水和硝酸盐,不会有臭气产生。但在厌氧的条件下,这些物质可分解释放出带酸味、臭蛋味、鱼腥味、烂菜味等有刺激性的特殊气味。分解物主要有氨和硫化物(硫化氢、甲基硫醇)、氮化物(氮、甲基胺)、脂肪族化合物(吲哚、丙烯醛、粪臭素)等。在畜牧场发生的恶臭污染事件中,猪场居各种牧场之首。恶臭强度扩散范围与猪场规模、生产管理方法、气温、风力等因素均有关,一般扩散范围在100~1 000 m。

这些恶臭物质对猪有刺激性和毒性。高浓度的臭气可以在短时间内造成人畜中毒;在低浓度臭气的长期作用下,猪的生产性能和对疾病的抵抗力降低,发病率增高,严重者可以引起慢性中毒。

(二)减少猪场恶臭污染的措施

1.加强粪便管理,减少恶臭的产生和扩散

猪粪便在贮存和处理过程中,会不同程度地产生臭气。因此,应及时处理粪便,减少粪便贮存时间；在贮粪场和污水池搭建遮雨棚，保持粪便干燥；在粪便表面覆盖草泥、锯末、稻草、塑料薄膜等，可以减少粪便分解产生的臭气挥发；在粪便中搅拌吸附性强的材料，如锯末、稻草等，可有效减少臭气的产生；在干燥粪便的过程中，可将臭气用风机抽出经专门管道输送到脱臭槽或使臭气通过浸湿的吸附性强的材料层脱臭；在粪便中加入适量的除臭剂，可有效减少臭气产生。

2.采取营养调控措施，提高饲料养分利用率

猪粪便的臭气主要是饲料中未被消化吸收的营养物质在肠道或体外微生物分解形成的产物。粪便的臭气浓度大小与粪便中氮、磷、硫等元素的含量呈正相关。因此，提高猪日粮营养物质的利用率和减少猪粪便中氮、磷、硫等元素的含量是减少猪粪便臭气含量的重要措施。减少猪粪便臭气产生的营养措施有：

(1)选择营养物质含量高、易消化的饲料配制日粮，可提高猪日粮养分的消化吸收率，减少臭气的产生。

(2)在满足猪生长发育、繁殖和生产需要的前提下，尽量减少日粮中富余蛋白质含量，以减少粪便含氮化合物数量和臭气产生量。以"理想蛋白质体系"代替粗蛋白质体系配制日粮，可减少粪尿中氮的含量。适当降低日粮蛋白质含量和添加必需氨基酸，既不降低猪的生产力，又可降低粪便臭气的产生量。

(3)适当控制猪日粮粗纤维的含量。日粮粗纤维含量每增加1%，有机物消化率就降低1.5%，猪为满足营养需要，就必须要增加采食量和粪便排泄量。

(4)科学使用添加剂。活菌制剂中的微生物可参与和改变粪便的分解途径，减少臭气产生。其他添加剂可提高日粮利用率，减少氮、磷、硫等元素的排泄量。

3.采用先进生产工艺和生产技术，减少恶臭气体产生

(1)在选择生产工艺、猪场选址与场地规划布局、猪舍设计、粪便处理和利用等环节上采取有效措施，可减少猪场恶臭和其对猪场空气的污染。

(2)在猪场建设时，只有坚持主体工程和粪污处理工程同时设计、施工、投产，才能防止粪便随意堆积腐败产生大量恶臭气体。

(3)在选择生产工艺时，要尽量使粪便与尿液、污水分离，产生恶臭少的生产工艺。如采用漏缝地板生产工艺时，采取人工清粪方式，尽量避免水冲粪或水泡粪，可减少臭气的产生。

(4)在选择场址时，避免在大中城市近郊建场，最好在粮食生产能力强的农区建设猪场。这样既有利于猪粪尿就地消纳，同时也有利于粮食就地转化，促进农牧生产的协调发展，减少畜产公害的发生。

(5)在规划猪场场地时，要按照常年主风向和地势合理布置各种类型建筑，一定要有粪便处理区和病猪隔离区。粪便处理区和病猪隔离区一定要设在全场的下风区。隔离区周围要采取密植种树绿化，以减少臭气的散发。

(6)进行场区绿化可以将臭气降低50%，有害气体减少25%。此外，绿化还可以降低风速，从而有效地控制恶臭的扩散。

(三)控制恶臭的方法

1.物理除臭法

(1)吸收法。吸收法是利用恶臭气体的物理和化学性质,使用水或化学吸收液对恶臭气体进行物理或化学吸收而脱臭的方法。即用适当的吸收液体使恶臭气体与其接触,并使这些有害成分溶于吸收液中,使气体得到净化。

(2)吸附法。吸附法就是使气体被吸附在某种材料外表面的方法。常用的吸附材料是活性炭。吸附的效果取决于被吸附气体的性质。溶解性高、易于转化成液体的气体其吸附效果较好,如 NH_3、H_2S 和 SO_2 的吸附性较高。天然沸石是一种含水的碱金属或含碱土金属的铝硅酸盐矿物,可选择性地吸附肠胃中的细菌及 NH_3、H_2S、SO_2 和 CO_2 等有害物质。同时由于它有吸水作用,能降低猪舍内空气湿度和粪便的水分,可以减少氨气等有害气体的毒害作用。还可以选择与沸石结构相似的海泡石、膨润土、凹凸棒石、硅藻石等矿物质。

2.化学除臭法

化学除臭剂可通过化学氧化作用、中和作用把有味的化合物转化成无味或气味较少的化合物。常用的化学氧化剂有高锰酸钾、重铬酸钾、硝酸钾、双氧水、次氯酸盐和臭氧等,以高锰酸钾的除臭效果相对较好。研究表明,在 1 kg 的猪粪水中加入 500 mg H_2O_2,气味明显较少。常用的中和剂有石灰、甲酸、稀硫酸、过磷酸钙、硫酸亚铁等。

对于大流量、低浓度的挥发性有机废气和恶臭气体,使用物理和化学处理方法除臭投资大、操作复杂、运行成本高。

3.生物除臭法

生物除臭法是利用微生物来分解、转化臭气成分以达到除臭效果的方法。一是将部分臭气由气态转变为液态;二是溶于水中的臭气通过微生物的细胞壁和细胞膜被微生物吸收,不溶于水的臭气先附着在微生物体外,由微生物分泌的细胞外酶分解为可溶性物质,再渗入细胞;三是臭气进入细胞后,在体内作为营养物质为微生物所分解利用。如利用微生物发酵床垫料养猪。

生物脱臭法具有处理效率高、无二次污染、所需设备简单、便于操作、费用低廉和管理维护方便等特点,已成为恶臭处理的发展方向。

二、猪场蚊蝇污染与控制

饲料、粪便及污水容易滋生或招引苍蝇、蚊子、臭虫等害虫。这些害虫不仅污染饲料,还是传播疾病的媒介,应该予以灭除。可采取如下措施。

1.环境防除

搞好养猪场环境卫生,保持环境清洁,消除蚊蝇滋生场所,是环境防除的主要内容。环境防除的主要措施有:①及时清除粪便、污水,并进行无害化处理。②采用暗沟或管道排污,并使其保持畅通。③填平场内的积水坑和洼地。④保持排水系统的畅通。⑤贮水容器要加盖,以防蚊蝇滋生。对不能加盖的消防水池在蚊蝇滋生季节要定期换水。上述措施只有认真实施,才能取得较好的防除效果。

2. 物理防除

物理防除指采用机械方法如光、声、电等物理条件来诱杀或驱除蚊蝇。常用的物理防除器械是灭蝇灯。灭蝇灯的中部装有荧光灯，可发射对蝇类有高度吸引力的紫外线，荧光灯外固有通过高压低电流(通常为 5 500 V，10 mA)交流电的格栅；当蝇类爬经格栅时则被击毙，落入挂在灯下的盘内。灭蝇灯的灭蝇效果良好。此外，还有利用超声波驱除蚊蝇的电子驱蚊器等，都具有防除效果。

3. 化学防除

化学防除指使用化学杀虫剂对蚊蝇等害虫进行毒杀或驱除的措施。化学杀虫剂在使用上虽存在易引发抗药性、污染环境等问题，但具有使用方便、见效快、可大量生产等优点，仍是当前蚊蝇防除的重要手段。常用的化学杀虫剂有以下几种：

马拉硫磷：为有机磷杀虫剂，是世界卫生组织推荐使用的室内滞留喷洒杀虫剂。在杀虫浓度范围内，其在哺乳动物体内可较快地变为无活性代谢产物，故对人、畜较为安全，适宜于猪舍内使用。马拉硫磷的杀虫作用强而快，具有胃毒、触毒作用，杀虫范围广，可杀灭蚊、蝇、蛆、虱、臭虫等害虫。在保存和使用马拉硫磷时应该注意避免使用金属容器盛装，不要遇碱或强酸，要避光保存，以免失效。

拟除虫菊酯类：为神经毒杀虫剂，可使蚊蝇等迅速地呈现神经麻痹而死亡，杀虫力强，是一种高效低毒的杀虫剂。灭蚊可用 25%油剂 500 倍稀释，灭蝇可用 2 500 倍稀释液。用 2 500 倍稀释液按每平方米 50～100 mL 的剂量喷雾，可保持 1 周以上无蝇。蝇类对拟除虫菊酯类药物不产生抗药性，故可长期使用。在使用时应该注意：配制药液时水温以 12 ℃为宜，超过 25 ℃将降低药效，忌与碱性药物混合或同时使用。

蝇毒磷：为硫代磷酸酯类化合物，能抑制及降低虫体内胆碱酯酶活性，使虫体高度兴奋，最后麻痹而死，杀虫效果好。

此外，市场上还有各种商品名称的灭蚊蝇药剂出售，可参考产品说明书使用，不过在选购时应该注意购买对人、畜低毒无害的杀虫药。

4. 生物防治

生物防治是利用有害昆虫的天敌灭虫，如蛙类、蝙蝠、蜻蜓均为蚊蝇的天敌。另外，可以结合猪场污水处理，利用池塘养鱼，鱼类能吞食水中蚊蝇的幼虫，具有防治蚊蝇滋生的作用。

三、猪场鼠害及其控制

鼠类会给人畜健康带来极大的危害。鼠类对养猪场的危害表现在：①是人、畜多种传染病的传播媒介和传染源。据临床观察，通过鼠类传播的疫病有 55 种之多。当鼠类从一个养猪场迁移到另一个养猪场时，是传染病的主要传播者。②盗吃饲料。鼠类日采食量是其体重的 1/10～1/15，一只家鼠一年可吃掉 25～30 kg 饲料，而受其污染的饲料是所盗吃饲料的 10 倍。③破坏建筑，咬坏物品和工具。如有时咬坏电线，造成断线或短路，烧毁电气设备，甚至引起火灾。鼠类不仅危害大，而且繁殖极快，一只成鼠一年可繁殖 3～6 窝，每窝产仔 8～10 只。鼠类的活动能力极强，只要直径大于 10 mm 的孔洞或缝隙即可通过。在养猪场中鼠类最多的地方是饲料库、饲料加工车间和猪舍。灭鼠的方法主要有以下几种。

1. 建筑防鼠

建筑防鼠就是从建筑方面考虑，防止鼠类进入建筑物。墙基用水泥制作，用碎石和砖砌的墙基，应用灰浆抹缝。墙面应光滑平直，防止鼠类沿粗糙墙面攀爬。用砖、石铺设的地面和畜床，应衔接紧密并用水泥灰浆填缝，防止鼠类打洞。通气孔、地脚窗、排水沟、粪尿沟等的出口均应安装孔径小于 1 cm 的铁丝网，以防鼠类进入舍内。

2. 器械灭鼠

器械灭鼠就是利用夹、压、关、卡、扣、翻、粘、淹、电等灭鼠器械灭鼠。这种方法简便、易行、可靠，对人畜及环境无害。近年来研制的电灭鼠器和超声波驱鼠器已得到广泛应用。

鼠夹：是最常用的灭鼠工具。它由弹簧、铁丝夹、铁拐棍、诱饵钩和底板组成，利用弹簧强大的弹压力，打死和夹死拉动诱饵钩的老鼠。

电子捕鼠器：亦称电猫。将 220 V、50 Hz 的交流电变成高压脉冲电流，当鼠接触捕鼠器时，高压脉冲电流即将其击昏或致死。电子捕鼠器的特点是体积小，捕鼠效果好，对人畜安全。此外，在中国投入生产和使用的捕鼠器械还有超声波驱鼠器和全自动灭鼠器。

3. 中草药灭鼠

中草药灭鼠具有就地取材、成本低、使用方便、不污染环境、对人畜安全等优点。但其适口性差，鼠不易采食，且有效成分低，灭鼠效果较差。可用于灭鼠的中草药有天南星、山管兰、海杞果、白龙蓄、马钱子、曼陀罗、苍耳、苦参、白天翁和狼毒等。

4. 化学灭鼠

化学灭鼠就是用化学药物来杀灭鼠类，具有效率高、使用方便、成本低、见效快等优点。药剂分为灭鼠剂、熏蒸剂、绝育剂等，但生产中不提倡过多使用。常用的灭鼠药物有敌鼠钠、杀鼠灵、大隆等，这些灭鼠药的共同特点是作用慢，不产生急性中毒症状，一般需多次进食毒饵蓄积中毒致死，鼠类易接受，不易产生拒食性，对人畜较为安全。

5. 生物灭鼠

生物灭鼠就是利用鼠类的天敌进行灭鼠。

任务评价

一、填空题

1. 杀灭蚊蝇的方法有________、________、________、________。

2. 目前杀灭蚊蝇的化学药品有________、________、________。

3. 猪场控制鼠害的方法有________、________、________、________、________。

4. 猪场控制恶臭常用的方法有________、________和________。

二、简答题

1. 简述建筑灭鼠的方法。

2. 简述猪场恶臭控制的综合措施。

3. 简述猪场控制蚊蝇的措施。

任务五　猪场环境消毒与防疫

在养猪生产中，场内环境、猪体表面以及设施、器具等随时可能受到病原体的污染，从而导致传染病的发生。为贯彻“预防为主，防治结合，防重于治”的原则，减少、杜绝疫病的发生，确保养猪生产的顺利进行，猪场应严格落实消毒与防疫工作。

一、猪场疫病防控的基本环节

任何一种疾病，从发生到蔓延，总有一个发展的过程。采取有效的方法和措施控制这一过程的发展，甚至于不让其发生，将之消灭于萌芽状态，是疫病综合防控工作所要得到的理想结果。

疫病防控是指防制传染性疫病的发生和蔓延。疫病从个体感染扩展到群体流行，需要 3 个相互连接的基本环节，即传染来源、传播途径和易感动物。只有当这 3 个环节同时存在并相互联系时，才可能引起疫病在猪群中流行；缺乏其中任何一个环节，流行便可终止。因此，做好猪病的防控工作必须从这 4 个环节着手。

1. 控制和消灭传染源

传染源又称传染来源，是指某种传染病的病原体在其中寄居、生长、繁殖，并能排出体外的动物机体。这种受感染的猪或其他动物体，既可以是有典型症状的病猪，也可以是无症状隐性感染的带菌(毒)动物。典型的病猪一目了然，而处于潜伏期或呈非典型症状的病猪，则不易发觉。

为了控制和消灭传染源，首先要查出传染源，而检疫是揭示传染源的一种重要手段。对于检出的病猪或可疑病猪，应按疫病的性质和动物防疫法规的要求进行扑灭或隔离治疗；若患猪数量多、危害大、一时无法扑灭的，则应划区进行封锁。

2. 切断传播途径

传播途径是指病原体从某一传染源到达另一易感动物所经过的途径或方式。传染传播途径多种多样，一般可分为直接接触和间接接触两种。直接接触是指动物经过交配、啃咬而传播；间接接触是通过空气、飞沫、土壤、污染的饲料和饮水以及人员往来、交通工具而传播或经昆虫的叮咬、啮齿动物活动而传播。

切断传播途径的方法非常多，应采取相应的综合措施。例如，搞好日常的清洁卫生，建立严格的门卫制度，限制外来人员进入猪场，搞好消毒工作，重视杀虫和灭鼠等。做好消毒工作对切断传播途径非常重要。

3. 降低猪群易感性

建立不易感猪群是使猪群对疾病产生抵抗力和免疫力，从而对某些病原体呈现不感染状态。免疫接种能激发动物机体产生特异性抵抗力，是使易感猪转化为不易感猪的一种重要手段。但有许多传染病至今尚未研制出有效的疫苗。

4.做好猪场消毒工作

消毒是为了消灭和减少生产环境中的病原微生物,是切断传播途径、防止传染病发生和蔓延的一项重要技术措施。任何一个猪场都要消毒,但什么时候消毒,用什么方法消毒,选择什么样的消毒药等问题将很大程度地影响消毒效果,从而影响猪的安全生产。

二、猪场消毒

消毒不可能每天进行,也不能只有受到病原微生物威胁时才消毒。消毒必须形成制度化,建立严格的卫生消毒机制。

(一)消毒种类

1.预防性消毒

预防性消毒也叫日常消毒,是指未发生传染病的安全猪场,为防止传染病的传入,结合平时的清洁卫生工作和门卫制度所进行的消毒。预防性消毒主要包括以下几种。

(1)定期消毒。根据猪场生产实际、气候特点对栏舍、道路、周围环境、猪群、消毒池、饲料、饮水、空气、食槽、水槽(饮水器)、生产工具、饲料仓库及公共场所等制订具体的消毒日期,并且在规定的日期进行消毒。例如,栏舍每周消毒一次,安排在每周三;周围环境每月消毒1次,安排在每月初的某一晴天。

(2)器具消毒。体温计、注射器、针头,剪耳钳、剪齿钳、断尾钳、阉割刀等用具必须清毒,每用一次必须消毒一次,针头做到一猪一针。

(3)人员、车辆消毒。任何人和车辆、任何时候进入生产区均应经严格消毒。

(4)转栏前后对猪只、栏舍的消毒。转栏前将猪只洗净、消毒,对准备转入猪只的栏舍要预先清洗、消毒,特别是临产前对产房、产栏、临产母猪要消毒。

(5)术部消毒。仔猪断脐、断尾、剪耳、阉割后的局部消毒,注射部位、手术部位的消毒。

2.随时消毒

随时消毒也叫即时消毒,是指猪场内存在传染源的情况下开展的消毒工作,其目的是随时、迅速杀灭刚排出体外的病原生物。当猪群中有个别或少数猪发生一般性疫病或有突然死亡现象时,应立即对所在栏舍进行局部强化消毒,包括对发病和死亡猪只的消毒及无害化处理,对被污染的场所和物体的立即消毒。这种情况的消毒需要多次反复地进行。

3.大消毒

大消毒也叫终末消毒,是采用多种消毒方法对全场或部分猪舍进行全方位的彻底清理与消毒。当被某些烈性传染病感染的猪群已经死亡、淘汰或痊愈,传染源已不存在,准备解除封锁前应进行大消毒。在全进全出生产系统中,当猪群全部从栏舍中转出后,应对空栏及有关生产工具进行大消毒。春秋季节气候温暖,适宜于各种病原微生物的生长繁殖,因此,春秋两季是搞好大消毒防疫的关键时期。

(二)猪场环境消毒的方法

消毒不单指用化学消毒药泼洒猪舍,其方法有很多。

1.物理消毒

(1)机械性消毒。即用清扫、洗刷、擦拭、铲刮等机械的方法清除降尘、污物及沾染在墙壁、地面以及设备上的粪尿、残余饲料、废物、垃圾等。必要时,应将舍内外表层附着物一起清除,以减少感染疫病的机会。进行消毒时,须清扫、铲刮、洗刷并保持清洁干净。

通风可以减少空气中的微粒与细菌的数量,减少经空气传播疫病的机会。在通风前,应使用空气喷雾消毒剂,沉降微粒和杀菌,然后再进行清扫,最后进行空气喷雾消毒。

(2)阳光消毒。即将物品置于阳光下暴晒,利用太阳光中的紫外线、阳光的灼热和干燥作用杀灭病原微生物的过程。适用于猪场、运动场地、垫料和可以移到室外的用具的消毒。猪舍内的散射光也能杀灭微生物。

常见的病原体被阳光照射后杀灭的时间为:巴氏杆菌 6～8 min,口蹄疫病毒 1 h ,结核杆菌 3～5 h。在高温、干燥、能见度高的条件下杀菌效果更好。

(3)辐射消毒。辐射消毒有紫外线辐射和电离辐射两种方式。

①紫外线辐射消毒:是使用紫外线灯照射杀灭空气中或物体表面的病原微生物的过程,适用于种蛋室、兽医室及人员进入猪舍前的消毒。当空气中的微粒较多时,杀灭效果较差。紫外线杀菌效果最好的环境温度为 20～40 ℃,温度过高过低均不利于紫外线杀菌。

②电离辐射消毒:是利用 X 射线、β 射线、γ 射线、阴极射线、质子和中子电离辐射照射物体,以杀灭物体内病原微生物的过程。其优点在于不产生热效应、穿透力强,所以适用于食品、药品、饲料、医疗器械的消毒,但产生电离辐射需要有专门的设备。

(4)高温消毒。利用高温环境包括煮沸、火焰、高压蒸汽等破坏病原体的结构,杀灭病原体的过程。

①煮沸消毒:将被污染的物品置于水中蒸煮,利用高温杀灭病原体。这种方法简便、经济,消毒效果好。一般病原微生物在 100 ℃的沸水中 5 min 即可被杀死,经 1～2 h 煮沸可杀灭所有的病原体。常用于体积较小而且耐煮的物品,如金属、玻璃等器具的消毒。

②火焰消毒:利用火焰喷射器喷射火焰灼烧耐火的物品或直接焚烧被污染的低价值易燃物品,以杀灭黏附在物品上的病原体。常用于猪舍墙壁、地面、笼具、金属设备等表面的消毒。受到污染的无价值的垫草、粪便、器具及病死的猪体应焚烧,达到彻底消毒的效果。

③高压蒸汽消毒:利用水蒸气的高温杀灭病原体。常用于医疗器械的消毒,常用温度为 115 ℃、121 ℃、126 ℃,需持续 20～30 min。

2.化学消毒法

化学消毒是通过化学消毒剂的作用破坏病原体结构以直接杀死病原体或使病原体的增殖发生障碍的过程。化学消毒速度快、效率高,能在数分钟内杀灭病原体,是猪场最常用的消毒方法。

(1)化学消毒剂的选择。在消毒时应根据病原体的特点,采用不同的消毒药物和消毒方法。消毒剂应选择对人和猪安全、无残留、消毒力强、性能稳定、不易挥发、对设备无破坏、不会在猪体内及产品中积累的种类。猪场常用的消毒剂种类见表 3-8。

表 3-8 常用消毒剂的种类、性质、用法与用途

类别	药名	理化性质	用法与用途
醛类	福尔马林	无色，有刺激性气味的液体，含40%甲醛，90 ℃下易生成沉淀	1%～2%用于环境消毒，与高锰酸钾配伍熏蒸消毒猪舍等
	戊二醛	挥发慢，刺激性小，碱性溶液，有强大的灭菌作用	2%水溶液，用0.3%碳酸氢钠调整pH在7.5～8.5范围可消毒，不能用于热灭菌的精密仪器、器材的消毒
酚类	苯酚（石炭酸）	白色针状结晶，弱碱性易溶于水、有芳香味	杀菌力强，2%用于皮肤消毒；3%～5%用于环境与器械消毒
	煤酚皂（来苏儿）	无色，见光和空气变为深褐色，与水混合成为乳状液体	2%用于皮肤消毒；3%～5%用于环境消毒；5%～10%用于器械消毒
醇类	乙醇（酒精）	无色透明液体，易挥发，易燃，可与水和挥发油任意比混合	70%～75%用于皮肤和器械消毒
季铵盐类	苯扎溴铵（新洁尔灭）	无色或淡黄色透明液体，无腐蚀性，易溶于水，稳定耐热，长期保存不失效	0.01%～0.05%用于洗眼、阴道冲洗消毒；0.1%用于外科器械和手消毒；1%用于手术部位消毒
	杜米芬	白色粉末，易溶于水和乙醇，对热稳定	0.01%～0.02%于用黏膜消毒；0.05%～0.1%用于器械消毒；1%用于皮肤消毒
	双氯苯双胍己烷	白色结晶粉末，微溶于水和乙醇	0.02%用于皮肤、器械消毒；0.5%用于环境消毒
过氧化物类	过氧乙酸	无色透明酸性液体，易挥发，具有浓烈刺激性，不稳定，对皮肤、黏膜有腐蚀性	0.2%用于器械消毒；0.5%～5%用于环境消毒
	过氧化氢	无色透明，无异味，微酸苦，易溶于水，在水中分解成水和氧	1%～2%用于创面消毒；0.3%～1%用于黏膜消毒
	臭氧	在常温下为淡蓝色气体，有鱼腥臭味，极不稳定，易溶于水	30 mg/m^3，15 min用于室内空气消毒；0.5 mg/kg，10 min用于水消毒；15～20 mg/kg用于污染源污水消毒
	高锰酸钾	深紫色结晶，溶于水	0.1%用于创面和黏膜消毒；0.01%～0.02%用于消化道清洗
烷基化合物	环氧乙烷	常温无色气体，沸点10.4 ℃，易燃、易爆、有毒	50 mg/kg密闭容器内用于器械、敷料等消毒
含碘类消毒剂	碘酊（碘酒）	红棕色液体，微溶于水，易溶于乙醚、氯仿等有机溶剂	2%～2.5%用于皮肤消毒
	碘伏（络合碘）	主要剂型为聚乙烯吡咯烷酮碘和聚乙烯醇碘等，性质稳定，对皮肤无害	0.5%～1%用于皮肤消毒；10 mg/kg浓度用于饮水消毒
含氯化合物	漂白粉（含氯石灰）	白色颗粒状粉末，有氯臭味，久置空气中失效，大部分溶于水和醇	5%～10%用于环境和饮水消毒
	漂白粉精	白色结晶，有氯臭味，含氯稳定	0.5%～1.5%用于地面、墙壁消毒；0.3%～0.4%用于饮水消毒
	氯铵类（含氯铵B、C、T）	白色结晶，有氯臭味，属氯稳定类消毒剂	0.1%～0.2%用于浸泡物品与器材消毒；0.2%～0.5%水溶液喷雾用于室内空气及表面消毒

续表 3-8

类别	药名	理化性质	用法与用途
碱类	氢氧化钠（火碱）	白色棒状、块状、片状，易溶于水，碱性溶液，易吸收空气中的 CO_2	0.5%溶液用于煮沸消毒、敷料消毒；2%用于病毒消毒；5%用于炭疽消毒
	生石灰	白色或灰白色块状，无臭，易吸水，生成氢氧化钙	加水配制成 10%～20%石灰乳涂刷猪舍墙壁、畜栏等消毒
乙烷类	氯己定（洗必泰）	白色结晶，微溶于水，易溶于醇，禁忌与升汞配伍	0.01%～0.025%用于腹腔、膀胱等冲洗；0.02%～0.05%水溶液，洗手浸泡 5 min，用于术前消毒

(2)化学消毒剂的使用方法。

①清洗法：用一定浓度的消毒剂对消毒对象进行擦拭或清洗，来达到消毒目的。如对种蛋、猪舍地面、墙裙和器具的消毒。

②浸泡法：把要消毒的物品浸泡于消毒液中进行消毒。常用于对医疗器具、小型用具和衣物的消毒。

③喷洒法：将一定浓度的消毒液用喷雾器或洒水壶喷洒于设施或物体的表面进行消毒。常用于对猪舍地面、墙壁、笼具及猪产品进行消毒。

④熏蒸法：利用化学消毒剂挥发或化学反应中产生的气体，来杀死封闭空间中的微生物。常用于孵化室、无猪猪舍空间的消毒。

⑤气雾法：利用气雾发生器将消毒剂溶液雾化为气雾粒子对空气进行消毒，是消灭病原微生物的理想方法。

(3)影响消毒剂消毒效果的因素。

①消毒剂的浓度与作用时间。任何一种消毒剂都必须达到一定浓度后才有消毒作用，在一定范围内杀菌效果随浓度的增加而提高，但超出范围杀菌效果不再提高。因此，在使用时应注意其有效浓度。一般来说，消毒剂与微生物接触时间越长灭菌效果越好。但不同消毒剂的作用时间不同，使用时应选择最佳的消毒时间。

②温度与湿度。温度与消毒剂的杀菌力呈正相关关系。一般温度每增加 10 ℃，杀菌效果增加 1～2 倍。湿度也会影响杀菌效果，当湿度过低时，杀菌效果较差。

③pH 与拮抗作用。大多数消毒剂的消毒效果受 pH 的影响。如阳离子消毒剂和碱性消毒剂在碱性溶液中杀菌力增强，阴离子和酚类消毒剂在酸性溶液中杀菌力会增强。此外，消毒剂之间往往会形成拮抗作用，同时或短时间内在同一环境中使用多种消毒剂，会减弱消毒剂的杀菌能力。

④微生物的特点。微生物的种类或所处的状态不同，对同一消毒剂的敏感性不同。所以，在消毒时应根据消毒的目的和所要杀灭的微生物的特点，选择对病原体敏感的消毒剂。

⑤有机物的存在。所有的消毒剂对任何蛋白质都有亲和力。因此，环境中的有机物可与消毒剂结合使其失去与病原体结合的机会，从而减弱其消毒能力。同时环境中的有机物本身也对微生物有机械保护作用，使消毒剂难以与微生物接触。所以，在对猪场环境进行化学消毒时，须先彻底清扫、洗刷消除环境中的有机物，以提高消毒剂的利用率和消毒效果。

3.生物消毒法

生物消毒法是利用微生物在分解有机物的过程中释放出的生物热，杀灭病原微生物和寄生虫的过程。在有机物的分解过程中，猪粪便温度可以达到 60～70 ℃，可使病原微生物和寄生虫在十几分钟到数日内死亡，生物消毒法主要用于粪便消毒。

（三）猪场防疫消毒工作程序

1.猪场防疫区域划分与管理

（1）猪场应分生产区和非生产区。生产区包括生产线、更衣室、饲料仓库、药物物资仓库、出猪台、实验室、解剖室、流水线走廊、污水处理区等。非生产区包括办公室、食堂、宿舍等。

（2）应加强猪场区（含生产与生活区）与外界的隔离（用铁丝网、围墙、木桩、水泥桩、刺藤等），达到阻止常规动物（狗、鸡、牛、羊等）进入的目的，且加强交界道路的消毒。

（3）非生产区工作人员及车辆严禁进入生产区。非生产区工作人员确有需要进入者，必须经场长或专职技术人员批准（封场期间需要主管经理批准）并经冲凉、更衣、换鞋、严格消毒后，在场内人员陪同下方可进入，且只可在指定范围内活动。

2.车辆卫生防疫与消毒要求

（1）原则上外来车辆不得进入猪场区内（含生活区）。如果要进入，需严格冲洗、全面消毒后方可入内；车内人员（含司机）需下车在门口消毒方允许入内。

（2）潲水、残次猪车严禁进入猪场区内，外来车辆严禁进入生产区。

（3）运输饲料的车辆要在门口彻底消毒，过消毒池后才能靠近饲料仓库。

（4）场内运猪、猪粪车辆出入生产区、隔离舍、出猪台要彻底消毒。运种猪车辆宜专管专用。如果用其他车辆代替，需提前半天在指定地点由专人负责冲洗消毒，隔离等待。

（5）车辆司机不许离开驾驶室与场内人员接触，随车装卸工要同生产区人员一样更衣换鞋消毒；生产线工作人员严禁进入驾驶室。

3.生活区防疫与消毒要求

（1）生活区大门口消毒门岗。应设外来三轮以上车辆消毒设施、摩托车消毒带、人员消毒带，洗手、踏脚消毒设施及冲凉设施。消毒池每周更换 2 次消毒液，摩托车、人员消毒带，洗手、踏脚设施每天更换一次消毒液。全场员工及外来人员入场时，必须在大门口脚踏消毒池、手浸消毒盆消毒，在指定的地点由专人监督其冲凉更衣。外来人员只允许在指定的区域内活动。

（2）更衣室、工作服。更衣室每周末消毒一次，工作服清洗时消毒。

（3）生活区办公室、食堂、宿舍、公共娱乐场及其周围环境每月大消毒一次，同时做好灭鼠、灭蝇工作。

（4）任何人不得从场外购买猪、牛、羊肉及其加工制品入场，场内职工及其家属不得在场内饲养禽畜（如猫、狗、鸡等）或其他宠物（鸟、鸽子等）。

（5）饲养员要在场内宿舍居住，不得随便外出；猪场人员不得去屠宰场或屠宰户、生猪交易市场、其他猪场、养猪户（家）逗留，尽量减少与猪业相关人员（畜牧局、兽防站、地方兽医）接触。

（6）员工休假回场或新招员工要在生活区隔离一天两夜（封场期间为两天）后方可进入生产区工作。

(7)厨房人员外出购物归来需在大门口冲凉、更衣、换鞋、消毒后方可入内。除厨房人员外,猪场人员不得进入厨房。

(8)猪场应严把胎衣与潲水输出环节,相关外来人员不得进入大门内。潲水桶应多备几个,轮换消毒备用。

(9)搞好场内环境绿化工作,每月初清理一次生活区内杂草及杂物,保持干净整洁的生活环境。

4.生产线防疫与消毒

(1)生产区道路两侧5 m范围内、猪舍间空地每月至少消毒2次。生产线每栋猪舍门口设消毒池、盆,进入猪舍前需脚踏消毒池、洗手消毒。每周更换2次消毒液,保持有效浓度。可在猪场关键交叉路口设置脚踏消毒池。接猪台、周转猪舍、出猪台、磅秤及周围环境每售一批猪后大消毒1次。一季度至少进行1次药物灭鼠,平时动员员工人工灭鼠,定期灭蝇灭蚊。

(2)员工必须经更衣室更衣、换鞋,脚踏消毒池、手浸消毒盆、必要时需沐浴更衣后方可进入生产线。更衣室紫外线灯保持全天候开着状态,至少每周用消毒水拖地、喷雾消毒1次,冬春季节除了定期喷洒、拖地外,提倡全天候酸性熏蒸。全体员工不得由隔离舍、原种舍、扩繁场、售猪室、解剖台、出猪台(随车押猪人员除外,但需按照前述要求执行消毒程序)直接返回生产线,如果有需要,要求回到更衣室冲凉、更衣、换鞋消毒。猪场非管理干部严禁解剖猪只,解剖只能在解剖台进行,严禁在生产线内解剖猪只。

(3)做好猪舍、猪体的常规消毒。加强空栏消毒,先清洁干净,待干燥后实施两次消毒,冬天加强一次熏蒸消毒,确保空栏消毒时间足够。

(4)猪舍、猪群带猪消毒。配种怀孕舍每周至少消毒1次;分娩、保育舍每周至少消毒2次,冬季消毒要控制好温度与湿度,提倡细化喷雾消毒与熏蒸消毒。注意猪舍各单元之间的防疫,将日常工具分开使用(即使是同一个饲养员管理的单元之间)。

(5)局部生产线发生疫情,必要时要搭建临时沐浴、更衣室。

5.购销猪防疫要求

(1)装猪台场内、场外车辆行走路线不得交叉。装猪台需设一低平处用于外来车辆的消毒,地面铺水泥;设计好冲洗消毒水的流向,勿污染猪场生产与生活区。外来车辆先在此低处全面冲洗消毒后才能靠近装猪台。

(2)外来种猪时,其车辆需在指定地点先全面消毒方可靠近隔离舍。隔离舍装猪台卸猪时,在走道适当路段设铁栏障碍,保证每头猪暂停,全身细雾消毒后才放行进入隔离舍。消毒药应选择长效而持久的品类。隔离舍在外进种猪调入后的前3 d应加强消毒。

(3)从外地购入种猪,必须经过检疫,并在猪场隔离舍饲养观察45 d。确认无传染病的健康猪,经过清洗并彻底消毒后方可进入生产线。

(4)出售猪只时,须经猪场有关负责人员临床检查,无病方可出场。出售猪只能单向流动,猪只进入售猪区后,严禁再返回生产线。

(5)原则上养猪户不得进入出猪台内挑猪,可提供一长棒供其挑选。非得进入者,需更衣、换鞋、戴帽、洗手踏脚消毒方可入内。

(6)场内出猪人员上班时在生活区指定地点更换工作服与水鞋,走专门路线去出猪台。在出完猪后对出猪台进行全面消毒，之后严格洗手、踏脚消毒后走专门路线返回生活区，在指定地点换掉工作服。换下的工作服及水鞋需立即浸泡消毒。

(7)出猪苗(或小种猪)时生产线人员随车押送到出猪台，且不得离开车厢，只能在车上赶猪；非得下车帮忙的，只能在接猪台区域活动，不得进入猪栏或其他地方。回场下车后需严格踏脚、洗手消毒；出猪台人员不得帮忙上车赶猪。

(四)猪场常规消毒管理

1.猪舍带猪消毒

猪舍应定期进行消毒，可选用季铵盐类、含碘类、含氯化合物等刺激性小的消毒剂带猪喷雾消毒。消毒时需先清扫污物、地面，清洗器具、用品，再喷洒消毒液。有时还需喷雾、熏蒸，每隔2周或20 d进行1次。

2.猪舍空舍消毒

猪出栏后，应对猪舍进行彻底清扫，将可移动的设备、器具等搬出猪舍，在指定地点清洗、暴晒、消毒。常用水或4%的碳酸钠溶液清洗剂刷洗墙壁、地面、笼具等，干燥后进行喷雾消毒，并且闲置两周以上。当设备、器具和垫料移入舍内后，再用福尔马林熏蒸消毒(福尔马林25～40 mL/m^3，与高锰酸钾的比例为5∶3～2∶1，消毒12～24 h，然后打开门窗通风3～4 d)。

3.饲养设备及用具的消毒

将可移动的设施、器具定期移到舍外，进行暴晒，再用1%～2%的漂白粉，0.1%的高锰酸钾及洗必泰等消毒液浸泡和洗刷。

4.猪粪便及垫料的消毒

一般情况下，猪粪便和垫料采用生物消毒法处理可杀灭绝大多数病原体。但含炭疽、气肿疽等传染病的病畜粪便，须焚烧后经有效消毒剂处理后深埋。

5.猪场及生产区出入口的消毒

猪场入口处，人行通道上应设消毒池，池内用草垫等做消毒垫，消毒垫以20%新鲜石灰乳、2%～4%的氢氧化钠或3%～5%的来苏水浸泡。池内的消毒液约1周更换1次，北方冬季消毒液应换用生石灰。猪场入口处消毒池的长度应大于车轮周长的1.5倍，宽度应与门的宽度相同，水深10～15 cm。在生产区的门口和每栋猪舍的门外也应设消毒池，工作人员进入生产区或猪舍时，要淋浴和更换干净的工作服、工作靴，并踏池而过，同时接受紫外线消毒灯照射3～5 min。工作人员应养成清洗双手、不串岗的良好习惯。

6.工作服的消毒

工作服洗净后用高压蒸汽消毒或紫外线消毒。

7.运动场的消毒

清除运动场地面污物，用10%～20%的漂白粉喷洒，或用火焰进行消毒。运动场可用15%～20%的石灰乳涂刷。

三、猪场防疫

猪疾病的发生与猪场环境卫生状况密切相关。为了确保猪场安全生产，减少疾病的发生，应从多方面做好猪场的防疫工作。

(一)猪场防疫的基本原则

猪病包括疫病(传染病、寄生虫病)和普通病(内科、外科、产科)两大类。其中,疫病是危害比较严重的群发病,对此要予以高度重视。猪场应坚持"预防为主,防重于治"的方针,严格按照《中华人民共和国动物防疫法》和《重大动物疫情应急条例》中的有关规定和要求,从饲养环境、生产资料、兽医防疫、检疫检验等方面建立制度,落实措施,并遵循以下几个原则。

1.创造适宜养殖环境的原则

为猪群创造一个适宜的养殖生产环境是防止生猪疫病发生的基本措施,也是减少疫病危害的有效途径。适宜的养殖环境包括合理的场址选择、良好的圈舍条件、卫生的生存环境、先进的养殖设施等。只有生长在适宜的环境条件下,猪才会充分发挥其遗传潜力和生产性能,增强对疫病的抵抗力,减少各种疾病的发生。而不良的生存环境可直接导致场内疫病的发生和传播,可引起各种呼吸道疾病、肠道传染病和烈性传染病的发生。

2.应用先进养殖技术的原则

改变单纯采用兽医技术进行防疫的观念,采取综合应用生态学、环境学、饲养管理学、兽医学进行防疫的策略,大力推进先进的养殖方式,提高科学养殖水平。

先进养殖技术主要包括健康养殖、生态养殖、标准化养殖等方面,可采用封闭式饲养、适度规模(密度)饲养、自繁自养、全进全出、分段式饲养、单一猪种饲养、科学管理饲养、生态饲养等来组织实施。

3.严格投入品监控的原则

仓储等过程均要有详细记录,确保建立完整的档案台账,能够实现投入品的可追溯。还要慎重制订预防保健用药计划,严格筛选药物,按照规定留出足够的停药期,坚决禁止使用任何违禁药物和添加剂。

4.完善疫病防控体系的原则

疫病防控体系包括防控队伍、防疫机构、检疫检测、疫情控制、免疫程序、消毒隔离等方面。前四个主要由政府部门来完成,后两个主要由养殖企业承担。

(1)建立科学的疫苗免疫程序。免疫应有制度、有计划,不可随意进行,不可盲目实施。制订免疫计划时,既要充分考虑品种特点、疫苗特性,又要结合本地疫情和本场实际,选择最合适有效的免疫途径,选择最可靠的免疫程序,选择最安全的免疫剂量,免疫前后及时进行必要的抗体滴度检测。

(2)建立严格的消毒隔离措施。建立和完善以"卫生消毒"工作为核心的猪场生物安全体系,将卫生消毒工作落实到猪场管理的各个环节,通过严格执行卫生消毒措施,一方面降低猪群对疫病的感染率;另一方面将猪场环境和猪舍内病原微生物的污染降到最低,以减轻或杜绝猪群继发感染的机会。在实际实施过程中,每周至少带猪消毒1～2次,消毒前应用清水将猪舍冲洗干净,场区一般每月消毒1次。

(3)实行认真的检疫监测工作。在检疫方面,建立严格的检疫体系,做到有畜必检,有售必检,不漏检一只。加强生猪产地检疫和屠宰检疫,切实把好生猪出栏关、屠宰检疫和猪肉产品上市关。要切实加强调入生猪的安全风险评估,落实疫区和疫情风险地区风险规避措施;落实调入前备案、调入后报验的制度。

5. 确保无害化处理的原则

无害化处理主要包括两个方面，一是病死猪的无害化处理，二是猪场污染物的无害化处理。处理过程要严密、程序要规范、方法要科学。

病死猪及胎衣等污染物，应远离猪舍、挖坑深埋，并严格按照《畜禽病害肉尸及其产品无害化处理规程》处置。发现重大动物疫情，必须采取“早、快、严、小”的原则进行扑杀与无害化处理。对猪场的粪尿等排泄物，应实行干清粪收集，干湿分离后，通过简单堆积发酵处理用作有机肥；不便收集的尿液污水可通过流入沉淀池、沼气处理池等进行沉淀、厌氧发酵等无害化处理后排出，但排出管道要通过相应的输送管道连接到种植业基地，用作肥料。

（二）规模猪场的防疫要求

猪场防疫包括防疫管理、卫生消毒、疫病诊断与监测、疫情处置、疫苗免疫、药物防治以及疫病净化等多方面的工作。为做好防疫工作，应落实以下要求。

1. 健全防疫管理制度

（1）场长对防疫工作负总责。规模猪场的场长应全面负责防疫工作，主要包括组织制订猪场兽医防疫计划和各部门的防疫岗位责任制；组织实施传染病和寄生虫病的防治和扑灭工作；对场内职工及其家属进行猪场兽医防疫工作的宣传和教育；监督场内各部门和职工执行兽医防疫工作。

（2）兽医技术人员对防疫负具体责任。猪场应建立兽医室，配备相应的诊断条件。同时，应根据生产规模和需求配备适量的兽医技术人员，具体负责和承担猪场的兽医卫生防疫工作。该项工作主要包括：制订全场的防疫、消毒、监测、检疫和驱虫工作计划，并参与组织实施，定期向主管场长汇报；配合畜牧技术人员加强猪群的饲养管理、生产性能及生理健康监测；有条件的场应开展猪瘟、口蹄疫等主要传染病的感染状况和疫苗免疫效果的监测工作；定期检查猪场饮水卫生及饲料的加工、贮运状况；定期检查猪舍、用具、粪尿处理和猪场环境卫生及消毒情况；负责防疫、病猪诊治，淘汰猪、死猪剖解及无害化处理；建立兽医药品和疫苗等生物制品的采购、保管、领用、免疫注射、消毒、检疫、抗体监测、疾病治疗、剖解等各种业务档案；积极推广兽医科技新成果和新经验，有条件的可结合生产进行必要的应用试验与评价工作。

（3）所有人员应遵守猪场卫生防疫制度。场内兽医人员不准对外诊疗。猪场配种人员不准对外开展猪的配种业务。生产人员进入生产区时，必须洗手、穿工作服和胶靴，戴工作帽或淋浴后更换衣鞋，工作服应每天清洗和消毒。生产人员出场前也应进行淋浴和更换工作服；外出返回生产区之前，应隔离 1 周。外来参观者洗澡后，更换场区工作服和工作鞋后方可入内，在场区要遵守场内一切防疫卫生制度。

（4）建立相应的防疫措施。猪场应坚持自繁自养的原则。需要引进种猪时，必须从非疫区，且必须申报检疫审批并检疫合格后方可引进。引进后隔离饲养至少 45 d，经观察、检疫，确认为健康者方可并群饲养。场内不准带入染疫的畜产品或其他物品。猪场的每个消毒池要按使用消毒药品的最短有效期，定期更换消毒药液，并保持其有效度。猪场严禁养禽、犬、猫及其他动物。生产区人员不得接触生猪肉。外来车辆不得进入猪场，必要时，需要严格消毒后方可进入。禁止饲喂不清洁、发霉或变质的饲料。

2.落实卫生消毒措施

猪场应保持整个环境的清洁卫生，因地制宜选用高效低毒、广谱类的消毒药品，定期对猪场内的道路和环境消毒，一般每周1～2次。同时，应对与猪场相通的周边道路进行消毒，一般每月2次以上；在一些重大疫病发生和流行时期，每周1次以上。每天坚持打扫猪舍，保持料槽、水槽、用具干净，地面清洁。

猪场必须执行每个生产阶段的“全进全出”制，每批猪转舍和调出后，猪舍要严格进行清扫，并冲洗消毒后空圈5～7 d。猪舍内要定期进行带猪消毒，一般每周2次。产房要严格消毒，有条件的可进行消毒效果检测。母猪进入产房前进行体表清洁和清毒，母猪分娩前用0.1%高锰酸钾溶液对外阴和乳房清洗消毒。仔猪断脐、断尾、剪牙后要严格消毒。搞好灭鼠、灭蚊蝇和血吸虫等工作。

饲养员应认真执行饲养管理制度，细致观察饲料有无变质以及猪采食和健康状态，排粪有无异常等；发现不正常现象，及时向兽医技术人员报告。猪只及其产品出场，应由猪场提供疫病监测和免疫证明。严格执行病猪、疑似传染病猪、隐性感染猪和无饲养价值的猪只淘汰及无害化处理制度。

3.加强疫病监测诊断

对猪场发病死亡的猪只，兽医技术人员应积极开展临床和病理诊断，并做好发病和死亡情况记录。无条件开展病理诊断工作的，应采集发病死亡猪只血清、组织样本，及时送相关实验室进行病原学与血清学诊断。

定期开展疫病监测工作，掌握猪群病原感染与带毒状况，按猪群规模采集一定数量的血清样本送相关实验室进行检测，一般每年进行3～4次监测。

4.严格重大疫情处置

猪场发生疫情时，应及早报告，并按照《中华人民共和国动物防疫法》的相关要求，采取“早、快、严、小”的处理策略，做好封锁与隔离，并及时进行无害化处置。

5.做好疫苗免疫接种

猪场应做好各类疫病的疫苗免疫工作，特别是重大疫病的免疫预防。依据猪免疫状况和疫病的流行季节，结合当地和本场的具体疫情制定相应的免疫预防方案，制定合理科学的免疫程序(表3-9)。有条件的猪场每年应进行2～3次疫苗免疫和效果监测。引进种猪在并群前，应按国家要求并结合所在地疫病的流行情况，及时注射猪瘟、口蹄疫、高致病性猪繁殖和呼吸综合征等重大疫病疫苗，以防染疫造成重大损失。

6.完善药物防治方案

猪场应依据本场细菌性疾病发生状况，制定各个阶段猪群的合理科学的药物预防与保健方案。对发病猪群，有针对性地使用药物进行对症治疗，选用敏感、高效的抗菌药物，禁止滥用抗生素，严格执行各类药物停药期的规定。不能使用国家禁用的各类药物。

制订猪场寄生虫控制计划，选择高效、安全、广谱的抗寄生虫药。首次执行寄生虫控制程序的猪场，应首先对全场猪进行彻底的驱虫。怀孕母猪于产前1～4周内用1次抗寄生虫草药。公猪每年至少用药2次，外寄生虫感染严重的猪场每年应用药4～6次。所有仔猪在转群时用药1次。后备母猪在配种前用药1次。新引进的猪只驱虫2次(每次间隔10～14 d)后，再隔离饲养至少30 d才能和其他猪并群。

表 3-9　猪场疫苗免疫程序

群别	免疫日龄或时间	免疫项目	免疫剂量	免疫方法
后备母猪	170 日龄	细小＋伪狂犬	1 头份	耳根后注射
	177 日龄	口蹄疫＋乙脑	1 头份＋2 头份	耳根后注射
	184 日龄	细小＋蓝耳	1 头份	耳根后注射
	191 日龄	猪瘟	1 头份	耳根后注射
	198 日龄	萎鼻	1 头份	耳根后注射
	205 日龄	圆环＋乙脑	1 头份	耳根后注射
	212 日龄	驱虫 7 天		
头胎母猪	产前 50 d	口蹄疫(OA)	2 mL	耳根后注射
	产前 45 d	伪狂犬	1 头份	耳根后注射
	产前 40 d	大肠杆菌(灭活)	1 头份	耳根后注射
	产前 35 d	圆环＋腹泻(灭活)	1 头份	耳根后、后海穴注射
	产前 21 d	大肠杆菌	1 头份	耳根后注射
	产前 15 d	腹泻(灭活)	1 头份	后海穴注射
	产后 16 d	细小(灭活)(跟两胎)	1 头份	耳根后注射
	产后 21 d	猪瘟＋口蹄疫(OA)	2 头份＋2 mL	耳根后注射
种公猪和经产母猪	1、4、7、10 月份	蓝耳	1 头份	耳根后注射
	3、9 月份	猪瘟	1 头份	耳根后注射
	1、5、9 月份 (野毒阴性场)	伪狂犬(活苗)	1 头份	耳根后注射
	1、4、7、10 月份 2 次跟胎灭活 伪狂犬野毒阳性场	伪狂犬(活苗)	1 头份	耳根后注射
	3、6、9、12 月份	口蹄疫(OA)	3 mL	耳根后注射
	5、9 月份	圆环	1 头份	耳根后注射
	10、12 月份	腹泻	1 头份	后海穴注射
	3、6 月份	乙脑	2 头份	耳根后注射
仔猪	1 日龄(阳性场)	伪狂犬	0.5 头份	滴鼻
	14 日龄	蓝耳	1 头份	耳根后注射
		气喘(灭活)	1 头份	耳根后注射
		圆环	0.5 头份	耳根后注射
	35 日龄	猪瘟	1 头份	耳根后注射
		口蹄疫(OA)	1 mL	耳根后注射
	55 日龄	伪狂犬	1 头份	耳根后注射
	65 日龄	猪瘟	1 头份	耳根后注射
		口蹄疫(OA)	2 mL	耳根后注射
	85 日龄	伪狂犬(灭活)(伪狂犬野毒阳性场)		耳根后注射
	115 日龄	口蹄疫(OA)	2 mL	耳根后注射

(三)生猪养殖环境优化的主要措施

为了增强猪只的非特异性免疫机能,降低环境中病原体的载量,保障生猪的健康安全生产,应按照“环境重于养、养重于防、防重于治”的疾病防控新理念,在生产中加强饲养管理,同时切实做好养殖环境的控制与优化。

1.猪舍设计与建设的改进

设计建造猪舍对执行生物安全措施和改善猪健康状况起决定作用。在生猪饲养环境中,需对“大栋、大栏、大群”和“限位栏”饲养模式予以优化。“大栋、大栏、大群”饲养能够有效减少设备投资和提高舍内地面利用率,但存在通风不良、猪只整齐度差、不易及早发现病猪及难以全进全出等诸多弊端,不利于疫病防控。“小单元、小栏、小群”饲养模式将大栋舍分成数个独立的单元,每个单元内有数个饲养栏或产床,便于全进全出、空舍消毒和日常管理。以饲养500头生产母猪饲养场为例,每周约20头母猪产仔,将一栋产房分为数个单元,每一单元设置22张左右的产床;每周有200～240头仔猪转入保育舍,可相应给每个保育舍单元/栋设置约20个栏位、每栏放10～12头仔猪。这样可以保证每栋/单元的猪只来自同一批,便于进行批次管理和舍内环境的调控,并减少不同批次间不同月龄猪只间疫病的交叉传播。为了解决母猪限位栏饲养带来的诸多不利因素,人们开发了自动化母猪群饲养管理,但因其价格昂贵、技术要求较高,暂时难以普及;可以考虑优化栏位结构、把限位栏与大栏[2 m×(3.5～4.0) m]结合来趋利避害、缓解全程限制饲养对母猪造成的应激和损害,降低肢蹄病的发病率。将母猪配种准胎后于限位栏内饲养至第75 d,再将其转移至大栏饲养至妊娠107～109 d时调至产房,一猪一栏饲养,能增加母猪的活动量,提高体质,延长其使用年限,还能改善和增强其免疫力。

2.猪舍空气质量的控制

首先,合理配制饲料是从源头上减少有害气体产生的方法之一。选择消化率高的原料进行膨化或颗粒化加工,提高猪的消化率,可减少粪便干物质的排出量。根据“理想蛋白质模式”调配氨基酸平衡日粮,可在满足猪只氨基酸需求的同时,降低蛋白质的添加量,降低尿氮排放量。

其次,合理添加微生态制剂以促进机体正常菌群的生长,调控其胃肠道的微生态环境,影响硫、氨等的消化吸收和在肠道内的发酵,可降低有害气体和腐败物的排出量进而改善空气质量。有学者研究发现,日粮中添加酶制剂可显著降低猪舍空气中微生物和氨气的含量。

再次,除了加强通风换气外,还应采取合适的空气消毒措施来降低空气中的灰尘和病原体载量。实行带猪空气消毒,应调控好消毒雾滴的大小,以便消毒液能够悬浮较长的时间与病原体进行充分接触。新式的喷雾消毒设备已经能将雾滴控制在50 μm左右,提高了空气消毒的效率。

最后,还应及时清除舍内的粪污。有研究指出,对机体危害最大的硫化氢多留于粪坑里的液体中,残留在舍内的粪液受搅动可使其快速释放,并停留于猪舍内,引起人畜黏膜和肺组织的局部损伤,因此应保证粪污能够及时排出舍外而不在舍内滞留。

3.猪舍温度、湿度的调控

如前所述,产房温度过高不仅浪费能源,而且不利于仔猪的健康生长,因此,产房温度宜控制在18～22 ℃,且必须保持稳定。生产中还应重视对舍内空气湿度的控制,注重饮水器的检修与更换,减少漏水。还应注意对水压的调控,防止母猪戏水时较高的水压将水喷溅到仔猪身上或保温箱里而引起仔猪腹泻。同时，还应减少用水冲刷猪舍的次数，使用干清粪方式，在减少猪只腹泻性疾病和皮肤病的同时，还能减轻污水处理的压力和对环境的污染。

4. 粪污处理系统的完善

对于粪污处理，首先，应保障舍内排粪道的畅通和高效，使粪污能够及时排出，并尽量使用干清粪方式；其次，设置专用的粪污处理场地，对粪污进行干湿分离或发酵处理等，并设专用的污道用于猪舍至处理场的粪便运输；最后，将下水道与排粪道分离，以减轻污水处理的压力，减少对环境污染。

(四)做好猪场各项卫生管理工作

按照卫生防疫的要求，猪场应根据自身的实际情况，制定完善的卫生防疫制度，如建立健全包括日常管理、环境清洁消毒、废弃物及病畜、死亡尸体处理以及接种免疫等在内的各项规章制度，并且建立专门的管理和防疫队伍，严格执行各项制度。

(1)及时清除粪便污水，加强猪舍的通风换气，确保人畜的饮水卫生，对环境及用具进行定期的消毒，妥善处理病畜尸体及废弃物，保证良好的猪场环境卫生。

(2)尽量减少外来人员进入生产区，若需进入须进行严格的消毒；场内人员要严格遵守卫生制度。

(3)防止饲料霉变和渗入有毒有害物质，确保饲料质量安全、可靠，符合卫生要求。

(4)做好猪的防寒防暑工作，过冷过热的环境会直接或间接引起多种疾病，影响猪的健康。

四、猪场消毒实施案例

(1)常规消毒方案推荐见表 3-10。

(2)常用消毒方法见表 3-11。

(3)猪场消毒记录见表 3-12。

表 3-10 常规消毒方案推荐

用途	主要成分	配制浓度	注意事项	使用方法
消毒池、脚踏池消毒	氢氧化钠	2%～3%	强腐蚀性，注意安全	现配现用，每周至少更换 2 次，下雨后及时更换
车辆及运输工具消毒	碘、磷酸、硫酸	1∶400	避光保存	喷雾，交替使用
	酚、醋酸	1%	高浓度(>5%)对皮肤黏膜有刺激性和腐蚀性	
	癸甲溴铵溶液	1∶600	低温影响消毒效果	
	聚维酮碘	1∶500	避光保存	
	戊二醛、邻苯二甲醛、季铵盐	1∶500	浓溶液避免与皮肤和黏膜接触	
	络合氯	1∶1 000		

续表 3-10

用途	主要成分	配制浓度	注意事项	使用方法
场地消毒	聚维酮碘	1:500	溶液淡黄色消失时无效	现配现用，每天更换 1 次
	酚、醋酸	1%	不与其他消毒剂合用	
	癸甲溴铵溶液	1:600	低温影响消毒效果	
	络合氯	1:1 000		
	戊二醛、邻苯二甲醛、季铵盐	1:500	浓溶液避免与皮肤和黏膜接触	
	酚、醋酸、十二烷基苯磺酸	1%	不与其他消毒剂合用	
生产线道路、环境常规消毒	氢氧化钙	配制成 10%～20% 的石灰乳	有腐蚀性	现配现用，每周 2 次
	氢氧化钠	2%～3%	强腐蚀性，注意安全	现配现用，每月至少 1 次
	过氧乙酸、过氧化氢	1:2 000	易挥发	舍内环境消毒
生活区消毒	氢氧化钠	2%～3%	强腐蚀性，注意安全	每月 1 次
洗手盆消毒	聚维酮碘	1:500	溶液淡黄色消失时无效	现配现用，每 2～3 天换 1 次，以保证有效浓度
	戊二醛、癸甲溴铵	1:2 000	禁与阴离子表面活性剂混合使用	
	癸甲溴铵溶液	1:1 500	低温影响消毒效果	
	络合氯	1:1 000		
栏舍常规消毒	聚维酮碘	1:500	溶液淡黄色消失时无效	喷雾，现配现用，定期使用
	戊二醛、邻苯二甲醛、季铵盐	1:500	浓溶液避免与皮肤和黏膜接触	
	酚、醋酸	1%	不与其他消毒剂合用	
	二氯异氰脲酸钠粉	1:1 000	分娩舍产床消毒常用	
空栏消毒	氢氧化钠	2%～3%	强腐蚀性，注意安全	喷雾，现配现用
	碘、磷酸、硫酸	1:400	一种消毒剂清洗干净后再用另外一种消毒剂，否则可能影响消毒效果	
	过硫酸氢钾复合物	1:200		
	酚、醋酸	1:330		
	氢氧化钙	配制成 10%～20% 的石灰乳	喷洒墙壁、地面、产床等	
	甲醛	不稀释	刺激性强，熏蒸后要通风方能进入猪舍	用保温灯加热熏蒸消毒

续表 3-10

用途	主要成分	配制浓度	注意事项	使用方法
器具消毒	聚维酮碘	1:500	溶液淡黄色消失时无效	现配现用，浸泡消毒
	二氯异氰脲酸钠粉	1:600		
	戊二醛、邻苯二甲醛、季铵盐	1:500	浓溶液避免与皮肤和黏膜接触	
	戊二醛、癸甲溴铵	1:2 000		
	酚、醋酸、十二烷基苯磺酸	1%	不与其他消毒剂合用	
	酚、醋酸	1.6%	高浓度有腐蚀性	
饮水消毒	癸甲溴铵溶液	1:2 000	不能随意加大剂量	现配现用，直接饮用
	聚维酮碘	1:1 500		
	亚氯酸钠，柠檬酸，硫酸钠，硫酸镁	1 片/1 t 水		
饮水系统（水管）消毒	生物表面活性剂，缓释剂	1:500	只在空栏时使用	搅拌均匀后充满管道，泡管 2～3 d，冲洗干净
带猪消毒	碘、磷酸、硫酸	1:400	将栏舍及猪身冲洗干净后使用	喷雾，现配现用
	过硫酸氢钾复合物	1:200		
	癸甲溴铵溶液	1:600		
	乙酸	不稀释	冬季猪舍内常规消毒	不用加热，熏蒸消毒
皮肤消毒	高锰酸钾	1:1 000	有机物减弱杀菌作用，高浓度有腐蚀性	母猪后躯消毒、公猪包皮清洗，深层创伤冲洗
	乙醇	75%	易挥发	皮肤或注射部位消毒
	碘酒	5%	避光保存	脐带，尾根部消毒
	紫药水	不稀释		创伤部位消毒

表 3-11　常用消毒方法

消毒方式	具体操作方法	适用范围
喷洒	将配制好的消毒液直接用喷枪喷洒	怀孕舍、生长舍、隔离舍等单栏消毒，单头猪场地、猪舍周边、走道消毒
喷雾	用消毒机、背带式手动喷雾器、小型洗发水喷雾器喷雾	车辆表面、器物、动物表面消毒，动物伤口消毒，猪舍周边消毒
高压喷雾	专门机动高压喷雾器向天喷雾（雾滴直径小于 100 μm），雾滴能在空中悬浮较长时间	任何空间消毒，带猪或空栏消毒
甲醛熏蒸	①甲醛＋高锰酸钾②甲醛器皿内加热	空栏熏蒸，器物熏蒸

续表 3-11

消毒方式	具体操作方法	适用范围
普通熏蒸	冰醋酸、过氧乙酸等自然挥发或加热挥发	任何空间消毒，带猪消毒
涂刷	专用于10%石灰乳消毒，用消毒机喷，或用大刷子涂刷于物体表面形成薄层	舍内墙壁、产床、保育高床、地板表面、保温箱内
火焰	液化石油气或煤气加喷火头直接在物体表面缓慢扫过	耐高温材料、设备的消毒(铸铁高床、水泥地板等)
拖地	用拖把加消毒水拖	产床、保育舍高床、地板，更衣室、办公场所、饭堂、娱乐场所地面
紫外线	紫外线灯管直接照射(对能照射到的地方起作用)	更衣室空气消毒
饮水消毒	向饮水桶或水塔中直接加入消毒药	空栏时饮水管道浸泡消毒，带猪饮水消毒，水塔水源消毒

表 3-12　猪场消毒记录表

消毒日期	消毒药名称	配制浓度	消毒地点	实施人

任务评价

一、填空题

1. 猪场消毒的种类有__________、__________、__________。
2. 猪场消毒的方法有________、________、______。
3. 化学消毒剂的使用方法有______ 、______、______、______、______。

二、简答题

1. 熏蒸消毒应注意哪些问题?
2. 选择消毒剂的原则有哪些?
3. 影响消毒剂消毒效果的因素有哪些?
4. 怎样做好猪场的防疫工作?
5. 猪舍的五步消毒法是指什么?
6. 熏蒸消毒所用药品的剂量是如何计算的?

任务六 猪舍消毒技术

一、实训目标

学会猪舍消毒的程序和方法。

二、消毒准备

(1)仪器设备。火焰喷灯 2 个,电炉 4 台、高压水枪 1 个。

(2)材料与工具。

消毒剂:百毒杀 2 瓶;3%～5%火碱溶液 200 kg;0.5%过氧乙酸溶液 100 kg;适量的甲醛溶液和高锰酸钾晶体。

用具:瓷盆 4 个;温湿度计 1 支;塑料薄膜、板条和钉子若干。

(3)场所。猪舍。

三、操作方法及标准

(一)操作方法

1.清洁猪舍

将猪舍的天棚、墙壁、窗户上的灰尘和笼具上的粪渣、地面上的污垢、饮水器和料槽上的污渍进行彻底清除。

(1)去尘。用高压水枪冲洗天棚、墙体、门窗、笼具、饮水器和料槽,直至冲洗干净。

(2)除污。用洁净未污染的料袋做成丝状球用来刷洗水槽和料槽内外的污渍,然后用笤帚和板铲清除猪栏及地面上的粪便和残渣。

(3)冲洗。用高压水枪按地面排水的方向全面冲洗整个猪舍。

(4)去渍。将冲洗不掉的污垢和污渍彻底地清除。

2.冲洗消毒

做完清洁猪舍工作后接着进行冲洗消毒,一般情况下需冲洗 3 次,每次冲洗 5 min,间隔 20 min 进行 1 次。第 1 次用 3%的工业火碱热溶液冲洗消毒,第 2 次用清水冲洗干净,第 3 次用 0.5%的过氧乙酸溶液冲洗消毒。冲洗消毒后,排出舍内残留的积水,若有采暖设备此时需启动升温,并将舍内门窗打开进行通风换气,确保第 2 天早晨猪舍干燥。

3.粉刷消毒

当墙体与门窗不平滑时,首先用混凝土将缝隙堵塞抹平,然后用刷墙喷射器具将天棚、墙体用石灰乳进行粉刷。

4.火焰消毒

用火焰喷枪或火焰喷灯对笼具和地面及距地较近的墙体进行火焰扫射,每一处扫射时间在 3 s 以上。要求工作认真细致，宁可重复消毒也不让其有遗漏之处。

5. 熏蒸消毒

(1)消毒用药及剂量。消毒用药为甲醛溶液和高锰酸钾晶体，配合比例为 2∶1，具体剂量因猪舍状况而定(表 3-13)。

表 3-13　猪舍熏蒸消毒用药剂量

猪舍状况	用甲醛剂量/(mL/m³)	用高锰酸钾剂量/(g/m³)
未使用过的猪舍	14	7
未发疫病猪舍	28	14
已发疫病猪舍	42	21

(2)消毒方法及要求。消毒前先将猪舍的窗户用塑料布、板条及钉子密封，将舍门用塑料布钉好待封；用电加热器将舍内温度提高到 26 ℃，同时向舍内地面洒 40 ℃热水至地面全部淋湿为止，然后将甲醛分别放入几个消毒容器(瓷盆)中，置于猪舍不同的过道上；安排与消毒容器数量相等的工作人员，依次站在消毒容器旁等待操作；当准备就绪后，由距离门最远的工作人员开始操作，依次向容器内放入用纸包好的定量高锰酸钾，放入后迅速撤离，待最后一位工作人员将高锰酸钾放入消毒容器时，所有的工作人员撤离到门口，待人员全部撤出后将舍门关严并封好塑料布。密封 3～7 d 即可。

(二)实训注意事项

(1)使用碱性消毒剂、酸性消毒剂及熏蒸消毒时要注意操作者的安全与卫生防护。

(2)在熏蒸消毒之前可将饲养员的工作服、饲养管理过程中需要的用具同时放入舍内进行熏蒸消毒。

(3)使用电炉升温猪舍和用高压水枪冲洗猪舍时要在电源闭合开关处连接漏电显示器，保证用电安全。

(4)猪舍再次使用前，升温排掉余烟后方可使用。

四、技能考核标准

考核内容及分数分布	操作环节及要求	评分标准		考核方法	熟练程度	时限
		分值	扣分依据			
1. 清洁猪舍 2. 冲洗消毒 3. 火焰消毒 4. 熏蒸消毒	①消毒药剂配置	20	消毒药用量计算及消毒药浓度配置若有误差，每处扣 5 分	分组操作考核	熟练	2 d
	②消毒程序	40	消毒五大程序每少一处扣 10 分，下设的子程序每少一处扣 5 分			
	③规范程度	20	操作不规范时，每处扣 4 分			
	④熟练程度	10	在教师指导下完成时扣 5 分			
	⑤完成时间	10	每超时 1 h 扣 2 分，直至 10 分为止			

任务七 猪场废弃物的处理与利用

一、猪场废弃物的特性

猪场废弃物主要包括粪尿、污水、废弃的草料和沉渣等。据统计，每头猪每天大约生产5.5 L排泄物，每年大约排泄9.53 kg的氮，一个万头猪场每年至少向周围环境排粪便1.38万t，平均每日排污水210 t，排放的恶臭成分高达230余种。各类猪群粪尿产量见表3-14。因此，若不加处理，很难有相应面积的土地来消纳数量如此巨大的粪尿，尤其在畜牧业相对比较集中的城市郊区。

凡事都有两面性，猪粪尿也可以为农作物提供大量优质有机肥料。猪粪中含有植物必需的氮、磷、钾三要素，还有一种叫胡敏酸的成分，具有胶性，能改良土壤的团粒结构，增强土壤的蓄水和通气能力，有利于庄稼生长。一头猪一年排泄的粪尿量至少为1 500～2 500 kg，如折合成化肥，则相当于硫酸铵50 kg、过磷酸钙27.5 kg、硫酸钾20 kg，总计相当于100 kg左右的化肥，施到地里约可增产粮食50 kg。由此可知猪粪对农作物增产和改良土壤的重要性。

由于猪的成长阶段、饲料成分、管理方式等的不同，猪的产粪量及粪便的主要营养物质的含量与性质都有很大的差异。猪粪便的营养物质含量和猪粪便主要养分含量见表3-15和表3-16。

表3-14 各类猪只的粪尿产量(鲜量)

种类	体重/kg	每头每天排泄量/kg			平均每头每年排泄量/t		
		粪量	尿量	粪尿合计	粪量	尿量	粪尿合计
种公猪	200～300	2.0～3.0	4.0～7.0	6.0～10.0	0.9	2.0	2.9
空怀、妊娠母猪	160～300	2.1～2.8	4.0～7.0	6.1～9.8	0.9	2.0	2.9
哺乳母猪	—	2.5～4.2	4.0～7.0	6.5～11.2	1.2	2.0	3.2
培育仔猪	30	1.1～1.6	1.0～3.0	2.1～4.6	0.5	0.7	1.2
育成猪	60	1.9～2.7	2.0～5.0	3.9～7.7	0.8	1.3	2.1
育肥猪	90	2.3～3.2	3.0～7.0	5.3～10.2	1.0	1.8	2.8

表3-15 猪粪便的营养物质含量(干物质中)

项目	含量	项目	含量
粗蛋白/%	23.5	可消化能(反刍动物)/(kJ/g)	160.3
真蛋白/%	15.6	总消化氮(反刍动物)/%	15.3
粗纤维/%	14.8	Ca /%	2.72
粗脂肪/%	8.0	P /%	2.13
无氮浸出物/%	38.3	Cu/(mg/kg)	63

表 3-16　猪粪便的主要养分含量　%

主要养分	水分	有机物	氮(N)	磷(P_2O_5)	钾(K_2O)
含量(%)	72.4	25.0	0.45	0.19	0.60

由此可见，养猪生产中产生的废弃物含有大量的有机物质，如不妥善处理则会引起环境污染，造成公害，危害人及猪的健康。粪尿和污水中含有大量的营养物质，尤其是集约化程度较高的现代化猪场，所采用的饲料含有较高的营养成分，粪便中常混有饲料残渣，在一定程度上是一种有用的资源。因此，如能对猪粪进行无害化处理，充分利用粪尿中的营养素，就能化害为利，变废为宝。

二、猪粪便的处理与利用

(一)用作植物生长的有机肥料

为防止病原微生物污染土壤和提高肥效，猪粪尿应经生物发酵或药物处理后再用作肥料。

1. 高温堆肥

粪便与秸秆、杂草及垃圾混合、堆积，控制适宜的相对湿度(60%～70%)和适宜的碳氮比[C∶N=(25～30)∶1]，创造一个好氧发酵的环境，则微生物会大量繁殖，把有机物分解、转化成为植物能吸收的无机物和腐殖质。堆肥过程中产生的高温(50～70 ℃)可使病原微生物及寄生虫卵死亡，达到无害化处理的目的，并获得优质肥料。

经过高温堆肥法处理后的粪便呈棕黑色、松软、无特殊臭味。在堆肥过程中，有许多因素会影响堆肥效果。例如，微生物的数量、温度、封顶堆料中有机物的含量、pH 和空气状况都会影响其效果。为了提高堆肥的肥效价值，堆肥过程中可以根据畜粪的肥效特性及植物对堆肥中营养素的特定要求，拌入一定量的无机肥及各种肥料添加物，使各种添加物经过堆肥处理后变成植物吸收和利用效率高的有机复合肥。

2. 干燥处理

干燥处理畜粪的方式和工艺较多，常有微波干燥、笼舍内干燥、大棚发酵干燥、发酵罐干燥和晒制干燥等方式。在国内，中小型猪场采用自然风干和阳光晒制干燥。但这种处理方法常会受到阴雨天气的影响而造成环境的严重污染。

3. 药物处理

在急需用肥的季节，或在传染病和寄生虫病严重流行的地区(尤其是血吸虫病、钩虫病等)，为了快速杀灭粪便中的病原微生物和寄生虫卵，可采用化学药物消毒杀菌、灭虫灭卵。选用药物时，应采用药源广、价格低、使用方便、灭虫和杀菌效果好、不损肥效、不引起土壤残留、对作物和人畜无害的药物。常用的有尿素、碳酸氢铵、硝酸铵、敌百虫等，其添加量分别为粪便量的 1%、0.4%、1%、10mg/kg，在常温下加入畜粪 1d 左右就可起到消毒与除虫的效果。

(二)用作能源物质的原料

猪粪便作为能源物质的方式有两种。一种是进行厌氧发酵生产沼气，另一种是将猪粪便直接投入专用炉中焚烧，供应生产用热。沼气的主要成分是甲烷，它是一种发热量很高的可燃气体，其热值约为 37.84 kJ/L，可为生产、生活提供能源，同时沼渣和沼液又是很好的有机肥料。一般养猪场饲养规模在 5 000 头以上，奶牛场规模在 100 头以上，鸡场规模在 20 000 羽以上可采用沼气工程来治理畜禽粪便。猪场沼气处理工程的技术模式主要有两种，一是能源生态型，二是能源环保型。

1. 能源生态型

即沼气工程周边的农田、鱼塘、植物塘等能够完全消纳经沼气发酵后的沼液、沼渣，使沼气工程成为生态农业园区的纽带。其处理模式如图 3-3 所示。

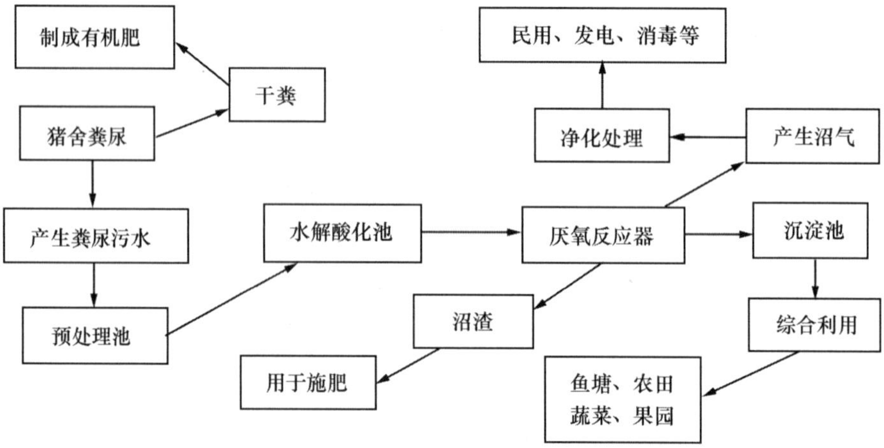

图 3-3 能源生态型处理模式图

2. 能源环保型

即沼气工程周边环境无法消纳沼气发酵后的沼渣、沼液，必须将沼渣制成商品肥料，将沼液经深度处理后达标排放。其处理模式如图 3-4 所示。

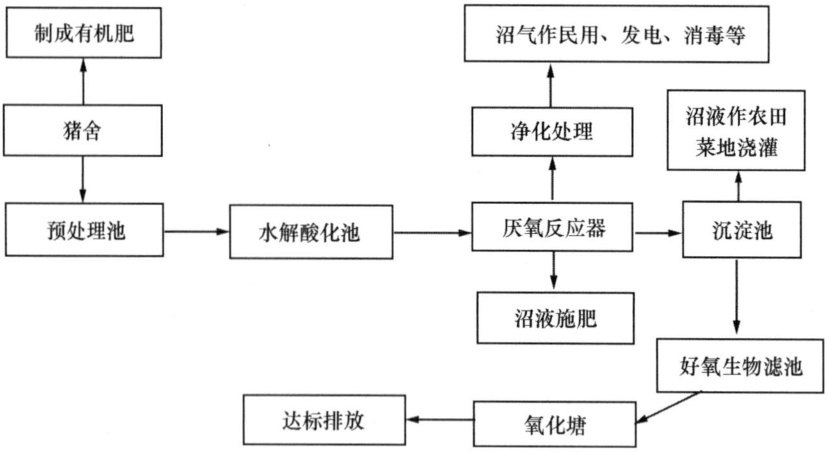

图 3-4 能源环保型处理模式图

(三)通过水生生物处理与利用

1.改变水体中的营养含量

猪粪和禽粪适度投到水体中,将有利于水中藻类的生长和繁殖,使水体能够保持良好的生长环境,但须注意应控制好水体的富营养化,避免使水中的溶解氧消耗枯竭。

2.改善水体生态链

在以上水体中适于放养的鱼类为滤食性鱼类(如鲢鱼、鳙鱼、罗非鱼等)和杂食性鱼类(鲤鱼、鲫鱼、泥鳅等),若水草等大型植物多时,可兼养一些草食性鱼类(如草鱼、鳊鱼等)。若畜粪营养物质含量丰富,则可增加吃食性鱼类放养的数量,以增加经济效益。此外当水体有机物含量适宜时,也可放养具有滤食性的虾类和苗期的蟹类等水产动物。

3.猪粪的施用方法

常用的施肥方式有灌水前施粪和生产过程中施粪。施入的猪粪以经腐熟后为宜,直接把未经腐熟的猪粪施于水体常常会使水体耗氧过度,使水产动物缺氧而死亡。

(四)其他处理方法

1.养殖蚯蚓与蝇蛆

蚯蚓与蝇蛆都为杂食性、食量大、繁殖快、蛋白质含量高的低等动物,由于它们处理与利用粪便的能力很强,而且是特种动物的优质蛋白源,因此在处理与利用粪便方面具有一定的实用和经济意义。养殖蚯蚓的粪便必须具有适宜的水分含量,需要有合适的碳、氮、磷元素比例。为了能为蚯蚓养殖提供优质的食料,通常需要在猪粪中加入适量的杂草、牛粪或植物秸秆,以调节碳、氮、磷元素的比例[三者之比以(50～100)∶(5～10)∶1为宜],同时增加饵料的透气性。含水量高的猪粪则是蝇蛆养殖的良好培养基。

2.种植食用菌

猪粪便中含有大量的纤维素、木质素等结构复杂的高分子碳水化合物,同时富含多种微量元素,可用于食用菌的培育。

三、猪场污水的处理方法

(一)污水处理的基本原则

1.尽量采用干清粪工艺

使干粪与尿污水分流,减少污水量及污水中污染物的浓度,从而降低污水的处理难度和成本。

2.尽量走种养结合的道路

污水经处理后当作肥料来灌溉农田、果树、蔬菜及草地等,尽量减少猪场的污水排放量。

3.如有必要须采用厌氧消化

大中型猪场,特别是水冲粪猪场,必须采用厌氧消化为主、配合好氧处理和其他生物处理的方法。

4.如有可能采用自然生物处理法

猪场规模小且位于偏远的地区，尽量采用自然生物处理法。即实行干清粪工艺后，其污水处理可充分利用当地的自然条件，如废弃的沟塘、滩涂。这种方式投资少，运行费用低。

5.如有条件修建大中型沼气工程

农村经济比较发达，农业生产已形成规模和专业化经营的自然村，可以以村为单位修建大中型沼气工程，使生态环境趋向良性循环。

(二)污水处理的具体要求

(1)生猪养殖过程中产生的污水应坚持农牧结合的原则，经处理后尽量充分还田，实现污水资源化利用。

(2)没有充足土地消纳污水的猪场，可根据当地实际情况选取下列综合利用措施。①经过生物发酵后，浓缩制成商品液体有机肥料。②进行沼气发酵并对沼渣、沼液尽可能实现综合利用。③进行其他生物能源或其他类型的资源回收利用时要避免二次污染，排放部分要符合GB 18596—2001《畜禽养殖业污染物排放标准》的规定。当地方已制定排放标准时应执行地方排放标准。

(三)猪场污水处理的方法

猪场的污水来源主要有4条途径：生活用水、自然雨水、饮水器终端排出和饮水器中剩余的污水、洗刷设备及冲洗猪舍的水。污水处理应采取科学的处理方法。

1.物理处理法

物理处理法是通过物理作用，分离回收水中不溶解的悬浮状污染物质，主要包括重力沉淀、离心沉淀和过滤法等。

(1)重力沉淀法。可利用污水在沉淀池中静置时，其不溶性较大颗粒的重力作用，将粪水中的固形物沉淀而除去。

(2)离心沉淀法。含有悬浮物的污水在高速旋转时，由于悬浮物和水的质量不同，离心力大小也不同，可实现固液分离。该法对猪、鸡粪使用较困难，主要由于粪便黏性大，投、取料不便。

(3)过滤法。即利用过滤介质的筛除作用使颗粒较大的悬浮物被截留在介质的表面，以分离污水中悬浮颗粒性污染物的一种方法。

2.化学处理法

化学处理法即在污水中加入某些化学物质，利用化学反应来分离、回收污水中的污染物质，或将其转化为无害的物质。主要用于污水中的溶解性或胶体性污染物的去除。常用的方法有混凝法、中和法、氧化还原法等。

(1)混凝法。混凝法是向废水中投加混凝剂，在混凝剂作用下使细小悬浮颗粒或胶粒聚集成较大的颗粒而沉淀，从而使细小颗粒或胶粒与水体分离，使水体得到净化。其具体原理是向水中加入混凝剂后，混凝剂在水中发生水解反应，产生带正电荷的胶体，它可吸附水中带负电荷的悬浮物颗粒，形成絮状沉淀物。絮状沉淀物可进一步吸附水体中微小颗粒并产生沉淀，从而使悬浮物从水体中分离。

目前，常用的混凝剂有无机混凝剂和有机混凝剂两类。无机混凝剂应用最广泛的主要有铝盐，如硫酸铝、明矾等；其次是铁盐，如硫酸亚铁、硫酸铁、三氯化铁等。有机混凝剂主要是人工合成的聚丙烯酸钠（阴离子型）、聚乙烯吡稀盐（阳离子型）、聚丙烯酰胺（非离子型）、十二烷基苯磺酸钠和水溶性脲醛树脂等高分子絮凝剂。

（2）中和法。中和法是利用酸碱中和反应的原理，向水中加入酸性（碱性）物质以中和水体碱性（酸性）物质的过程。猪场废水含有大量有机物，一般经微生物发酵产生酸性物质。因此，一般向废水中加入碱性物质即可。

3.生物学处理法

主要靠微生物将污水中的溶解性、悬浮状、胶体状的有机物逐渐降解为稳定性好的无机物。

（1）活性污泥法，又称生物曝气法，是在污水中加入活性污泥，经均匀混合并曝气，使污水中的有机物被活性污泥所吸附和氧化的一种废水处理方法。含有机物的污水经连续通入空气后，其中好氧微生物大量繁殖形成充满微生物的絮状物，因这种絮状物形似污泥，具有吸附和氧化分解污水中有机物的能力，故称为活性污泥。许多细菌及其所分泌的胶体物质和悬浮物质黏附在一起可形成菌胶团，菌胶团是活性污泥的核心，它们能大量分解有机物而不被其他生物所吞噬，且易于沉淀。采用活性污泥法的关键在于有良好的活性污泥和充足的溶解氧，所以曝气是活性污泥法中一个不可缺少的重要步骤。曝气池是利用活性污泥法处理污水的主要构筑物。活性污泥法的主要流程如图 3-5 所示。

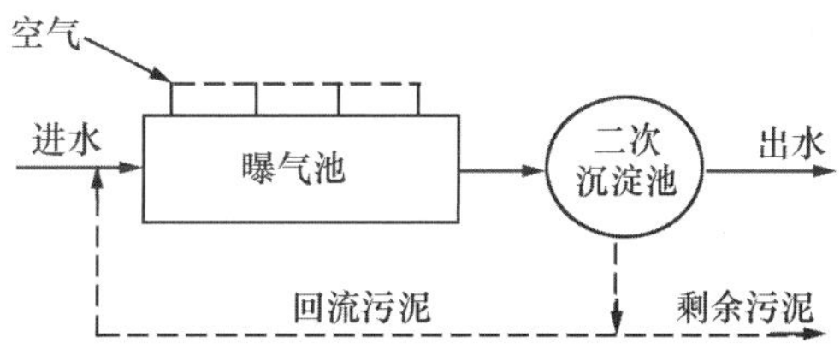

图 3-5　活性污泥法处理废水工艺流程

（2）生物膜法，又称生物过滤法，即使污水通过一层表面充满生物膜的滤料，依靠生物膜上的大量微生物，在氧气充足的条件下氧化污水中的有机物。生物膜是污水中各种微生物在过滤材料表面大量繁殖所形成的一种胶状膜。利用生物膜来处理污水的设备主要有生物滤池和生物转盘等。生物转盘构造与处理废水的流程见图 3-6a 和图 3-6b。

在生物滤池中，由微生物黏附转盘表面的生物膜转动，一半浸于污水，另一半在液面以上曝气，故称生物转盘。生物膜交替通过空气及污水，保持好氧微生物的正常生长与繁殖，从而实现微生物对有机物的好氧分解，使污水得到净化。生物转盘的速度不宜过快，其线速度≤20 m/s，否则生物膜易脱落。生物处理后的污水，再经过台阶式水帘在阳光下曝气处理，恢复水中的溶解氧，则可实现进一步净化，可直接排放或用于猪场冲洗或辅助用水。

（3）人工湿地处理法，是一种利用生长在低洼地或沼泽地的植物的代谢活动来吸收转化水体有机物、净化水质的方法。当污水流经人工湿地时，生长在低洼地或沼泽地的植物截留、吸附和吸收水体中的悬浮物、有机质和矿物质元素，并将它们转化为植物产品。在处理污水时，可将若干个人工湿地串联，组成人工湿地处理废水系统，这个系统可大幅度提高人工湿地处理废水的能力。人工湿地主要由碎石床、基质和水生植物组成（图 3-7）。湿地内种植的植物主要为耐湿植物如芦苇、水莲等沼泽植物。

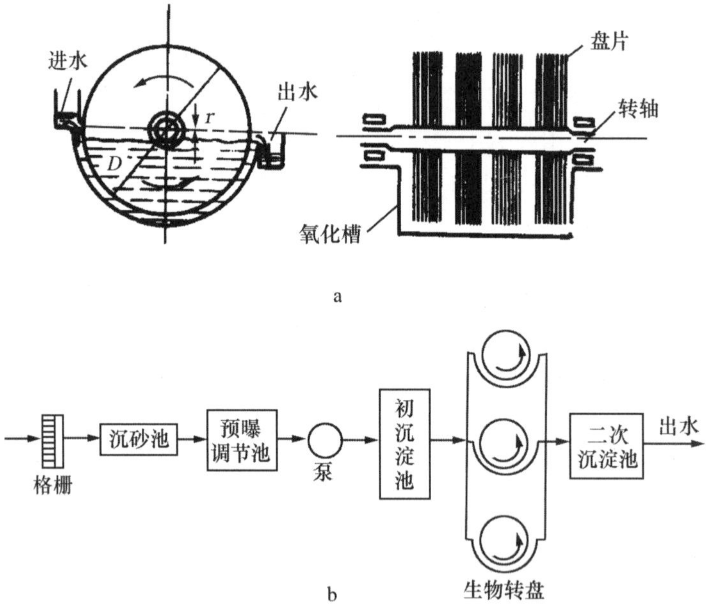

图 3-6　生物转盘构造示意图(a)生物转盘法处理废水流程(b)

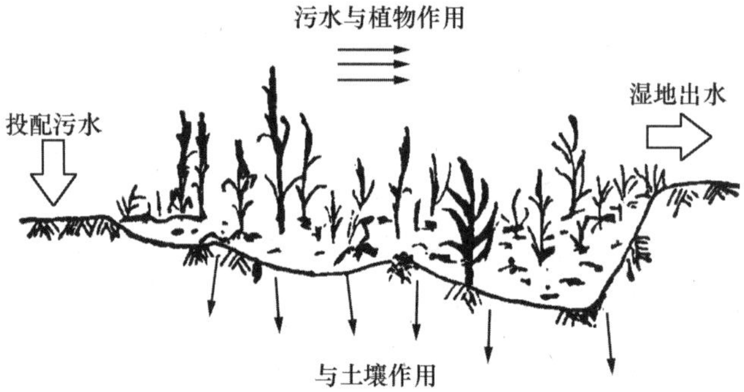

图 3-7　人工湿地处理废水示意图

四、猪尸体处理和利用

病死猪尸体要及时处理，严禁随意丢弃，严禁出售或作为饲料再利用。根据我国《动物防疫法》《畜牧法》《动物检疫管理办法》和《动物防疫条件审查办法》等有关规定，从事动物养殖、屠宰加工、运输储藏等单位和个人是动物及动物产品无害化处理的第一责任人，有关场所应配备无害化处理设施设备，建立无害化处理制度。我国《畜禽养殖业污染防治技术规范》(HJ/T 81—2001)规定，病死猪尸体处理应焚烧或填埋。养殖规模比较大的猪场要设置焚烧设施，同时对焚烧产生的烟气应采取有效的净化。不具备焚烧条件的猪场可采用填埋法。对于非病死猪，堆肥则是处置死畜尸体的经济有效的方法。国内一些公司已采用国际先进的干化化制工艺——以安全环保为前提，利用高温、高压的化制技术，将病死的畜禽进行消毒灭菌，达到病死畜禽的无害化处理目的；批次处理量在 1～10 t，日处理可高达 500 t。

干化化制的原理是在一个密闭的高压夹层容器内，通过在夹层通入高温循环热源对病死动物或待销毁的无主动物制品进行高温灭菌处理。热源不直接接触化制的尸肉。处理物中心温度≥140 ℃，压力≥0.5 MPa（绝对压力），时间≥4 h，保压 30 min 可将物料（畜禽尸体或待销毁的无主动物制品、屠宰废弃物、孵化场废弃物）转化成有机肥或燃料。常见猪尸体处理方法见表 3-17。

表 3-17　猪尸体处理方法

方法	采取措施	特点
焚烧	采用焚烧炉，将死亡猪焚烧	彻底消灭病菌、病毒，处理迅速、卫生，但不能利用产品，成本高
填埋	设置混凝土结构的填埋井，深大于 2 m，直径 1 m，井口加盖密封。投入猪尸体后，覆盖厚度大于 10 cm 的熟石灰，填满后要用黏土填埋压实并封口	利用生物热的方法进行发酵，起到消毒灭菌的作用。可以避免二次污染
蒸煮	将尸体切成不超过 2 kg，厚不超过 8 cm 的肉块，放于特制的高压锅内，在 112 kPa 压力下蒸煮 1.5～2 h	能够彻底消毒，并可保留部分产品（晒干粉碎后可作为饲料）

任务评价

一、填空题

1. 猪粪便用作有机肥料时的堆肥方法有__________、__________、__________。
2. 沼气的主要成分有______、______，还含有______、______、______。
3. 猪尸体处理常用方法有______、______、________。

二、简答题

1. 简述粪便处理利用的途径。
2. 简述活性污泥净化污水的原理。
3. 生物膜法为什么能使污水净化？

三、论述题

污水处理后再利用对节约水资源和防止环境污染的双重作用。

任务八　猪场污染防治主要对策与生态养猪

一、猪场污染防治主要对策

养猪业污染是养猪生产过程中不可避免的污染。随着人们环保意识的提高，养猪业污染已引起人们和相关部门的重视。在一系列的措施下，养猪业污染的防治工作取得了一定的成效，但猪场粪便污染仍未完全得到有效控制。为此，我们还要在以下方面做出努力。

（一）合理选择猪场场址

猪场的选址对有效降低猪场粪便对环境的污染有重要帮助。因此，对于新建养猪场，在选址时应当多方面考虑以下几个因素：第一，在河流、湖泊等地表水的一定辐射范围内禁止建场；第二，选址时应远离下渗率较高的地区；第三，尽量远离水土流失严重的地区；第四，选择在周围有足够农田、果园等的地区，方便进行粪便消纳；第五，对现有选址不合理的养猪场要进行搬迁。

（二）研究开发新型饲料

饲料中过量的氮和磷等物质随着粪尿排出体外，不仅造成资源浪费，而且对环境也造成污染。因此，应加强饲料的研究，开发新型饲料，寻找饲料各原料配合间的最佳配比，提高饲料中氮和磷等的利用率，尽可能地减少未被猪所利用的氮、磷等排出体外，从而有效降低氮、磷等对环境造成的污染。

（三）应用氨基酸平衡低蛋白日粮技术

利用氨基酸平衡低蛋白日粮可显著减少氮的排放。氮是猪粪尿中造成环境污染的主要物质之一。猪饲料中氮含量很高，但只有一小部分氮沉积在动物体内，大部分饲料中的氮都排到了环境中。一头猪从断奶到体重 100 kg 屠宰时，消耗 8～9 kg 氮，其中，被吸收沉积为瘦肉的氮不超过 3 kg，而 5～6 kg 氮被排泄掉。被排泄的氮，33％在粪便中，67％在尿中。一般猪场排到环境中的氮在 70％以上。由此可见，氮是猪场排泄物对环境污染最为严重的成分之一。如何控制氮的排泄成为解决猪场排泄污染环境的关键因素。

减少氮排出量最有效的方法是在保持日粮氨基酸平衡和满足猪生长发育需要的前提下，降低日粮中蛋白质的含量。据有关学者研究，每减少 1％的蛋白质、就可以使氮排出降低 10％，低蛋白日粮至少可以使氮排放减少 25％；如果饲养阶段设置越多、那么排放最多能够减少 50％。一个 10 000 头猪场，一年粪尿的排泄量就是 3 万 t(1.7 万 t 尿、1.3 万 t 粪)；而采用氨基酸平衡低蛋白日粮技术后，粪尿的排泄量减少 7 000 t 以上。

（四）充分利用饲料添加剂

1. 添加植酸酶可减少磷的排放

植酸酶是一种绿色饲用酶制剂，具有安全、环保、高效、经济的特点。植酸酶由于能够提高猪的生产性能及蛋白质和氨基酸的表观消化率而在日粮中被广泛添加。在养猪生产过程中，磷的吸收率低，在猪粪便中被大量排出，直接对环境造成了较为严重的污染。研究发现，由于猪是单胃动物，在利用以玉米、豆粕为主要成分的饲料时，猪因体内缺乏植酸，对饲料中植物性磷的利用率只有 15％，85％的磷随粪便排出体外，这造成了磷源的大量浪费；而猪又是家养动物中排泄物最多的动物之一，因而也带来了严重的磷污染。为此，欧洲大部分国家已通过使用植酸酶解决这一问题，韩国、日本以及我国台湾也在推进植酸酶的使用。近年来，国内不少专家学者也对植酸酶的应用开展了多方位研究。研究表明，在饲料中添加适量植酸酶能提高饲料中植酸磷的利用率，使仔猪的采食量增加和饲料利用率提高，还可提高蛋白质、氨基酸的表观消化率。另外，植酸酶有潜在的营养价值，能促进常量及微量元素、蛋白质、氨基酸甚至能量的利用率，对降低饲料成本有着较重要意义。由于植酸酶可以替代无机磷源，减少猪粪便中的含磷量和对环境的污染，在饲料中的应用越来越受到广泛重视。所有植物性饲料资源都含有 1％～5％的植酸盐，这些植酸盐又含有占饲料总含磷量 60％～80％的磷。植酸盐基本不被单胃动物所利用，而植酸酶却能促进对植酸磷的水解，使其中的磷以磷酸根的形式游离出来，被单胃动物所吸收利用。所以，在饲料中添加植酸酶可以代替部分磷酸氢钙，增加饲料中天然磷的吸收，使动物粪便中磷的排泄量减少 40%～60%，从而减少磷对环境的污染。同时，可使磷的利用率提高 50%～70%，粪磷含量降低 30%～50%，植酸酶还能使蛋白质和氨基酸的消化率提高 2%～5%，排泄量减少 5%～10%。因此，随着我国全面实施《畜禽规模养殖污染防治条例》，植酸酶在饲料行业的应用将会更广泛。

2.有机微量元素的合理使用可减少矿物质的排放

高铜、高锌饲料大量使用所导致的严重的环境污染问题已成为制约养猪业健康发展的一大障碍。我国每年使用的微量元素添加剂为 15 万～18 万 t，但由于生物效价低，有 10 万 t 左右未被动物利用的矿物质随粪尿排出，成为污染环境的一大公害。具有环保优势的有机微量元素物质被认为是最合适的代替无机微量元素的产品。随着国家对养殖业金属排放逐步进行严格限制，有机微量元素物质迅速成为养殖业的首要选择。如在仔猪、小猪阶段添加有机铁（如富马酸亚铁）84 mg 铁/kg＋有机锌 5 mg（如蛋氨酸锌）80 mg 锌/kg＋有机铜（如赖氨酸铜）100～125 mg 铜/kg；生长猪添加有机铁 70 mg 铁/kg＋有机锌 80 mg 锌/kg＋有机铜 100 mg 铜/kg；肥育猪添加有机铁 56 mg 铁/kg＋有机锌 60 mg 锌/kg＋有机铜 50 mg 铜/kg。而且全期不加砷制剂。这比传统使用普通高铜、高锌、高铁饲料提高了猪的生产性能和饲养的经济效益，改善了肉猪外观经济性状，明显降低了猪肝脏中铜、锌、铁的含量，并降低 30%～40%铜、锌、铁的排放量。

（五）定期监测氮、磷含量

定期监测养猪场排放的粪尿中氮、磷含量，不达到排放标准的禁止向河流排放。与生产管理相结合，监测、调控饲料中氮、磷等营养物质的比例，提高利用效率，最大限度地减少氮、磷等营养物质的浪费和排放。

（六）推进猪粪资源利用

猪粪污染与工业污染的不同之处在于猪粪还是一种有价值的资源。经过减量化、无害化处理后，猪粪可制成优质有机肥料，变废为宝。在国外，畜禽粪便还田是粪便处理利用的主要方法。例如，日本在短短几年内解决了畜禽粪便的污染问题，畜禽粪便还田运动起到了很大作用。我们应该学习国外先进技术，对粪便进行综合利用，推进猪粪还田，积极开发以猪粪便为原料的有机肥生产技术，减少粪便直接排放产生的污染。

（七）选择适宜处理方式

猪粪便中含有大量的病原体，在其资源化利用前，必须进行无害化处理。我国养殖场的规模大小不一，各地自然条件、经济条件千差万别，粪污处置与排放方式也不尽相同。因此对猪粪处理不可能只采取一种技术、一个模式。大中型养殖场粪污处理首先应考虑综合利用，并选择相应的粪便处理技术和模式，使粪污达标排放。

1.使用先进的猪粪处理技术

通过干清粪或固液分离出来的猪粪中含有大量的有机质和氮、磷、钾等植物必需的营养元素，但也含有大量的微生物和寄生虫，只有经过无害化处理才能加以应用。常见的处理方法有生物发酵法、干燥法及焚烧法等。但焚烧法在燃烧处理时不仅使一些有利用价值的营养元素被烧掉，造成资源浪费，而且易产生二次污染，不宜提倡。粪尿污水经厌氧、好氧、土壤、生物、植物处理后达标排放或厌氧处理后用于蔬菜、林果地的渗灌施肥兼污水处理的方法，投资少、费用低、亦还肥于田，并可为有机农业、高效农业的发展奠定基础，因此，生物发酵法是目前最有实用价值、值得推广的处理方法之一。

2. 选择合适的猪粪便处理模式

目前，规模猪场处理粪污常见的模式有：能源模式、能源-环保模式、环保模式、生态工程模式。能源模式是以厌氧处理取得沼气为核心的处置和利用方式；能源-环保模式是农业部门倡导的、以厌氧发酵制取沼气为核心并结合环保要求的处理与利用方式；环保模式是环保部门倡导的，以预处理、厌氧、好氧、后处理等手段使污水处理后达标排放的方式，是一种较为全面的处理畜禽粪便的模式；生态工程模式是利用生态工程技术将粪水处理与污水资源化利用结合起来的模式，既解决环境污染问题，又充分利用资源，变废为宝。规模养猪场可根据本场的污染物处理要求及粪污处理方式，从中选择相应的模式。

（八）推进粪污处理产业化

随着大型规模化养殖业的迅猛发展，吸引社会各界投资、使猪的粪便处理处置逐步形成产业化和专业化这种运作模式应运而生。这种模式不仅可解决养殖业环境污染问题，而且可为绿色食品生产提供可靠的物质保障，并通过出售有机肥提高猪场经济效益，也可为农民创造就业机会，实现环境、农业和投资多方共赢的局面。这种社会化服务是社会发展的必然趋势。目前，国内养殖场粪污处理大量采用厌氧工艺和堆肥处理工艺，产生沼气和堆肥、肥料产品。随着沼气发电的利用及堆肥、沼渣、沼液的商品化利用，畜禽粪便处理技术也将成为一种新型产业。

（九）实施农牧结合种养配套

目前，集约化养猪场多建在大、中城市近郊，给养殖业污染防治带来一定的难度。大量养殖专业户和专业村的形成，导致养殖粪便量大且集中，而城郊又无充足的土地进行消纳，形成农牧分离、种养脱节的不利局面，导致环境严重污染。化肥的大量使用又导致有机肥施用量大幅减少，使猪的粪便未能得到有效利用。

粪肥在保持和提高土壤肥力的效果上远远超过化肥，将猪粪作为肥料还田是一种促进农牧良性循环、维持生态平衡的有效措施，养猪产业要走农牧结合的道路，发展循环经济。

二、生态循环的养猪模式

各地根据不同区域的地形地貌、生态类型以及不同猪场（小区）的特点，遵循污染物处理减量化、无害化、资源化的总体原则，在生产过程中贯彻清洁生产的理念，结合近年来的生产实践，因地制宜地推广猪—沼—果（草、林、菜、茶等）生态型和达标排放、漏缝地面—免冲洗—减排放等环保型养猪模式，试点应用生物发酵垫料床零排放模式，在建设生态循环型种养结合的养猪模式、促进生猪养殖与环境保护和谐发展上取得了初步成果。

（一）猪一沼一果（草、林、菜、茶等）生态型养猪模式

1. 模式特点

该模式为农牧结合型养猪模式，主要在作物种植面积大或山地多的地区推广。这种模式的生产工艺特点是：猪场粪污排泄物经干清粪和固液分离后，粪渣固体经过堆积发酵制成有机肥，集中运输至水稻、果（茶）园、菜园、草地或林（竹）地等用作基肥、追肥；污水则进入沼气池厌

氧发酵，产生的沼气作为猪场加热能源或用于沼气发电，沼液则通过专门管道或车辆运输至水稻、果（茶）园、菜园、草地或林（竹）地等用作基肥、追肥。这种模式将猪场粪污完全作为有机肥料供农作物吸收利用，不会对环境及水源造成污染，而且建造成本和运行费用低，适用于周边有足够吸纳沼液的农林地的猪场。各地可根据本地资源及地理环境条件，促使养猪业向山区转移发展；在山地、林地、果园或农田面积较大的地区，广泛推广"猪—沼—果""猪—沼—草""猪—沼—林""猪—沼—菜""猪—沼—茶"等物质循环利用型生态养殖模式，建立以生猪养殖为中心，以沼气工程为纽带，实行种养相结合有效消纳养猪场排泄物的处理方式，提高资源利用率，形成经济效益和生态效益同步增长的良好局面。

2.适用范围

这种模式强调的是种养结合，要求猪场周边有与生猪养殖规模相匹配的农（菜、林果、茶、草）地，所以养殖规模不宜太大，适用于年存栏 5 000 头以下的中、小型养猪场。

3.设施要求

（1）贮粪池。采用干清粪工艺，日产日清，将收集的粪便贮于贮粪池。贮粪池的建设按每 20 头生猪的粪便贮存 1 个月建 1 m^3 贮粪池，即存栏 2 000 头左右生猪的自繁自养猪场的粪便贮存 1 个月约需建 100 m^3 以上的贮粪池（各猪场可根据粪便贮存的时间和生猪养殖规模确定建造容积）。贮粪池建筑要分间设计，有顶棚，防止雨水进入池内；池底要防水、防漏。自然发酵熟化的猪粪和沼渣可加工成有机肥，定期将肥料运到水稻、蔬菜、果（林、草、茶）园作为基肥或追肥。

（2）沼气池。猪场要配套固液分离设备。分离的固体进入贮粪池，分离的液体进入沼气池。沼气池的建设按生猪存栏数 3～6 头建 1 m^3 沼气池。一般是存栏数越多，所建沼气池的比值越低，如存栏 5 000 头左右生猪的自繁自养猪场大约要建 800 m^3 以上的沼气池。

（3）贮液池。贮液池的容量大小可根据各个猪场的配套条件不同而有所差异，即贮液池（有顶棚）的总容量不得低于农林作物生产用肥的最大间隔时间内养猪场排放沼液的总量。一般按照生猪存栏数 1.35 m^3/头的容积进行配套建设。

（4）配套管网输送系统。猪场要在田间、果（林、草、茶）园等铺设管网灌溉系统，把贮液池的液肥输送到田间、果林园地等直接用于农作物浇灌。

（5）配套种植业基地。配套的种植基地应当按照种养平衡的原则，结合当地土壤性质、季节气候、产肥能力等因素，合理安排作物种类、数量、规模。一般情况下，可按每亩农地承载生猪量为：菜地 3～6 头/亩，柑橘园 4～5 头/亩，篁竹草、狼尾草地 5～8 头/亩，黑麦草地 2～2.5 头/亩，林地 1～2 头/亩，茶园 2～2.5 头/亩，水稻田 2～3 头/亩，新垦地 6 头/亩的比例配套。

（二）达标排放环保型养猪模式

1.模式特点

该模式属于传统的环保养殖模式，主要在农林地面积较小的地区进行推广。这种模式的主要生产工艺特点是：养猪场粪污排泄物经干清粪和固液分离后，集中的粪渣固体经过堆积发酵制成有机肥，集中运输至果（茶）园、菜地、草地或林（竹）地等用作基肥、追肥；污水则进入沼气池厌氧发酵，产生的沼气作为猪场加热能源或用于沼气发电；但沼液不能直接排放，一定要经过专门的沉淀池沉淀、给氧曝气池处理和水生植物生物氧化塘或人工湿地等吸纳降解，达到《畜禽养殖业污染物排放标准》（GB 18596—2001）的水质要求后才能排放。

2.适用范围

这种模式适用于周边没有足够吸纳沼液的农林地的猪场。除了要求建筑相适应的沼气池外，还要建筑相应的沉淀池、曝气池和生物氧化塘等，所以养殖规模不宜太大，只适用于年存栏3 000头以下的中小型养猪场。农林地面积较小地区已运行又无法进行猪舍改造的中小型养猪场，应大力推广达标排放环保型养猪模式，确保猪场废液达标排放。

3.设施要求

(1)贮粪池。采用干清粪工艺，日产日清，将收集的粪便贮于贮粪池。贮粪池的建设按每20头生猪的粪便贮存1个月建1 m^3贮粪池，存栏2 000头左右生猪的自繁自养猪场的粪便贮存1个月约需建100 m^3以上的贮粪池(各猪场可根据粪便贮存的时间和生猪养殖规模确定建造容积)。贮粪池建筑要分间设计，有顶棚屋顶，防止雨水进入池内，池底要防水、防漏。自然发酵熟化的猪粪可定期运到水稻、蔬、果林(草、茶)园，作为基肥或追肥。

(2)沼气池。猪场要配套固液分离设备。分离的固体进入贮粪池，分离的液体进入沼气池。沼气池的建设按生猪存栏数3～6头建1 m^3沼气池。一般是存栏数越多，所建沼气池的比值越低，如存栏2 000头左右生猪的自繁自养猪场大约要建40 m^3的沼气池。

(3)沉淀池、曝气池、生物氧化塘。沼液要经过多重处理，从沼气池流出的沼液不能直接排放，要经过沉淀池沉淀、曝气池处理和水生植物生物氧化塘吸纳降解。沉淀池建造可根据猪场自然地形建多级沉淀池，容积大小一般按照与沼气池40∶60的比例建造。曝气池容积大小一般按照与沼气池40∶60的比例建造，但要配套安装空气压缩机和充气管道系统，保证曝气正常运行。生物氧化塘容积大小按照池深0.8～1 m、水体深度为0.7 m以下、水体留期不应小于30 d计算。因此，达标排放的生物氧化塘的容积一般按照1 000头猪配套10亩来建设，并在生物氧化塘种植水生植物，利于污水的吸纳与降解。

(4)污水检测设备。定期和不定期在猪场总排污口检测污水含量是否达到《畜禽养殖业污染物排放标准》(GB 18596—2001)，要求是水质日均排放浓度控制在：化学需氧量(COD)380 mg/L以下。

(三)漏缝地面—免冲洗—减排型养猪模式

1.模式特点

该模式是近几年来发展很快的环保型养殖模式，主要在新建或改建的大中型猪场中示范推广。其主要生产工艺特点是：在建筑猪栏时铺设铸铁或水泥漏缝地面，配套专门沟渠管道，猪排出的粪尿，采用尽量多的人工干清粪，剩余的粪便由猪脚踩踏经漏缝地面掉入漏缝板地下沟里，不用水冲洗猪栏。集中的尿或经自然发酵，或经固液分离进入沼气发酵系统，发酵后的粪尿或沼液、沼渣再通过种养结合，加以转化利用。

2.适用范围

这种模式强调不用水冲洗猪舍，可以减少猪场70%以上的污水排量，从而大大缓解了环保压力，适用于在饲养区新建或改建的大中型养猪场。

3.设施要求

(1)贮粪池。采用干清工艺，日产日清，将收集的粪便贮于贮粪池。贮粪池的建设按每20头生猪的粪便贮存1个月建1 m^3贮粪池，存栏500头左右生猪的自繁自养猪场的粪便贮存1

个月约需建 300 m^3 的贮粪池(各猪场可根据粪便贮存的时间和生猪养殖规模确定容积)。贮粪池建筑要分间设计,有顶棚屋顶,防止雨水进入池内,池底要防水、防漏。

(2)沼气池。猪场要有大型的固液分离设备,分离的固体进入贮粪池,分离的液体进入沼气池。沼气池的建设按生猪存栏数每 3～6 头建 1 m^3 沼气池。存栏 500 头生猪的自繁自养猪场大约要建 800 m^3 的沼气池。

(3)贮液池。贮液池的容量大小可根据各个猪场的配套条件不同而不同,即贮液池(有顶棚)的总容量不得低于农林作物生产用肥的最大间隔时间内养猪场排放沼液的总量。一般按照生猪存栏数每头 1.35 m^3 的容积进行配套建设。

(4)有机肥加工生产车间。在车间内将自然发酵熟化的猪粪和沼渣通过加工制成有机肥。同时要配套液肥运输车辆,定期将液肥和有机肥运到水稻、蔬菜、果(林、草、茶)园。也可以在田间、果(林、草、茶)园等铺设管网灌溉系统,把贮液池的液肥输送到田间、果(林、草、茶)等。

(四)生物发酵垫料床零排放环保养猪模式

生物发酵垫料床零排放养猪是新兴的环保型养殖模式,目前还处于小范围试点推广阶段。在寒冷地区较为适宜,但南方天气炎热、湿度较高,一般只适用于保育猪养殖,肉猪并不太适合。

三、发酵床环保养猪模式案例

(一)发酵床养猪技术的原理

发酵床养猪是利用微生物作为物质能量循环、转换的"中枢"性作用,采用高科技手段采集特定有益微生物,通过筛选、培养、检验、提纯、复壮与扩繁等工艺流程,形成具备强大活力的功能微生物菌种(百益宝 EM 菌种),再按一定的比例将其与锯末或木屑、辅助材料、活性剂、食盐等混合发酵制成有机复合垫料,自动满足舍内生猪对保温、通气以及对微量元素生理性需求的一种环保生态型养猪模式。发酵床式猪舍内,生猪从出生开始就生活在这种有机垫料上,其排泄物被微生物迅速降解、消化或转化,而猪只粪便所提供的营养使有益功能菌不断繁殖,形成高蛋白的菌丝,再被猪食入。这样一来,不但利于猪只消化和提高免疫力,还能使饲料转化率提高,投入产出比与料肉比降低,出栏相同体重的育肥猪可节省饲料 20%～30%,省去 60%～80%及以上人工劳动。

发酵床利用了大自然环境中的丰富生物资源,减少了对猪的排泄物的人工清理工作和粪便尿水向外界排放,补充了饲料中的蛋白来源,最终实现了零排放、无污染,生产优质猪肉,达到了提高养猪生态效益、社会效益的目的。

(二)发酵床猪舍建造设计要求

(1)发酵床与采食台。发酵床猪舍每栏面积以 40 m^2 左右为宜,便于垫料的日常养护;炎热地区,发酵床面积为栏舍面积的 70%～80%,余下面积应做硬化处理,硬化地面宽度为 1.5～2.5 m,供生猪取食或盛夏高温时休息;北方寒冷地区,采食台可采用条形食台,其宽度为 15～25 cm。

(2)垫料厚度。垫料厚度根据猪的日龄不同而不同,一般为 50～90 cm,垫料池的挡墙高度应比垫料的表面高度高 20～30 cm,保育猪垫料以 40～50 cm、育成猪垫料以 60～80 cm 为宜。一般南方地区可适当垫低，北方地区适当垫高；夏季适当垫低，冬季适当垫高。

(3)垫料进出口。在靠发酵床的外墙设置垫料进出口、通气与渗滤液排出口，在猪舍外设置渗滤液收集池。垫料要经常翻动和定期更换，垫料进出口的设计要满足进料和清槽时的操作便利，要便于机械设备进入垫料池。垫料进出口宽度一般为 1.2～1.5 m，数量依据猪舍大小设置，一般 10 m 宽猪舍设置 5～6 个即可。同时，为防止猪舍外雨水和地下水渗透到垫料中，应在猪舍外墙修集水池，并高出地面 15 cm。

(4)食槽和饮水器。发酵床的北侧建自动给食槽，南侧建自动饮水器，这样做的目的是让猪多活动，在来回采食与饮水中搅拌垫料。饮水器的下面要设置一个接水槽，将猪饮水时漏掉的水引出发酵床之外，防止漏水进入发酵床中。

(5)通风设施。要配套好机械通风、降温设备。南方夏季升温时要考虑加湿帘，冬季应定时开启排风扇，避免猪舍湿度过大。

(6)养殖密度。育成猪养殖密度应较常规养殖方式降低 10%左右，便于发酵床能及时充分地分解粪尿排泄物，能保持良好养殖环境。

(三)发酵床猪舍的建造模式

1. 地上槽模式

即将垫料槽建在地面上，垫料槽底部与猪舍外地面持平或略高，硬地平台及操作通道须高出地面 50～100 cm(保育舍 50 cm 左右，育成舍、母猪舍 100 cm 左右)，利用硬地平台的一侧及猪舍外墙构成一个与猪舍等长的长槽，并视养殖需要中间由铁栅栏分隔成若干圈栏，以防串栏(图3-8和图 3-9)。

图 3-8 地上槽发酵床

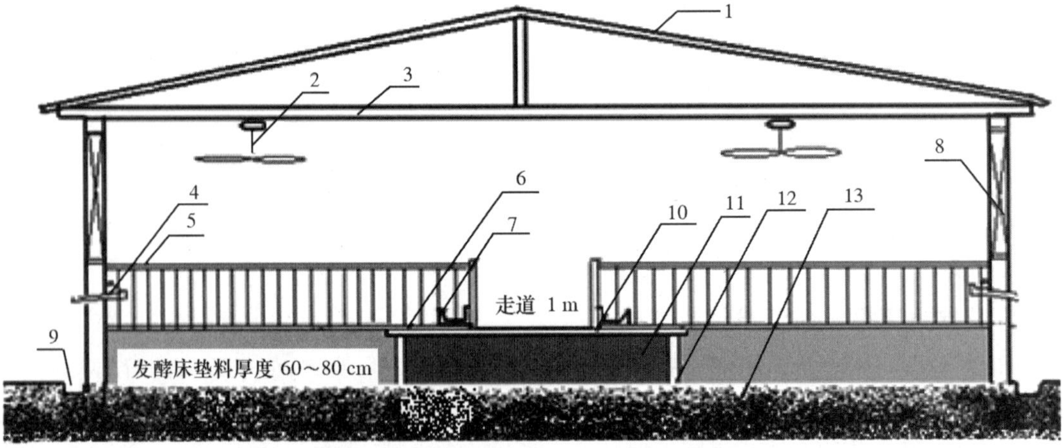

图 3-9 全地上式双列式发酵床猪舍剖面图

1. 采用透气瓦片，如不透气需设排气孔 2. 吊扇或壁扇 3. 横梁 4. 饮水器下面托盘 5. 猪栏：4 m×3 m×1 m 6. 猪栏内水泥地面，宽 1 m 7. 食槽 8. 窗户 9. 排水沟 10. 3 m 的水泥预制板或现浇板 11. 泥土或垫料 12. 水泥立柱 13. 泥土

其优点是可保持猪舍干燥，特别是能防止高地下水位地区雨季返潮；缺点是造价稍高。适于南方大部分地区，江、河、湖、海等地下水位较高的地区，有漏粪设施的猪场改造。

2. 地下槽模式

即将垫料槽构建在地表面以下，槽深 40～80 cm（保育舍 40 cm 左右，育成舍、母猪舍 80 cm 左右）。新猪场建设时可仿地上槽模式，一次性开挖一地下长槽，再由铁栅栏分隔成若干单元；原猪舍改造时，适宜在原圈栏开挖坑槽（图 3-10）。

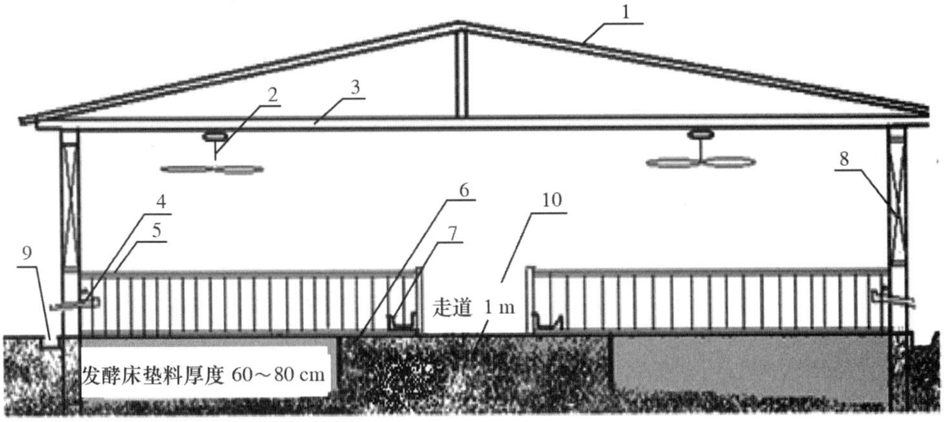

图 3-10 全地下式双列发酵床猪舍剖面图

1. 采用透气瓦片，如不透气需设排气孔 2. 吊扇或壁扇 3. 横梁
4. 饮水器下面托盘 5. 猪栏：4 m×3 m×1 m 6. 猪栏内宽 1 m 的水泥地面
7. 食槽 8. 窗户 9. 排水沟 10. 泥土

其优点是冬季发酵床保温性能好，造价较地上槽低；缺点是透气性稍差，无法留通气孔，发酵床日常养护用工多。适用于北方干燥或地下水位较低的地区。

3. 半地下槽模式

也称半地上槽模式，就是将垫料槽一半建在地下，一半建在地上，硬地平台及操作通道取用开挖的地下部分的土回填，槽深 50～90 cm（保育猪 40～50 cm、育成猪 80～90 cm），长槽的建设与分隔模式同地上槽（图 3-11）。

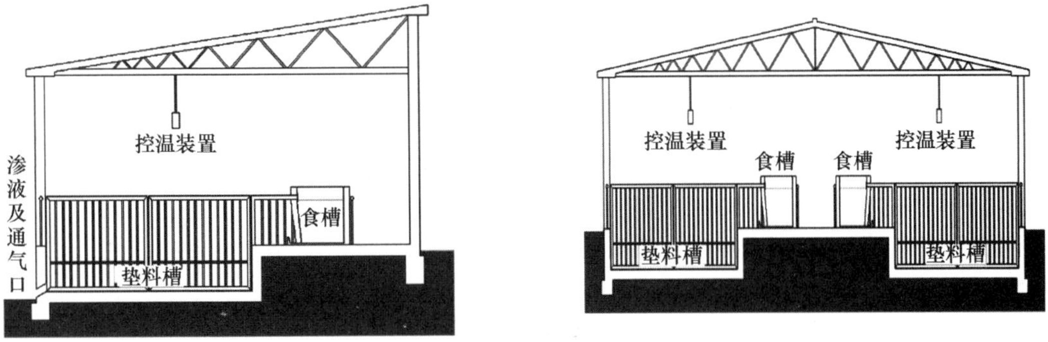

图 3-11 半地下槽模式（单列式和双列式）

其优点是造价较上两种模式都低，发酵床养护便利。缺点是透气性较地上槽差，不适应高地下水位的地区。适用于北方大部分地区、南方坡地或高台地区。

（四）发酵床垫料的组成

1.垫料组成

猪舍发酵床主要由有机垫料制成，有机垫料的主要成分有锯末、稻糠或切短铡碎的秸秆、豆腐渣、酒糟、谷壳、土和少量粗盐。锯末和稻糠约占垫料总重的90%，其质地松软，可吸收水分多。泥土要求新鲜干净无杂菌，没有施过化肥或农药。泥土的用量占垫料总重的5%～10%。垫料中加适量的盐有利于木屑的分解，用量为垫料总重的0.1%～0.3%。

2.垫料的基本类型

（1）按使用量划分，可以分为主料和辅料。主料是制作垫料的主要原料，通常这类原料占到物料比例的60%以上，由一种或几种原料构成，常用的主料有木屑、草炭、秸秆粉、花生壳、蘑菇渣等。辅料主要是用来调节物料水分、pH、通透性的一些原料，由一种或几种原料组成，通常这类原料占整个物料的比例不超过40%。常用的辅料有稻壳粉、麦麸、饼粕、玉米面。

（2）按原料性质划分，可以分为碳素原料、氮素原料和调理剂类原料。碳素原料是指那些有机碳含量高的原料，这类原料多用作垫料的主料，如木屑、谷壳、秸秆粉、草炭、蘑菇渣、糠渣等。氮素原料通常是指那些有机物含量高的原料，并多作为垫料的辅料，如养猪场的新鲜猪粪、南方糖厂的甘蔗滤泥、啤酒厂的滤泥等，这类原料通常用来调节碳氮比。调理剂类原料主要指用来调节pH的原料，如生石灰、石膏以及稀酸等；有时也将调节碳磷比的原料如过磷酸钙、磷矿粉等归为调理剂；此外，还包括一些能量调理剂，如红糖或糖蜜等，这类有机物加入后可提高垫料混合物的能量，使有益微生物在较短的时间内激增到一个庞大的种群数量，所以又俗称“起爆剂”。

（五）发酵床制作

1.确定垫料厚度

育肥猪舍垫料层厚度夏季为40～60 cm，冬季为60～80 cm；保育猪舍垫料层厚度冬季为60 cm，夏季为40 cm。

2.计算材料用量

根据不同季节（夏季和冬季）、猪舍面积大小，以及所需垫料厚度计算出所需要的谷壳、锯末、米糠以及益生菌液的使用数量。在发酵床中，一般木屑占90%，黄土和少量的粗盐等占10%。一间面积为25 m^2的猪舍，约需木屑3 750 kg、黄土415 kg、盐12 kg、微生物原种50 kg、水1 000 kg和活性剂8 kg。

3.发酵菌种的准备

生态发酵床养猪的核心技术表现在菌种功能方面。猪排出的粪便由发酵床中的EM有益微生物菌来分解，EM菌种的好坏直接影响猪舍粪尿的降解效率。通常应选用专门厂商生产的发酵菌种，如百益宝EM菌种，其发酵功能强、速度快、性价比优，深受用户欢迎。百益宝EM菌种的培育过程为：

（1）材料比例：百益宝EM菌种1瓶（10 g），红糖（黄糖或白糖）1 kg，水（井水或放置24 h

以上的自来水)10 kg。

(2)培育方法:先将红糖加部分水加热溶化,再倒入一定比例的水,30～40 ℃水温时加入百益宝EM菌种,容器加盖密封,温度控制在30～35 ℃发酵5～7 d,闻到酸香味即可(pH 3～4)。

(3)菌种用量:一般微生物发酵菌的用量是2～3 kg/m^3;百益宝EM菌种因有效活菌含量高,一瓶即可培育出10 kg发酵原液,每瓶菌种可做5～8 m^{2}发酵床。

(4)菌种保存:菌种放在室内阴凉、干燥处或冰箱保鲜室2～8 ℃保存。

4.混料

将百益宝EM菌种发酵原液、木屑、稻糠、泥土、盐按一定比例混合均匀,有条件的还可加入少量的米糠、酒糟等,使水分含量达到40%～60%(手紧抓一把物料,指缝见水不滴水为宜),以保证功能微生物菌能够大量繁殖,经一周左右发酵即可上猪使用。垫料可常年不换。饲养几天后,因微生物菌发酵作用,猪舍内臭味消失,蝇蛆停止繁殖。20 d到1个月后,猪舍床底层也进入自然繁殖状态,中部形成白色的菌丝,温度可达50～60 ℃(表层温度一般在20 ℃左右),猪粪发酵后成为饲料或肥料。

5.活性剂的使用

合理使用活性剂可使发酵床的利用形成良性循环。但其使用与否,视不同的发酵菌种而定,如百益宝EM菌,因其活性强,一般不需使用活性剂。发酵床经一段时间的使用以后,当微生物活性降低时,可用百益宝EM菌种发酵原液稀释至适当的比例,泼洒到发酵床床面,以便提高微生物菌对排泄物的降解、消化速度。平时若发现猪大便堆积较多,可将堆积粪便深埋于发酵床内并喷洒百益宝EM菌种发酵原液稀释液,促使其加快对排泄物的分化降解。

(六)发酵床后期维护

发酵床养护的目的主要有两方面:一是保持发酵床正常微生态平衡,使有益微生物菌群始终处于优势地位,抑制病原微生物的繁殖和病害的发生,为猪的生长发育提供健康的生态环境;二是确保发酵床对猪粪尿的消化分解能力始终维持在较高水平,同时为生猪的生长提供一个舒适的环境。发酵床养护主要涉及垫料的通透性管理、水分调节、垫料补充、疏粪管理、补菌、垫料更新等多个环节。

1.垫料通透性管理

长期保持垫料适当的通透性,即垫料中的含氧量始终维持在正常水平,是发酵床保持较高粪尿分解能力的关键因素之一,同时也是抑制病原微生物繁殖、减少疾病发生的重要手段。通常比较简便的方式就是将垫料经常翻动,翻动深度保育猪为15～20 cm、育成猪为25～35 cm,通常可以结合疏粪或补水将垫料翻匀;每隔一段时间(50～60 d)要彻底地将垫料翻动一次,并且要将垫料层上下混合均匀。

2.水分调节

由于发酵床中垫料水分的自然挥发,垫料水分含量会逐渐降低,而垫料水分降到一定水平后,微生物的繁殖就会受阻或者停止。所以定期或视垫料水分状况适时补充水分,是保持垫料微生物正常繁殖、维持垫料粪尿分解能力的另一关键因素。垫料理想的水分含量通常为38%～45%,因季节或空气湿度的不同而略有差异,常规补水方式可以采用加湿喷雾补水,也可结合补菌时补水。

3.疏粪管理

由于生猪具有集中定点排泄粪尿的特性，所以发酵床上会出现粪尿分布不匀的状况。粪尿集中的地方湿度大，消化分解速度就慢。只有将粪尿分散布撒在垫料上（即疏粪管理），并与垫料混合均匀，才能保持发酵床水分的均匀一致，并能在较短的时间内将粪尿消化分解干净。通常保育猪可 2～3 d 进行一次疏粪管理，中大猪应每 1～2 d 进行一次疏粪管理。夏季每天都要进行粪便的掩埋，把新鲜的粪便掩埋到 20 cm 以下，避免生蝇蛆。

4.补菌

定期补充 EM 益生菌液是维护发酵床正常微生态平衡、保持其粪尿持续分解能力的重要手段。补充 EM 益生菌最好做到每周一次，按 1∶(50～100)倍稀释喷洒，一边翻猪床 20 cm 一边喷洒。补菌可结合水分调节和疏粪管理进行。

5.垫料补充与更新

在发酵床消化分解粪尿的同时，垫料也会逐步损耗，及时补充垫料是保持发酵床性能稳定的重要措施。通常垫料减少量达到 10%后就要及时补充，补充的新料要与发酵床上的垫料混合均匀，并调节好水分。

发酵床垫料的使用寿命是有一定期限的，日常养护措施到位，使用寿命相对较长，反之则会缩短。当垫料达到使用期限后，必须将其从垫料槽中彻底清出，并重新放入新的垫料。清出的垫料应送堆肥场，按照生物有机肥的要求，做好陈化处理，并进行养分、有机质调节后，作为生物有机肥出售。垫料是否需要更新，可按以下方法进行判断：

(1)高温段上移。通常发酵床垫料的最高温度段应该位于床体的中部偏下段，保育猪发酵床为向下 20～30 cm 处、育成猪发酵床为向下 40～60 cm 处。如果日常按操作规程养护，高温段还是向发酵床表面位移，就说明需更新发酵床垫料。

(2)发酵床持水能力减弱，垫料从上往下水分含量逐步增加。当垫料达到使用寿命，供碳能力减弱，粪尿分解速度减慢，水分不能通过发酵产生的高热挥发，就会向下渗透，并且速度逐渐加快，应及时更新垫料。

(3)猪舍出现臭味，并逐渐加重时应更换垫料。

6.其他

猪舍内禁止使用化学药品和抗生素，防止伤害微生物，影响微生物活性。发酵床可以连续使用 3 年以上，不用清理。生猪入圈前要先驱虫，防止将寄生虫带入发酵床，使猪重复感染发病。

任务九 猪场环境卫生调查与评价

一、调查与评价内容

1.猪场的位置

猪场周围交通运输情况、居民点及其他工农业企业等的距离与位置。

2.全场地形、地势与土壤

场地形状及面积大小，地势高低、坡度和坡向，土质和植被等。

3.水源

水源种类及卫生防护条件，给水方式，水质情况，水量是否满足需要等。

4.全场平面布局情况

(1)全场不同功能区的划分及其在场内位置的相互关系。

(2)猪舍的排列形式、方位及其间距。

(3)饲料库、饲料加工间、产品加工间、兽医室、贮粪池以及其他附属建筑的位置与猪舍的距离。

(4)运动场的位置、面积、土质及排水情况。

5.猪舍卫生状况

包括猪舍类型、样式、材料结构，通风换气方式与设备，采光情况，排水系统及防潮措施，猪舍防寒、防暑设施与效果，猪舍温度、湿度、气流观测结果。

6.猪场环境污染与环境保护情况

粪尿处理情况，场内排水设施及污水排放、处理情况，绿化情况，场界与场内各区域的污水防护设施，蚊蝇滋生情况及其他污水状况。

7.其他

猪传染病、地方病、慢性病等发病情况。

二、调查与评价的方法

学生分成若干小组，按上述内容进行观察、测量和访问，并参考下表进行记录，最后综合分析，做出卫生评价结论。结论的内容应从猪场场址选择、建筑物规划布局、猪舍建筑、猪场环境卫生四个方面，分别指出其优点、缺点，并提出今后改进的意见。结论文字应力求简明扼要。

三、调查表

调查某猪场环境卫生状况，做出正确评价，并提出切合实际的改进措施。猪场环境卫生调查表见表 3-18。

表 3-18　猪场环境卫生调查表

猪场名称：	猪种类与头(只)数：
位置：	全场面积/m^2：
地形：	地势：
土质：	植被：
水源：	当地主风向：
猪舍区位置：	猪舍栋数：
猪舍方位：	猪舍间距：
猪舍距调料间：	猪舍距饲料库：

续表 3-18

猪舍距产品加工间：		猪舍距兽医室：
猪舍距公路：		猪舍距住宅区：
猪舍类型		
猪舍面积长/m：	宽/m：	面积/m^2：
畜栏有效面积　长/m：	宽/m：	面积/m^2：
值班室面积　长/m：	宽/m：	面积/m^2：
饲料室面积　长/m：	宽/m：	面积/m^2：
舍顶　形式：	材料：	高度/cm：
天棚　形式：	厚度/cm：	高度/cm：
外墙　材料：	厚度/cm：	
窗　南窗数量：	每个窗户尺寸/cm：	
北窗数量：	每个窗户尺寸/cm：	
窗台高度/cm：	采光系数：	
入射角：	透光角：	
大门　形式：	数量：	高度/cm：　宽度/cm：
通道　数量：	位置：	宽度/cm：
畜床　材料：	卫生条件：	
粪尿沟形式：	宽/cm：	深/cm：
通风设备　进气管数量：	单个面积/cm^2：	
排气管数量：	单个面积/cm^2：	
其他通风设备：		
运动场　位置：	面积/m^2：	土质：
卫生状况：		
猪舍小气候观测结果	温度：	湿度：
	气流：	照度：
猪场一般环境状况		
其　他		
综合评价		
改进意见		

调查人：＿＿＿＿＿＿　　调查日期＿＿＿＿＿＿

任务评价

1. 为什么要对猪场环境进行调查？
2. 猪场空气环境调查的主要内容是什么？
3. 猪场水质调查的主要内容是什么？
4. 简述对猪场环境进行评价的意义？

项目四
猪场环境污染物指标检测

价值目标

通过检测猪场排放的废弃物如粪便、污水、尿液中的污染指标，使学生了解废弃物随意排放造成的后果与危害，培养学生开展环境监测与检测的能力，增强学生的担当意识，培养学生具有共同建设绿色环保、自然友好生活家园的责任与义务，实现人与动物和谐共生的可持续发展。

学习目标

了解猪场各项污染物指标测定的原理、使用的仪器与设备；学会各种试剂的配制方法；掌握空气、水质、有机肥、尿样及污水污染指标测定的基本内容与方法。

学习任务

任务一　猪舍空气中有害气体测定

一、二氧化碳测定

(一)方法与目的

用容量滴定法测定猪舍空气中二氧化碳的含量。

(二)测定原理

氢氧化钡溶液与空气中二氧化碳作用可生成白色碳酸钡沉淀。利用过量的氢氧化钡溶液吸收二氧化碳后，剩余的氢氧化钡用标准草酸溶液滴至酚酞试剂红色刚退。根据滴定法滴定结果和所采集的空气体积，即可求得空气中二氧化碳的浓度。

$$Ba(OH)_2 + CO_2 \rightarrow BaCO_3 \downarrow + H_2O$$

$$Ba(OH)_2 + H_2C_2O_4 \rightarrow BaC_2O_4 + 2H_2O$$

(三)仪器与设备

(1)恒流采样器。流量范围 0～1 L/min，流量稳定、可调恒流误差小于 2%；采样前和采样后用皂膜流量计校准采样系统的流量，误差不大于5%。

（2）吸收管。吸收液为50 mL，当流量为0.3 L/min时，吸收管多孔板阻力为392.27～490.33 Pa。

（3）酸式滴定管。50 mL。

（4）碘量瓶。125 mL。

（四）试剂及配制

（1）吸收液。分稀吸收液和浓吸收液。稀吸收液（用于空气二氧化碳浓度低于0.15%时采样）：称取1.4 g氢氧化钡[$Ba(OH)_2 \cdot 8H_2O$]和0.08 g氯化钡（$BaCl_2 \cdot 2H_2O$）溶于800 mL水中。

浓吸收液（用于空气二氧化碳浓度在0.15%～0.5%时采样）：称取2.8 g氢氧化钡[$Ba(OH)_2 \cdot 8H_2O$]和0.16 g氯化钡（$BaCl_2 \cdot 2H_2O$）溶于800 mL水中，加入3 mL正丁醇，摇匀，用水稀释至1 000 mL。

（2）草酸标准溶液。称取0.563 7 g草酸（$H_2C_2O_4 \cdot 2H_2O$），用水溶解并稀释至1 000 mL，此溶液1 mL与标准状况（0 ℃，101.325 kPa）下0.1 mL二氧化碳相当。

（3）酚酞酒精指示剂（1%）。

（4）正丁醇。

（5）纯氮气（纯度99.99%）或经碱石灰管除去二氧化碳后的空气。

（五）测定步骤

1.采样

取一个吸收管（事先应充氮或充入经碱石灰处理的空气），加入50 mL氢氧化钡吸收液，以0.3 L/min流量，采样5～10 min。采样前后，吸收管的进、出气口均用乳胶管连接以免空气进入。

2.滴定

吸收管送实验室，取出中间砂芯管，加塞静置3 h，使碳酸钡沉淀完全，吸取上清液25 mL于碘量瓶中（碘量瓶事先应充氮或充入经碱石灰处理的空气），加入2滴酚酞指示剂，用草酸标准液滴定至红色变为无色，记录所消耗的草酸标准溶液的体积（mL）。

3.空白滴定

同时吸取25 mL未采样的氢氧化钡吸收液作空白滴定，记录消耗的草酸标准溶液的体积（mL）。

（六）结果计算

（1）将采样体积换算成标准状态下体积：

$$V_0 = V_1 \times \frac{273}{273 \pm t} \times \frac{P}{101.3}$$

式中：V_0为标准状态下的体积（mL）；V_t为采样体积（mL）；t为采样时气温（℃）；P为采样时的气压（kPa）。

（2）空气中二氧化碳体积分数按下式计算：

$$c=20\times(b-a)/V_0$$

式中：c 为空气中二氧化碳体积分数(%)；a 为样品滴定所用草酸标准溶液体积(mL)；b 为空白滴定所用草酸标准溶液体积(mL)；20 为用草酸标准溶液滴定氢氧化钡吸收液的体积(mL)；V_0为换算成标准状况下的采样体积(mL)。

该方法的精密度和准确度对含二氧化碳 0.04%～0.27%的标准气体的回收率为 97%～98%，重复测定的变异数为 2%～4%。

二、氨气的测定

(一)方法与目的

用纳氏试剂比色法测量猪舍空气中氨气的含量。

(二)测定原理

空气中氨吸收在稀硫酸中，与纳氏试剂作用生成黄色化合物，根据着色深浅，比色定量。

(三)仪器与设备

(1)大型气泡吸收管，有 10 mL 刻度线。

(2)空气采样器，流量范围 0～2 L/min，流量稳定。使用前后，用皂膜流量计校准采样系统的流量，误差范围为±5%。

(3)具塞比色管，10 mL。

(4)分光光度计，可测波长为 45 nm，狭缝小于 20 nm。

(四)试剂及配制

本法所用的试剂均为分析纯，水为无氨蒸馏水。

(1)硫酸吸收液(H_2SO_4=0.005 mol/L)。量取 2.8 mL 浓硫酸加入水中，稀释至 1 L。用前再稀释 10 倍。

(2)酒石酸钾钠溶液(500 g/L)。称取 50 g 酒石酸钾钠($KNaC_4H_4O_6\cdot4H_2O$)溶于 100 mL 水中，煮沸，使约减少 20 mL 为止，冷却后，再用水稀释至 100 mL。

(3)纳氏试剂。称取 17 g 氯化汞($HgCl_2$)溶于 300 mL 水中，另称取 17 g 碘化钾(KI)溶于 100 mL 水中，然后将氯化汞溶液缓慢加入碘化钾溶液中，直至形成红色沉淀不溶为止。再加入 600 mL 氢氧化钠溶液(200 g/L)及剩余的氯化汞溶液。将此溶液静置 1～2 d，使红色混浊物下沉，将上清液移入棕色瓶中(或用 5# 玻璃砂芯漏斗过滤)，用橡皮塞塞紧保存备用。此试剂几乎无色。

(4)氨标准溶液。

①标准储备液。称取 0.314 2 g 经 105 ℃干燥 1 h 的氯化铵(NH_4Cl)，用少量水溶解，移入 100 mL 容量瓶中，用吸收液稀释至刻度。此溶液 1.00 mL 含 1.00 mg 氨。

②标准工作液。临用时，将标准储备液用吸收液稀释成每毫升含 2.00 μg 氨。

(五)测定步骤

(1)采样。用一个内装 10 mL 吸收液的大型气泡吸收管，以 0.5 L/min 流量，采气 5 L，及时记录采样点的温度及大气压力。采样后，样品在室温下保存，于 24 h 内分析。测定范围为 10 mL 样品溶液中含 2～20 μg 氨。按本法规定的条件采样 10 min，样品可测质量浓度范围为

0.4～4 mg/m^3。

(2)标准曲线的绘制。取 10 mL 具塞比色管 7 支，按表 4-1 制备标准系列管。

表 4-1 氨标准系列

管号	0	1	2	3	4	5	6
标准工作液/mL	0.00	1.00	2.00	4.00	6.00	8.00	10.00
吸收液/mL	10.00	9.00	8.00	6.00	4.00	2.00	0.00
氨含量/μg	0.00	2.00	4.00	8.00	12.00	16.00	20.00

在各管中加入 0.1 mL 酒石酸钾钠溶液，再加入 0.5 mL 纳氏试剂，混匀，室温下放置 10 min。用 1 cm 比色皿，于波长 425 nm 处，以水作参比，测定吸光度。以氨含量(μg)作横坐标，吸光度为纵坐标，绘制标准曲线。并用最小二乘法计算标准曲线的斜率、截距及回归方程。回归方程如下：

$$y=bx+a$$

式中：y 为标准溶液的吸光度(A)；x 为氨含量(μg)；a 为回归方程式的截距；b 为回归方程的斜率(吸光度/μg)。

标准曲线斜率 b 应为 0.014 ± 0.002(吸光度/μg 氨)。以斜率的倒数作为样品测定时的计算因子(B_S)。

(3)样品测定 将样品溶液转入具塞比色管中，用少量的水冲洗吸收管、合并，使总体积为 10 mL。再按制备标准曲线的操作步骤测定样品的吸光度。在每批样品测定的同时，用 10 mL 未采样的吸收液作试剂空白测定。如果样品溶液吸光度超过标准曲线范围，则可用试剂空白稀释样品显色液后再分析。计算样品浓度时，要考虑样品溶液的稀释倍数。

(六)结果计算

(1)将采样体积换算成标准状态下的体积(同二氧化碳测定)。

(2)空气中氨浓度按下式计算：

$$c=(A-A_0)Bs/V_0$$

式中：c 为空气中氨的质量浓度(mg/m^3)；A 为样品溶液的吸光度；A_0 为空白溶液的吸光度；B_S 为计算因子(μg/吸光度)；V_0 为标准状态下的采样体积(L)。

(七)注意事项

(1)纳氏试剂毒性较大，取用时必须十分小心，接触到皮肤时，应立即用水冲洗。

(2)含纳氏试剂的废液应集中处理。处理方法如下：为了避免含汞废液造成对环境的污染，应将废液中的汞进行处理，将废液收集在塑料桶中，当废水容量达到 20 L 左右时，以曝气方式混匀废液，同时加入 400 g/L 氢氧化钠溶液 50 mL，再加入 50 g 硫化钠($Na_2S\cdot9H_2O$)，10 min 后，慢慢加入 200 mL 市售过氧化氢，静置 24 h 后，抽取上清液弃去。

(3)无氨蒸馏水的制备。于普通蒸馏水中，加少量的高锰酸钾至浅紫红色，再加少量氢氧化钠至呈碱性；蒸馏，取其中间蒸馏部分的水，加少量硫酸溶液呈微酸性，再蒸馏一次即可。

三、硫化氢的测定

(一)方法与目的

用碘溶液或硫代硫酸钠测定猪舍空气中硫化氢的含量。

(二)测定原理

由于空气中的硫化氢通过碘溶液形成碘氢酸,应用硫代硫酸钠测定碘溶液吸收硫化氢前后之差,即可求得空气中硫化氢的含量。反应式如下:

$$I_2 + H_2S = 2HI + S$$

$$I_2 + 2Na_2S_2O_3 = 2NaI + Na_2S_4O_6$$

(三)仪器与设备

(1)大型气泡吸收管,有 10 mL 刻度线。

(2)空气采样器,流量范围 0～2 L/min,流量稳定。使用前后,用皂膜流量计校准采样系统的流量,误差范围为±5%。

(3)干燥管。

(4)三角瓶,50 mL。

(5)移液管,10 mL。

(6)其他。洗耳球、滴定台、胶管、弹簧夹、气压表、温度计、碱式滴定管、量筒、试剂瓶。

(四)试剂及配制

(1)碘液(0.1 mol/L)。用普通天平称取碘化钾 2.5 g,溶于 15～20 mL 蒸馏水中,再用分析天平精确称取碘 1.269 2 g,倒入 1 000 mL 容量瓶中,将碘化钾溶液也倒入同一容量瓶中振摇,使碘全部溶解后,加蒸馏水至刻度,保存于褐色玻璃瓶中备用。

(2)硫代硫酸钠标准溶液(0.05 mol/L)。称取硫代硫酸钠(化学纯)2.481 g,装入 1 000 mL 容量瓶中,加部分蒸馏水使其全部溶解后,再加蒸馏水至刻度。硫代硫酸钠能吸收空气中的二氧化碳,应定期用 0.01 mol/L 碘液进行标定。

(3)淀粉液(0.5%)。将 0.5 g 可溶性淀粉用少量蒸馏水调制成糊状,再加入刚煮沸的蒸馏水至 100 mL,冷却后即可使用。此液最好是现配现用。如需要保存时,可加入 0.5 mL 氯仿防腐。

(五)测定方法

(1)采样(同氨气)。

(2)在两吸收管中各盛碘液 20 mL。

(3)空气采样器以流速 1 L/min 左右,采气 40～60 L。采样点的高度以畜禽呼吸带离地高度为准,牛、马一般为 1～1.5 m;猪、羊为 0.5 m。采样时应在同一地点同时采两个平行样品,两个平行样品结果之差,不应超过 20%。

(4)采气完毕,将两支吸收管中吸取了硫化氢的碘液,全部倒入 200 mL 容量瓶中,用少量蒸馏水分别洗涤吸收管后,一起倒入容量瓶中,充分混合后,最后加蒸馏水至刻度。吸取 10 mL 吸收液于 50 mL 锥形瓶中,加入淀粉液 0.5 mL,震荡后用硫代硫酸钠标准溶液滴定至红褐色消退为淡黄色时，振荡后继续滴定至完全无色为止，记录硫代硫酸钠标准溶液的用量(mL)。

(5)空白测定。在锥形瓶中加入未吸收硫化氢的碘液 50 mL，按上述方法滴定，记录硫代硫酸钠标准溶液的用量(mL)。

(六)结果计算

空气中硫化氢的质量浓度(mg/m^3)按下列公式计算：

$$X=(a-b)\times n\times 0.34\times 1\,000/V_0$$

式中：X 为空气中硫化氢的质量浓度(mg/m^3)；a 为空白滴定时硫代硫酸钠标准溶液的消耗量(mL)；b 为滴定吸收硫化氢后的硫代硫酸钠标准溶液的消耗量(mL)；n 为滴定时所吸收的碘液改算为总量时的倍数(如取 10 mL，即为总量的 1/20，则乘以 20)；0.34 指 1 mL 碘液相当于 0.34 g 硫化氢；V_0 为换算成标准状况下的采样体积(L)。

任务评价

一、概念解释

标准溶液　纳氏比色法　二氧化碳容量滴定法

二、简述

1. 简述容量滴定法测定二氧化碳的原理、方法及结果如何计算。
2. 简述氨标准溶液配制方法与步骤。
3. 猪舍空气中氨气、硫化氢含量的卫生标准是多少？

任务二　水质卫生指标测定

一、水样的采集和保存

(一)方法与目的

(1)用于生活饮用水及水源水样的采集和样品保存。

(2)采样前应根据水质检验目的和任务制定采样计划，内容包括：采样目的、检验指标、采样时间、采样地点、采样方法、采样频率、采样数量、采样容器与清洗、采样体积、样品保存方法、样品标签、现场测定项目、采样质量控制、运输工具和条件等。

(二)水样的采集

供物理、化学检验用的水样应均匀、有代表性以及不改变其理化特性。水样量根据欲测项目多少而不同，采集 2～3 L 即可满足通常水质理化分析的需要。

采集水样的容器可用硬质玻璃瓶或聚乙烯瓶。一般情况下，两种均可应用。当容器对水样中某种组分有影响时，则应选用其他合适的容器。采样前先将容器洗净，采样时用水样冲洗 3 次，再将水样采集于瓶中。

采集自来水及具有抽水设备的井水时，应先放水数分钟，使积留于水管中的杂质流去，然后将水样收集于瓶中。采集无抽水设备的井水或江、河、水库等地面水的水样时，可将采样器浸入水中，使采样瓶口位于水面下20～30 cm，然后拉开瓶塞使水进入瓶中。供细菌学卫生检验用的水样，所用容器必须按照规定的办法进行灭菌，并需保证水样在运送、保存过程中不受污染。

(三)水样的保存

采样和分析的间隔时间应尽可能缩短。某些项目的测定，应现场进行。有的项目则需加入适当的保存剂。需要加保存剂的水样，一般应先将保存剂加入瓶中，或在低温下保存。加酸保存可防止金属形成沉淀和抑制细菌对一些项目的影响。加碱可防止氰化物等组分挥发。低温保存可抑制细菌的作用和减慢化学反应的速率。表4-2为部分分析项目对存放水样容器的要求和水样保存方法。

表4-2　水样保存方法

项目	保存方法
pH	最好现场测定，必要时4 ℃保存6 h内测定
总硬度	必要时加硝酸至pH<2
氯化物	7 d内测定
氨氮、硝酸盐氮	每升水样加0.8 mL硫酸，4 ℃保存24 h内测定
亚硝酸盐氮	4 ℃保存，尽快分析
耗氧量	每升水样加0.8 mL硫酸，4 ℃保存24 h内测定
生化需氧量	立即测定，或4 ℃保存6 h内测定
余氯	现场测定，4 ℃保存
氰化物	加氢氧化钠至pH≥12，4 ℃保存24 h内测定
砷	4 ℃保存，尽快分析
铬(六价)	加氢氧化钠至pH为7～9，尽快分析

(四)注意事项

(1)采样时不可搅动水底的沉积物。

(2)水样采集后应尽快测定。水温、pH、游离余氯等指标应在现场测定，其余项目的测定也应在规定时间内完成。

(3)采集测定溶解氧、生化需氧量和有机污染物的水样时应注满容器，上部不留空间，并采用水封。

(4)含有可沉降性固体(如泥沙等)的水样，应分离除去沉积物。分离方法为：将所采水样摇匀后倒入筒形玻璃容器(如量筒)，静置30 min，将已不含沉降性固体但含有悬浮性固体的水样移入采样容器保存。

(5)采集测定油类的水样时，应在水面至水面下30 cm处采集柱状水样，全部用于测定。

(6)完成现场测定的水样，不能带回实验室供其他指标测定使用。

(7)测定油类、BOD_5、硫化物、微生物学、放射性等项目要单独采样。

二、pH 的测定

pH 是水中氢离子活度倒数的对数值。水的 pH 可用玻璃电极法和标准缓冲溶液比色法测定。玻璃电极法比较准确，比色法简易方便，但准确度较差。

（一）方法与目的

用玻璃电极法测定生活饮用水及水源水样的 pH。可精确到 0.01。

（二）测定原理

以玻璃电极为指示电极，饱和甘汞电极为参比电极，插入溶液中组成原电池。当氢离子浓度发生变化时，玻璃电极和甘汞电极之间的电动势也随着变化，在 25 ℃时，每单位标度相当于 59.1 mV 电动势变化值，在仪器上直接以 pH 的读数表示。在仪器上有温度差异补偿装置。

（三）仪器与设备

(1)精密酸度计，测量范围 0～14 pH 单位；读数精度为小于或等于 0.02 pH 单位。

(2)pH 玻璃电极。

(3)饱和甘汞电极。

(4)温度计，0～50 ℃。

(5)塑料烧杯，50 mL。

（四）试剂及配制

(1)苯二甲酸氢钾标准缓冲溶液(甲)。称取 10.21 g 在 105 ℃烘干 2 h 的苯二甲酸氢钾，溶于纯水中，并稀释至 1 000 mL，此溶液的 pH 在 20 ℃时为 4.00。

(2)混合磷酸盐标准缓冲溶液(乙)。称取 3.40 g 在 105 ℃烘干 2 h 的磷酸二氢钾(KH_2PO_4)和 3.55 g 磷酸氢二钠(Na_2HPO_4)，溶于纯水中，并稀释至 1 000 mL。此溶液的 pH 在 20 ℃ 时为 6.88。

(3)四硼酸钠标准缓冲溶液(丙)。称取 3.81 g 四硼酸钠[$(Na_2B_4O_7)\cdot 10H_2O$]，溶于纯水中，并稀释至 1 000 mL。此溶液 pH 在 20 ℃时为 9.22。

3 种标准缓冲溶液的 pH 随温度而稍有差异(表 4-3)。

表 4-3 3 种标准缓冲溶液的标准 pH

温度/℃	甲	乙	丙
0	4.00	6.98	9.46
5	4.00	6.95	9.40
10	4.00	6.92	9.33
15	4.00	6.90	9.28
20	4.00	6.88	9.22
25	4.01	6.86	9.18
30	4.02	6.85	9.14
35	4.02	6.84	9.10
40	4.04	6.84	9.07

(五)测定步骤

(1)玻璃电极在使用前应放入纯水中浸泡 24 h 以上。

(2)仪器校正。仪器开启 30 min 后,按仪器使用说明书操作。

(3)pH 定位。选用一种与被测水样 pH 接近的标准缓冲溶液,重复定位 1～2 次。当水样 pH＜7.0 时,使用苯二甲酸氢钾标准缓冲溶液定位,以四硼酸钠或混合磷酸盐标准缓冲溶液复定位;水样 pH＞7.0 时,则用四硼酸钠标准缓冲溶液定位,以苯二甲酸氢钾或混合磷酸盐标准缓冲溶液复定位。

(4)用洗瓶以纯水缓缓淋洗两个电极数次,再以水样淋洗 6～8 次,然后插入水样中,1 min 后直接从仪器上读出 pH。

(六)注意事项

(1)甘汞电极内为氯化钾的饱和溶液,当室温升高后,溶液可能由饱和状态变为不饱和状态,故应保持一定量氯化钾晶体。

(2)pH＞9 的溶液,应使用高碱玻璃电极测定 pH。

三、水质总硬度的测定

水的硬度是指沉淀肥皂水化液的程度。使肥皂水化液沉淀的原因主要是由于水中的钙、镁离子,此外,铁、铝、锰、锶及锌也有同样的作用。在一般情况下,除钙、镁离子以外,其他沉淀肥皂水化液的金属离子(铁、铝、锰、锶及锌等)浓度都很低,所以多采用乙二胺四乙酸二钠(Na_2EDTA,简称 EDTA-2Na)滴定法测定钙、镁离子的总量,并经过换算,以每升水中碳酸钙的毫克数表示。

(一)方法与目的

用乙二胺四乙酸二钠(Na_2EDTA)滴定法测定生活饮用水及水源水样的总硬度。本法最低检测质量为 0.05 mg/L。若取 50 mL 水样测定,则最低检测质量浓度为1.0 mg/L。

(二)测定原理

水样中的钙、镁离子与铬黑 T 指示剂形成紫红色螯合物,这些螯合物的不稳定常数大于乙二胺四乙酸钙和镁螯合物的不稳定常数。当 pH＝10 时,乙二胺四乙酸二钠先与钙离子,再与镁离子形成螯合物,滴定至终点时,溶液呈现出铬黑 T 指示剂的纯蓝色。

(三)仪器与设备

(1)锥形瓶,150 mL。

(2)滴定管,10 mL 或 25 mL。

(四)试剂及配制

(1)缓冲溶液(pH＝10)。

①称取 16.9 g 氯化铵,溶于 143 mL 氨水(ρ_{20}＝0.88 g/mL)中。

②称取 0.780 g 硫酸镁及 1.178 g 乙二胺四乙酸二钠,溶于 50 mL 纯水中,加入 2 mL 氯化铵—氢氧化铵溶液和 5 滴铬黑 T 指示剂(此时溶液应呈紫红色。若为纯蓝色,应再加极少

量硫酸镁使呈紫红色)，用乙二胺四乙酸二钠标准溶液滴定至溶液由紫红色变为纯蓝色。合并以上两溶液，并用纯水稀释至 250 mL。合并后如溶液又变为紫红色，在计算结果时应扣除试剂空白。

(2)硫化钠溶液(50 g/L)。称取 5.0 g 硫化钠溶于纯水中，并稀释至 100 mL。

(3)盐酸羟胺溶液(10 g/L)。称取 1.0 g 盐酸羟胺，溶于纯水中，并稀释至 100 mL。

(4)氰化钾溶液(100 g/L)。称取 10.0 g 氰化钾溶于纯水中，并稀释至 100 mL。

(5)Na_2EDTA 标准溶液[$c(Na_2EDTA)=0.01$ mol/L]。称取 3.72 g Na_2EDTA 溶解于 1 000 mL 纯水中，按以下方法标定其准确浓度。

①锌标准溶液。称取 0.6～0.7 g 纯锌粒，溶于盐酸溶液中，置于水浴上温热至完全溶解，移入容量瓶中，定容至 1 000 mL，并按下式计算锌标准溶液的浓度：

$$c\,(\mathrm{Zn})=m/65.39$$

式中：$c\,(\mathrm{Zn})$为锌标准溶液的浓度(mol/L)；m 为锌的质量(g)；65.39 为锌的摩尔质量(g)。

②吸取 25.00 mL 锌标准溶液于 150 mL 锥形瓶中，加入 25 mL 纯水，加入几滴氨水调节溶液至近中性，再加 5 mL 缓冲溶液和 5 滴铬黑 T 指示剂，在不断振荡下，用 Na_2EDTA 溶液滴定至不变的纯蓝色，按下式计算 Na_2EDTA 标准溶液的浓度：

$$c'=\frac{c(\mathrm{Zn})\times V_2}{V_1}$$

式中：c'为 Na_2EDTA 标准溶液的浓度(mol/L)；$c\,(\mathrm{Zn})$为锌标准溶液的浓度(mol/L)；V_1 为滴定消耗的 Na_2EDTA 溶液的体积(mL)；V_2 为所取锌标准溶液的体积(mL)。

(6)铬黑 T 指示剂。称取 0.5 g 铬黑 T 用 95%的乙醇溶解，并稀释至 100 mL。放置于冰箱中保存，可稳定 1 个月。

(五)测定步骤

(1)吸取 50.0 mL 水样(硬度过高的水样，可取适量水样，用纯水稀释至 50 mL，硬度过低的水样，可取 100 mL)，置于 150 mL 锥形瓶中。

(2)加入 1～2 mL 缓冲溶液，5 滴铬黑 T 指示剂，立即用 Na_2EDTA 标准溶液滴定至溶液由紫红色转变成纯蓝色为止，同时做空白试验，记下用量。

(3)若水样中含有金属干扰离子，使滴定终点延迟或颜色变暗，可另取水样，加入 0.5 mL 盐酸羟胺溶液及 1 mL 硫化钠溶液或 0.5 mL 氰化钾溶液再进行滴定。

(4)水样中钙、镁的重碳酸盐含量较大时，要预先酸化水样，并加热除去二氧化碳，以防碱化后生成碳酸盐沉淀，影响滴定时反应的进行。

(5)水样中含悬浮性或胶体有机物会影响终点的观察。可预先将水样蒸干并于 550 ℃灰化，用纯水溶解残渣后再行滴定。

(六)结果计算

$$\rho(\mathrm{CaCO_3})=\frac{(V_1-V_0)\times c\times 100.09\times 1\,000}{V}$$

式中：$\rho(\mathrm{CaCO_3})$为水质总硬度(mg/L)；V_0 为空白滴定所消耗的 Na_2EDTA 标准溶液的体积

(mL);V_1为水样滴定消耗的Na_2EDTA标准溶液的体积(mL);c为Na_2EDTA标准溶液的浓度(mol/L);V为水样体积(mL);100.09为1.00 mLNa_2EDTA标准溶液相当的以毫克表示的总硬度(以$CaCO_3$计)。

(七)注意事项

(1)此方法准确,但比较烦琐。

(2)本方法主要干扰元素为铁、锰、铝、铜、镍、钴等金属离子,能使指示剂褪色或终点不明显。硫化钠及氰化钾可隐蔽重金属的干扰,盐酸羟胺可使高价铁离子及高价锰离子还原为低价离子而消除其干扰。

(3)由于钙离子与铬黑T指示剂在滴定到达终点时的反应不能呈现出明显的颜色转变,所以当水样中镁含量很少时,需要加入已知量的镁盐,使滴定终点颜色转变清晰;在计算结果时,再减去加入的镁盐量。或者在缓冲溶液中加入少量MgEDTA,以保证明显的终点。

(4)氰化钾溶液有剧毒,应注意安全。

四、氯化物的测定

(一)方法与目的

用硝酸银滴定法测定生活饮用水及水源水样中氯化物的浓度。

(二)测定原理

在中性至弱碱性范围内(pH 6.5～10.5)以铬酸钾为指示剂,用硝酸银滴定氯化物时,由于氯化银的溶解度小于铬酸银的溶解度,氯离子首先被完全沉淀出来后,然后铬酸盐以铬酸银的形式被沉淀产生砖红色,指示滴定终点到达。该沉淀滴定的反应如下:

$$Ag^+ + Cl^- \longrightarrow AgCl\downarrow$$

$$2Ag^+ + CrO_4^{2-} \longrightarrow Ag_2CrO_4\downarrow \text{(砖红色)}$$

(三)仪器与设备

(1)锥形瓶,250 mL。

(2)棕色滴定管,25 mL。

(3)吸管,50 mL、25 mL。

(四)试剂及配制

(1)高锰酸钾。$c(\frac{1}{5}KMnO_4)=0.01$ mol/L。

(2)过氧化氢(30%)。

(3)乙醇(95%)。

(4)硫酸溶液。$c(\frac{1}{2}H_2SO_4)=0.05$ mol/L。

(5)氢氧化钠溶液。$c(NaOH)=0.05$ mol/L。

(6)氢氧化铝悬浮液。溶解125 g硫酸铝钾于1 L蒸馏水中加热至60 ℃,然后边搅拌边缓缓加入 55 mL 浓氨水放置约 1 h 后，移至大瓶中，用倾泻法反复洗涤沉淀物，直到洗出液不含氯离子为止。用水稀释至约 300 mL。

(7)氯化钠标准溶液[c(NaCl)＝0.014 1 mol/L，相当于 500 mg/L 氯化物含量]。将氯化钠置于瓷坩埚内，在 500～600 ℃下灼烧 40～50 min。在干燥器中冷却后称取 8.240 0 g，溶于蒸馏水中，在容量瓶中稀释至 1 000 mL。用吸管吸取 10.0 mL，在容量瓶中准确稀释至 100 mL。1.00 mL 此标准溶液含 0.50 mg 氯化物(Cl^-)。

(8)铬酸钾溶液(50 g/L)。称取 5 g 铬酸钾溶于少量蒸馏水中，滴加硝酸银溶液至有红色沉淀生成。摇匀，静置 12 h，然后过滤并用蒸馏水将滤液稀释至 100 mL。

(9)硝酸银标准溶液[$c(AgNO_3)$＝0.014 1 mol/L]。称取 2.395 0 g 于 105 ℃烘半小时的硝酸银，溶于蒸馏水中，在容量瓶中稀释至 1 000 mL，贮于棕色瓶中。

用氯化钠标准溶液标定其浓度：用吸管准确吸取 25.00 mL 氯化钠标准溶液于 250 mL 锥形瓶中，加蒸馏水 25 mL。另取一锥形瓶，量取蒸馏水 50 mL 作空白，各加入 1 mL 铬酸钾溶液，边不断摇动边用硝酸银标准溶液滴定至砖红色沉淀刚刚出现为终点。计算每毫升硝酸银溶液相当的氯化物量，然后校正其浓度，再作最后标定。

(10)酚酞指示剂溶液。称取 0.5 g 酚酞溶于 50 mL 95%的乙醇中，加入 50 mL 蒸馏水，再滴加 0.05 mol/L 氢氧化钠溶液使呈微红色。

(五)测定步骤

1.消除干扰

(1)如水样浑浊及带有颜色，则取 150 mL 或取适量水样稀释至 150 mL，置于 250 mL 锥形瓶中，加入 2 mL 氢氧化铝悬浮液，振荡过滤，弃去最初滤下的 20 mL，用清洁锥形瓶接取滤液备用。

(2)如果有机物含量高或色度高，可用茂福炉灰化法预先处理水样。取适量水样于瓷蒸发皿中，调节 pH 至 8～9，置水浴上蒸干，然后放入茂福炉中在 600 ℃下灼烧 1 h，取出冷却后，加 10 mL 蒸馏水，移入 250 mL 锥形瓶中，并用蒸馏水清洗 3 次，一并转入锥形瓶中，调节 pH 到 7 左右，稀释至 50 mL。

(3)由于有机质而产生较轻色度，可以加入 0.01 mol/L 高锰酸钾 2 mL，煮沸。再滴加乙醇以除去多余的高锰酸钾至水样褪色，过滤后滤液贮于锥形瓶中备用。

(4)如果水样中含有硫化物、亚硫酸盐或硫代硫酸盐，则加氢氧化钠溶液将水样调至中性或弱碱性，加入 30%的过氧化氢 1 mL，摇匀。1 min 后加热至 70～80 ℃，以除去过量的过氧化氢。

2.测定

(1)用吸管吸取 50 mL 水样或经过预处理的水样(若氯化物含量高，可取适量水样用蒸馏水稀释至 50 mL)，置于锥形瓶中。另取一锥形瓶加入 50 mL 蒸馏水作空白试验。

(2)如水样 pH 在 6.5～10.5 范围时，可直接滴定，超出此范围的水样应以酚酞作指示剂，用稀硫酸或氢氧化钠溶液调节至红色刚刚退去。

(3)加入 1 mL 铬酸钾溶液，用硝酸银标准溶液滴定至砖红色沉淀刚刚出现即为滴定终点。

3.空白测定

与样本同法作空白滴定。

(六)结果计算

水样中氯化物含量按下式计算：

$$c=\frac{(V_2-V_1)\times M\times 35.45\times 1\,000}{V}$$

式中：c 为试样中氯化物的含量(mg/L)；V_1 为空白滴定时消耗硝酸银标准溶液量(mL)；V_2 为试样滴定时消耗硝酸银标准溶液量(mL)；M 为硝酸银标准溶液浓度(mol/L)；V 为试样体积(mL)。

(七)精密度和准确度

(1)重复性。实验室内相对标准偏差为 0.27%。

(2)再现性。实验室间相对标准偏差为 1.2%。

(3)准确度。相对误差为 0.57%；加标回收率(指在没有被测物质的空白样品基质中加入定量的标准物质，按样品的处理步骤分析，得到的结果与理论值的比值)为 100.21%±0.32%。

(八)注意事项

(1)本方法适用于天然水中氯化物的测定，也适用于经过适当稀释的高矿化度水如咸水、海水等，以及经过预处理除去干扰物的生活污水或工业废水。

(2)本方法适用浓度范围为 10～500 mg/L 的氯化物，高于此范围的水样经稀释后可以扩大其测定范围。

(3)溴化物、碘化物和氰化物能与氯化物一起被滴定。正磷酸盐及聚磷酸盐分别超过 250 mg/L 及 25 mg/L 时有干扰，铁含量超过 10 mg/L 时使终点不明显。

(4)本法滴定时不能在酸性中进行。酸性水样中铬酸根离子浓度大大降低，很难形成铬酸银沉淀。本法也不能在碱性水样中进行，因银离子会形成氢氧化银沉淀。因此若水样 pH 低于 6.3 或者大于 10 时应先用酸或碱调节至中性或弱碱性，再进行滴定。

(5)铬酸钾在水样中的浓度影响终点到达的迟早，在 50～100 mL 滴定液中加入 5%的铬酸钾溶液 1 mL，使浓度为 2.6×10^{-3}～5.2×10^{-3} mol/L。在滴定终点时，硝酸银加入量超过终点，可用空白测定值消除。

任务评价

1. 水样采集与保存的方法是什么？

2. 如何用玻璃电极法测定水样的 pH？

3. 硝酸银测定水中氯化物的方法、原理是什么？

任务三　有机肥指标测定

一、含水率的测定

(一)方法与目的

用真空烘箱法测有机肥料中游离水的含量(本方法不适用于在干燥过程中能产生非水分挥发性物质的有机肥料)。

(二)仪器与设备

(1)研磨器或研钵。

(2)标准筛,孔径为 0.5 mm,1.0 mm,带底盘和筛盖。

(3)搪瓷盘或铲子。

(4)电热恒温真空干燥箱(真空烘箱)。温度可控制在(50±2) ℃,真空度可控制在 $6.4\times10^4\sim7.1\times10^4$ Pa。

(5)带磨口塞称量瓶。直径 50 mm,高 30 mm。

(三)测定步骤

1.制备实验室样品

(1)缩分。用铲子或油灰刀将肥料在清洁、干燥、光滑的搪瓷盘表面上堆成一圆锥形,压平锥顶,沿互成直角的二直径方向将肥料样品分成四等份,移去并弃去对角部分,将留下部分混匀。重复操作直至获得所需的样品量(约 1 000 g)。

将缩分后混合均匀的样品装入两个密封容器中密封,贴上标签并标明样品名称、取样日期、取样人姓名、单位名称或编号。一瓶作产品质量分析,一瓶保存二个月,以备查用。

(2)样品研磨。将一瓶样品经多次缩分后取出约 100 g 用研磨器或研钵研磨至全部通过 0.5 mm 孔径筛(对于潮湿肥料可通过 1.00 mm 孔径筛),混合均匀,置于洁净、干燥瓶中,作成分分析。研磨操作要迅速,以免在研磨过程中失水或吸湿,并要防止样品过热。

2.测定

在预先干燥并恒重的称量瓶中,称取实验室样品 2 g,称准至 0.000 1 g,置于(50±2) ℃通干燥空气、真空度为 $6.4\times10^4\sim7.1\times10^4$ Pa 的电热恒温真空干燥箱中干燥 2 h±10 min,取出,在干燥器中冷却至室温,称量。

(四)结果计算

有机肥中游离水的百分含量(W)按下式计算:

$$W=[(m-m_1)/m]\times100\%$$

式中:W 为以质量分数表示的有机肥中游离水含量(%);m 为干燥前试料的质量(g);m_1 为干燥后试料的质量(g)。

取平行测定结果的算术平均值作为测定结果。

(五)准确度

(1)$W \leqslant 2.0\%$,平行测定结果的绝对差值应$\leqslant 0.20\%$;

(2)$W \geqslant 2.0\%$,平行测定结果的绝对差值应$\leqslant 0.30\%$。

二、有机质的测定

(一)方法与目的

用重铬酸钾容量法测定有机肥料中有机质的含量。

(二)测定原理

用定量的重铬酸钾—硫酸溶液,在加热条件下,使有机肥料中的有机碳氧化,多余的重铬酸钾用硫酸亚铁标准溶液滴定,同时以二氧化硅为添加物做空白试验。根据氧化前后氧化剂消耗量,计算有机碳含量,乘以系数 1.724,为有机质含量。

(三)仪器与设备

通常实验室用仪器与设备。

(四)试剂及配制

(1)重铬酸钾标准溶液 (0.1 mol/L)。称取经过 130 ℃烘 3～4 h 的重铬酸钾 4.903 1 g,先用少量水溶解,然后转移入 1 L 容量瓶中,用水稀释至刻度,摇匀备用。

(2)重铬酸钾标准溶液(0.8 mol/L)。称取经过 130 ℃烘 3～4 h 的重铬酸钾 39.23 g,先用少量水溶解,然后转入 1 L 的容量瓶中,稀释至刻度,摇匀备用。

(3)硫酸亚铁标准溶液(0.2 mol/L)。称取硫酸亚铁($FeSO_4 \cdot 7H_2O$)55.6 g,溶于 900 mL 水中,加硫酸 20 mL 溶解,稀释定容至 1 L,摇匀备用,此溶液的准确浓度用 0.1 mol/L 重铬酸钾标准溶液标定,现用现标定。吸取 0.1 mol/L 重铬酸钾标准溶液 20 mL 加入 150 mL 三角瓶中,加硫酸 3～5 mL 和 2～3 滴邻啡啰啉指示剂,用硫酸亚铁标准溶液滴定,根据硫酸亚铁标准溶液滴定时的消耗量按下式计算其准确浓度。

$$c = c_1 \times V_1 / V_2$$

式中:c 为硫酸亚铁标准溶液的浓度(mol/L);c_1 为重铬酸钾标准溶液的浓度(mol/L);V_1 为吸取重铬酸钾标准溶液的体积(mL);V_2 为滴定时消耗硫酸亚铁标准溶液的体积(mL)。

(4)邻啡啰啉指示剂。称取硫酸亚铁 0.695 g 和邻啡啰啉 1.485 g 溶于 100 mL 水中,摇匀备用,指示剂易变质,应该密闭保存于棕色瓶中。

(五)测定步骤

称取过 φ0.5 mm 筛的风干试样 0.2～0.5 g(精确至 0.000 1 g),置于 500 mL 的三角瓶中,准确加入 0.8 mol/L 重铬酸钾溶液 50 mL,再加入 50 mL 浓硫酸,加一弯颈小漏斗,置于沸水中,待水浴沸腾后保持 30 min。取出冷却至室温,用水冲洗小漏斗,洗液承接于三角瓶中。取下三角瓶,将反应物无损转入 250 mL 容量瓶中,冷却至室温,定容,吸取 50 mL 溶液于 250 mL 三角瓶内,加水至约 100 mL,加 2～3 滴邻啡啰啉指示剂,用 0.2 mol/L 硫酸亚铁标准溶液滴定近终点时,溶液由绿色变成暗绿色,再逐滴加入硫酸亚铁标准溶液直至生成砖红色为止。同时称取 0.2 g 二氧化硅代替试样,按照相同分析步骤,使用同样的试剂,进行空白试验。

如果滴定试样所用硫酸亚铁标准溶液用量不到空白试样所用硫酸亚铁标准溶液用量的1/3时，则应减少称取量，重新测定。

(六)结果计算

有机质的含量以肥料的质量分数表示(W)：

$$W=c\times(V_0-V)\times0.003\times100\times1.5\times1.724\times D/[m\times(1-X_0)]\times100\%$$

式中：c 为硫酸亚铁标准溶液的摩尔浓度(mol/L)；V_0 为空白测定时消耗硫酸亚铁标准溶液的体积(mL)；V 为样品测定时消耗硫酸亚铁标准溶液的体积(mL)；0.003 为 1/4 碳原子的摩尔质量(g/mol)；1.724 为有机碳换算成有机质的系数；1.5 为氧化校正系数；m 为风干试样质量(g)；X_0 为风干试样含水量(%)；D 为稀释倍数，定容体积/分取体积，250/50。

(七)精确度与准确度

(1)取平行分析结果的算术平均值为最终分析结果。

(2)平行测定的绝对差值应符合表 4-4 要求。

表 4-4　平行测定的绝对差值　%

有机质	绝对差值
<30	0.6
30～45	0.8
>45	1.0

三、全氮含量的测定

(一)方法与目的

用酸滴定法测定有机肥料中的全氮含量。

(二)测定原理

有机肥中的有机氮经过硫酸—过氧化氢消煮，转化为铵态氮。碱化后蒸馏出来的氨用硼酸溶液吸收，以标准酸溶液滴定，即可计算样品中总氮含量。

(三)仪器与设备

通常实验室用仪器与设备和定氮蒸馏装置(图 4-1)。

(1)电炉，1 kW。

(2)蒸馏瓶(圆底烧瓶 1 000 mL)。

(3)橡皮塞。

(4)活塞。

(5)筒型漏斗，50 mL。

(6)定氮球。

(7)橡皮管。

(8)球形磨砂接口或橡皮塞。

(9)冷凝管。

(10)球泡。

(11)接收器(三角瓶 250 mL)。

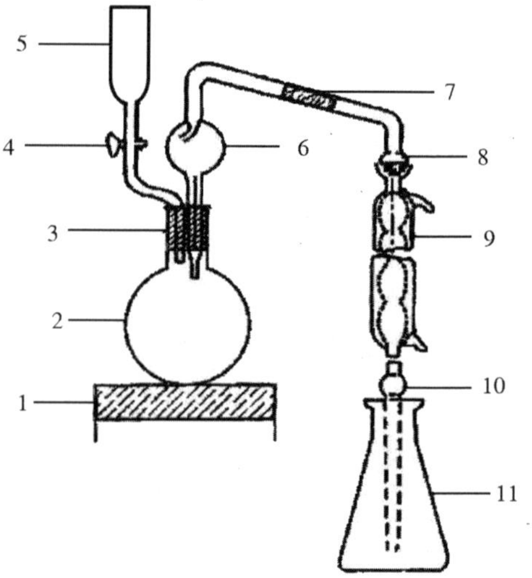

图 4-1　定氮蒸馏装置

(四)试剂及配制

(1)浓硫酸。ρ=1.84 g/mL。

(2)过氧化氢(30%)。

(3)氢氧化钠溶液(40%)。称取 40 g 氢氧化钠(化学纯)溶于 100 mL 水中。

(4)硼酸溶液(2%)。称取 2 g 硼酸溶于 100 mL 约 60 ℃热水中,冷却,用稀碱在酸度计上调节溶液 pH 为 4.5。

(5)定氮混合指示剂。0.5 g 溴甲酚绿和 0.1 g 甲基红溶于 100 mL95%的乙醇中。

(6)硼酸-指示剂混合液。每升 2%硼酸溶液加入 20 mL 定氮混合指示剂,并用稀碱或稀酸调至红紫色(pH 约 4.5)。此溶液放置时间不宜过长,如在使用过程中 pH 有变化,需随时用稀碱或稀酸调节。

(7)硫酸标准溶液(0.025 mol/L)或盐酸标准溶液(0.05 mol/L)。

(五)测定步骤

(1)试样溶液制备。称取过 φ0.5 mm 筛的风干试样 0.5~1 g(精确至 0.000 1 g),置于凯氏烧瓶底部,用少量水冲洗黏附在瓶壁上的试样,加 5 mL 硫酸和 1.5 mL 过氧化氢,小心摇匀,瓶口放一弯颈小漏斗,放置过夜。在可调电炉上缓慢升温至硫酸冒烟,取下,稍冷加 15 滴过氧化氢,轻轻摇动凯氏烧瓶继续加热 10 min,除尽剩余的过氧化氢。取下稍冷,小心加水至 20~30 mL,加热至沸。取下冷却,用少量水冲洗弯劲小漏斗,洗液收入原凯氏烧瓶中。将消煮液移入 100 mL 容量瓶中,加水定容,静置澄清或用无磷滤纸过滤到具塞三角瓶中,备用。

(2)空白试样制备。除不加试样外,试剂用量和操作同试样测定步骤。

(3)测定。

①蒸馏前检查蒸馏装置是否漏气,并进行空蒸馏清洗管道。

②吸取消煮液 50 mL 于蒸馏瓶内,加入 200 mL 水。于 250 mL 三角瓶中加入 10 mL 硼酸-指示剂混合液承接于冷凝管下端,管口插入硼酸液面中。由筒型漏斗向蒸馏瓶内缓慢加入 15 mL 氢氧化钠溶液,关好活塞。加热蒸馏,待蒸馏液体积约 100 mL,即可停止蒸馏。

③用硫酸标准溶液或盐酸标准溶液滴定馏出液,由蓝色刚变至紫红色为终点,记录酸标准溶液消耗的体积。空白测定所消耗标准液的体积不得超过 0.1 mL,否则应重新测定。

(六)结果计算

肥料中全氮含量以肥料的质量分数表示(N,%):

$$N=c\times(V-V_0)\times0.014\times D\times100/[m\times(1-X_0)]\times100\%$$

式中:c 为酸标准溶液的浓度(mol/L);V_0为空白测定时消耗酸标准溶液的体积(mL);V 为样品测定时消耗酸标准溶液的体积(mL);0.014 为 1 mL 酸标准溶液相当于氮的摩尔质量(g/mol);m 为风干样品质量(g);X_0为风干试样的含水量(%);D 为分取倍数,定容体积/分取体积,100/50。

所得结果应表示至两位小数。

(七)精确度与准确度

(1)取两个平行测定结果的算术平均值作为测定结果。

(2)两个平行测定结果允许绝对差应符合表 4-5 要求。

表 4-5 两个平行测定结果允许绝对差 %

全氮	绝对差值
<0.50	<0.02
0.50～1.00	<0.04
>1.00	<0.06

四、全磷(TP)的测定

(一)方法与目的

用紫外分光光度法测定有机肥料中的全磷含量。

(二)测定原理

有机肥试样采用硫酸—过氧化氢消煮,在一定酸度下,待测液中的硫酸根离子与偏钒酸和钼酸反应生成黄色三元杂多酸。在一定浓度范围内[磷(P):1～20 mg/L],黄色溶液的吸光度与磷含量成正比例关系,用分光光度法即可测定磷含量。

(三)仪器与设备

通常实验室用仪器与紫外分光光度计(图 4-2)。

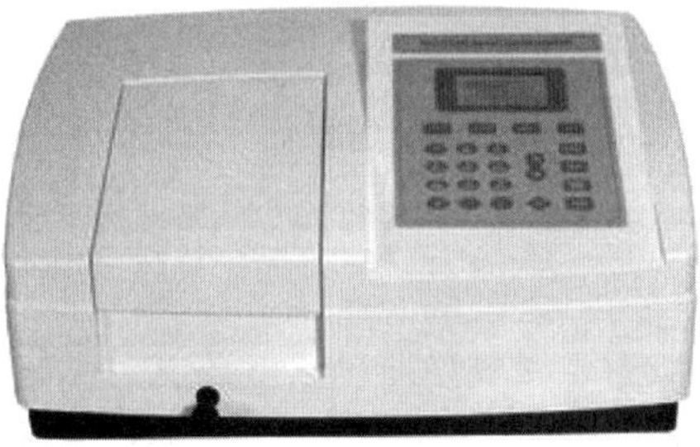

图 4-2 紫外分光光度计

(四)试剂及配制

(1)硫酸(ρ=1.84 g/mL)。

(2)硝酸(化学纯)。

(3)过氧化氢(30%)。

(4)钒钼酸铵试剂。

A 液:称取 25.0 g 钒钼酸铵溶于 400 mL 水中。

B 液:称取 1.25 g 偏钒酸铵溶于 300 mL 沸水中,冷却后加 250 mL 硝酸,冷却。在搅拌下将 A 液缓缓注入 B 液中,用水稀释至 1 L,混匀,贮于棕色瓶中。

(5)氢氧化钠溶液(10%)。

(6)硫酸溶液。体积分数为 5%的溶液。

(7)磷标准溶液。称取 0.219 5 g 经 105 ℃烘干 2 h 的磷酸二氢钾(优级纯),用水溶解后,转入 1 L 容量瓶中,加入 5 mL 硫酸,冷却后用水定容至刻度。该溶液 1 mL 含磷(P)50 μg。

(8)2,4-(或 2,6-)二硝基酚指示剂(0.2%)。称取 0.2 g 2,4-(或 2,6-)二硝基酚溶于 100 mL 水中(饱和)。

(9)无磷滤纸。

(五)测定步骤

(1)试样溶液制备。称取过筛(ϕ=0.5 mm)的风干试样 0.3～0.5 g,制备方法与测全氮含量试样溶液制备方法相同。

(2)空白溶液制备。除不加试样外,应用的试样和操作同试样溶液制备。

(3)测定。吸取 5～10 mL 试样溶液,于 50 mL 容量瓶中,加水至 30 mL 左右,与标准溶液系列同条件显色,比色,读取吸光度。

(4)标准曲线绘制。吸取磷标准溶液 0,1.0,2.5,5.0,7.5,10,15 mL 分别置于 7 个 50 mL 容量瓶中,加入与吸取试样溶液等体积的空白溶液,加水至 30 mL 左右,加 2 滴 2,4-二硝基酚指示剂溶液和硫酸溶液调节溶液刚呈微黄色,加 10 mL 钒钼酸铵试剂,摇匀,用水定容。此溶液为 1 mL 含磷 0,1,2.5,5,7.5,10,15 μg 的标准溶液系列。在室温下放置 20 min 后,在分光光度计波长 440 nm 处用 1 cm 比色皿,以空白溶液调节仪器零点,进行比色,读取吸光度。根据浓度和吸光度绘制标准曲线或求出直线回归方程。

(六)结果计算

肥料中磷含量的质量分数 W(以 P_2O_5 计,%)按下式计算:

$$W=c\times V\times D\times 2.29\times 0.0001/[m\times(1-X_0)]\times 100\%$$

式中:c 为由标准曲线查得或由回归方程求得显色液磷浓度(μg/mL);V 为显色体积,50 mL;D 为分取倍数,定容体积/分取体积,100/5 或 100/10;m 为风干试样的质量(g);X_0 为风干样含水量(%);2.29 为将磷换算成五氧化二磷的因数;0.000 1 为将 μg/g 换算成质量分数的因数。

所得结果保留两位小数。

(七)精确度与准确度

(1)取两个平行测定结果的算术平均值作为测定结果。

(2)两个平行测定结果允许绝对差应符合表 4-6 要求。

表 4-6　两个平行测定结果允许绝对差　%

磷(P_2O_5)	允许差
<0.50	<0.02
0.50～1.00	<0.03
>1.00	<0.04

五、粪中铜、锌的测定

(一)方法与目的

用火焰原子吸收分光光度法测定有机肥料中铜、锌的含量。本方法的检出限(按称取 0.5 g 试样消解定容至 50 mL 计算)为:铜 1 mg/kg,锌0.5 mg/kg。

(二)测定原理

采用盐酸-硝酸-氢氟酸-高氯酸全分解的方法,彻底破坏有机肥料的矿物晶格,使试样中的待测元素全部进入试液中。然后,将有机肥消解液吸入空气-乙炔火焰中。在火焰的高温下,铜、锌化合物离解为基态原子,该基态原子蒸汽对相应的空心阴极灯发射的特征谱线产生选择性吸收。在选择的最佳测定条件下,测定铜、锌的吸光度即可得知铜、锌的含量。

(三)仪器与设备

(1)通常实验室用仪器与设备。

(2)原子吸收分光光度计(带有背景校正器)。

(3)铜空心阴极灯。

(4)锌空心阴极灯。

(5)乙炔钢瓶。

(6)空气压缩机,应备有除水、除油和除尘装置。

(四)试剂及配制

(1)盐酸(HCl)。ρ=1.19 g/mL,优级纯。

(2)硝酸(HNO_3)。ρ=1.42 g/mL,优级纯。

(3)硝酸溶液(1+1)。用 ρ=1.42 g/mL 的硝酸配制。

(4)硝酸溶液(1+499)。用 1+1 硝酸配制。

(5)氢氟酸(HF)。ρ=1.49 g/mL。

(6)高氯酸($HClO_4$)。ρ=1.68 g/mL 优级纯。

(7)硝酸镧[$La(NO_3)_3 \cdot 6H_2O$]水溶液。质量分数为 5%。

(8)铜标准储备液(1 000 mg/mL)。称取 1.000 0 g(精确至 0.000 2 g)光谱纯金属铜于 50 mL 烧杯中,加入硝酸溶液(1+1)20 mL,温热,待完全溶解后,转至 1 000 mL 容量瓶中,用水定容至标线,摇匀。

(9)锌标准储备液(1.000 mg/mL)。称取 1.000 0 g(精确至 0.000 2 g)光谱纯金属锌粒于 50 mL 烧杯中,用 20 mL 硝酸溶液(1+1)溶解后,转移至 1 000 mL 容量瓶中,用水定容至标线,摇匀。

(10)铜、锌混合标准使用液,铜 20.0 mg/L,锌 10.0 mg/L;用硝酸溶液(1+499)逐级稀释铜、锌标准储备液配制。

(五)测定步骤

(1)试液的制备。准确称取 0.2~0.5 g(精确至 0.000 2 g)试样于 50 mL 聚四氟乙烯坩埚中,用水润湿后加入 10 mL 盐酸,于通风橱内的电热板上低温加热,使样品初步分解,待蒸发至约剩 3 mL 时,取下稍冷,然后加入 5 mL 硝酸,5 mL 氢氟酸,3 mL 高氯酸,加盖后于电热板上中温加热。1 h 后,开盖,继续加热除硅;为了达到良好的飞硅效果,应经常摇动坩埚。当加热至冒浓厚白烟时,加盖,使黑色有机碳化物分解。待坩埚壁上的黑色有机物消失后,开盖驱赶高氯酸白烟并蒸至内容物呈黏稠状。视消解情况可再加入 3 mL 硝酸,3 mL 氢氟酸和 1 mL 高氯酸,重复上述消解过程。当白烟再次基本冒尽且坩埚内容物呈黏稠状时,取下稍冷,用水冲洗坩埚盖和内壁,并加入 1 mL 硝酸溶液(1+1)温热溶解残渣。然后将溶液转移至 50 mL 容量瓶中,加入 5 mL 硝酸镧溶液,冷却后定容至标线,摇匀,备测。

(2)测定。按照仪器使用说明书调节仪器至最佳工作条件,测定试液的吸光度。

(3)空白试验。用去离子水代替试样,采用和试样相同的步骤和试剂,制备全程序空白溶液。并按试样方法进行吸光度测定。每批样品至少制备 2 个以上的空白溶液。

(4)标准曲线绘制。参考表 4-7,在 50 mL 容量瓶中,各加入 5 mL 硝酸镧溶液,用硝酸溶液(1+499)稀释混合标准使用液,配制至少 5 个标准工作溶液,其浓度范围应包括试液中铜、锌的浓度。按步骤 2 中的条件由低到高浓度测定其吸光度。用减去空白的吸光度与相对应的元素含量(mg/L)绘制标准曲线。

表 4-7　标准曲线溶液浓度

标准色列管	1	2	3	4	5	6
混合标准使用液加入体积/mL	0.00	0.50	1.00	2.00	3.00	5.00
Cu 标准曲线溶液浓度/(mg/L)	0.00	0.20	0.40	0.80	1.20	2.00
Zn 标准曲线溶液浓度/(mg/L)	0.00	0.10	0.20	0.40	0.60	1.00

(六)结果计算

有机肥料样品中铜、锌的含量 W[以 Cu(Zn)计,mg/kg]按下式计算:

$$W=c\times V/[m\times(1-f)]$$

式中:c 为试样的吸光度减去空白试验的吸光度,然后在标准曲线上查得铜、锌的含量(mg/L);V 为试液定容的体积(mL);m 为称取试样的质量(g);f 为试样的水分含量(%)。

任务评价

1. 什么是样品缩分?
2. 简述有机质测定的方法和原理。
3. 有机肥中全氮测定的定氮装置包括哪几部分,使用注意事项有哪些?

任务四　污水(尿样)检测指标测定

一、尿样(污水)氨氮(NH_4^+-N)的测定

尿样(污水)中氨氮可用纳氏比色法或酚盐法测定。但试样中的氨氮极不稳定,除加入适合的保存剂并且在冷藏条件下运输,还必须在最短时间内完成分析。

(一)方法与目的

用纳氏试剂比色法测量尿样(污水)中氨氮的含量。本法最低检出浓度为 0.05 mg/L(光度法),测定上限为 2 mg/L。采用目视比色法,最低检出浓度为 0.02 mg/L。适用于地表水、地下水、工业废水和生活污水的检测。

(二)测定原理

碘化汞和碘化钾的碱性溶液与氨反应生成淡红棕色胶态化合物,其色度与氨氮含量成正比。通常测量用波长在 410～425 nm 范围。

(三)仪器与设备

(1)全玻璃蒸馏器,500 mL。

(2)具塞比色管,50 mL。

(3)紫外分光光度计。

(四)试剂及配制

(1)氨氮标准溶液。

储备液:将氯化铵置于烘箱内,在 105 ℃烘烤 1 h,冷却后称取 3.819 0 g,溶于纯水中,定容至 1 000 mL。此溶液 1.00 mL 含 1.00 mg 氨氮。

标准溶液(临用时配制):吸取 10.00 mL 氨氮储备溶液,用纯水定容至 1 000 mL,此溶液 1.00 mL 含 10.0 μg 氨氮。

(2)硫代硫酸钠溶液(0.35%)。称取 0.35 g 硫代硫酸钠溶于纯水中,并稀释至 100 mL。

(3)磷酸盐缓冲溶液。称取 7.15 g 无水磷酸二氢钾及 34.4 g 磷酸氢二钾(K_2HPO_4)或 45.075 g 其三水化合物($K_2HPO_4 \cdot 3H_2O$),溶于纯水中,并稀释至 500 mL。

(4)硼酸溶液(2%)。称取 20 g 硼酸,溶于纯水中,并稀释至 1 000 mL。

(5)硫酸锌溶液(10%)。称取 10 g 硫酸锌,溶于少量纯水中,并稀释至 100 mL。

(6)氢氧化钠溶液(24%)。称取 24 g 氢氧化钠,溶于纯水中,并稀释至 100 mL。

(7)酒石酸钾钠溶液(50%)。称取 50 g 酒石酸钾钠溶于 100 mL 纯水中,加热煮沸至不含氨为止,冷却后再用纯水补充至 100 mL。

(8)纳氏试剂。称取 100 g 碘化汞、70 g 碘化钾溶于少量纯水中,将此溶液缓缓倾入已冷却的 24%氢氧化钠溶液 500 mL 中,并不停搅拌,然后再以纯水稀释至 1 000 mL,贮于棕色瓶中,用橡皮塞塞紧,避光保存。本试剂有毒,应谨慎使用。

(五)测定步骤

1.水样预处理

无色澄清的水样可直接测定,色度、浑浊度较高和含干扰物质较多的水样,需经过蒸馏或混凝沉淀等预处理步骤。

(1)蒸馏。取 200 mL 纯水于全玻璃蒸馏器中,加入 5 mL 磷酸盐缓冲溶液及数粒玻璃珠,加热蒸馏直至馏出液用纳氏试剂检不出氨为止。稍冷后倾出并弃去蒸馏瓶中残液,量取 200 mL 水样(或取适量,加纯水稀释至 200 mL)于蒸馏瓶中。根据水中余氯含量,计算并加入 0.35% 硫代硫酸钠溶液脱氯。用稀氢氧化钠溶液调节水样至呈中性。

加入 5 mL 磷酸盐缓冲液,加热蒸馏。用 200 mL 三角瓶为接收瓶,内装 20 mL 硼酸溶液作为吸收液。蒸馏器的冷凝管末端要插入吸收液中。待馏出液蒸出 150 mL 左右,使冷凝管末端离开液面,继续蒸馏以清洗冷凝管。最后用纯水稀释到刻度,摇匀,供比色用。

水中含钙量超过 250 mg/L,将与磷酸盐缓冲溶液反应,生成磷酸钙沉淀,并释放出氢离子,使溶液 pH 低于 7.4,影响氨的蒸馏。因此硬度高的水样应增加磷酸盐缓冲溶液用量,并用酸或碱调节 pH 为 7.4 后,再进行蒸馏。

(2)混凝沉淀。取 200 mL 水样,加入 2 mL 硫酸锌溶液,混匀。加入 0.8~1 mL 氢氧化钠溶液,使 pH 为 10.5,静置数分钟,倾出上清液供比色用。

经硫酸锌和氢氧化钠沉淀的水样,静置后一般均能澄清。如必须过滤时,应注意滤纸中的铵盐对水样的污染,必须预先将滤纸处理后再使用。

2.测定

(1)取 50.0 mL 澄清水样或经预处理的水样(如氨氮含量大于 0.1 mg,则取适量水样加纯水至 50 mL）于 50 mL 比色管中。

（2）另取 50 mL 比色管 10 支，分别加入氨氮标准溶液 0，0.10，0.30，0.50，0.70，1.00，3.00，5.00，7.00 及 10.00 mL，用纯水稀释至 50 mL。

（3）向水样及标准溶液管内分别加入 1 mL 酒石酸钾钠溶液（经蒸馏预处理过的水样及标准管中均不加此试剂），混匀，加 1.0 mL 纳氏试剂，混匀后放置 10 min，于 420 nm 波长下，用 1 cm 比色皿，以纯水作参比，测定吸光度；如氨氮含量低于 30 μg，改用 3 cm 比色皿。低于 10 μg 的氨氮可用目视比色。

（4）绘制标准曲线，从曲线上查出样品管中氨氮含量，或目视比色记录水样中相当于氨氮标准的含量。

（六）结果计算

$$c=M/V$$

式中：c 为水样中氨氮的质量浓度（mg/L）；M 为从标准曲线上查得的样品管中氨氮的含量（或相当于氨氮标准的含量）（μg）；V 为水样体积（mL）。

（七）注意事项

（1）脂肪胺、芳香胺、醛类、丙酮、醇类和有机氯胺类等有机化合物，以及铁、锰、镁、硫等无机离子，因产生异色或浑浊而引起干扰，水中颜色和浑浊亦影响比色。为此，须经混凝沉淀过滤或蒸馏预处理，易挥发的还原性干扰物质，还可在酸性条件下加热除去。对金属离子的干扰，可加入适量的掩蔽剂加以消除。

（2）本法所有试剂均需用不含氨的纯水配制。无氨水可用一般纯水通过强酸性阳离子交换树脂或加硫酸和高锰酸钾后重蒸馏制得。

（3）配制试剂时应注意勿使碘化钾过剩。过量的碘离子将影响有色络合物生成，使发色变浅。贮存已久的纳氏试剂，使用前应先用已知量的氨氮标准溶液显色，并核对应有的吸光度；加入试剂后 2 h 内不得出现浑浊，否则应重新配制。

二、尿样（污水）凯氏氮（TKN）的测定

（一）方法与目的

用于测定尿样、工业废水、湖泊、水库和其他受污染水体中的凯氏氮。凯氏氮含量较低时，分取较多试样，经消解和蒸馏，最后以光度法测定氨。含量较高时，分取较少试样，最后以酸滴定法测定氨。试料体积为 50 mL 时，使用光程长度为 1 cm 的比色皿，最低检出浓度为 0.2 mg/L。

（二）测定原理

试样中加入硫酸并加热消解，使有机物中的氨基氮转变为硫酸氢铵，游离氨和铵盐也转为硫酸氢铵。消解时可加入适量硫酸钾提高沸腾温度，以增加消解速率，并以汞盐为催化剂，缩短消解时间。消解后的液体使成碱性并蒸馏出氨，吸收于硼酸溶液中，然后以滴定法或光度法测定氨含量，即可推算出氮含量。汞盐在消解时形成汞铵络合物，因此，在碱性蒸馏时，应同时加入适量硫代硫酸钠，使络合物分解。

(三)仪器与设备

(1)凯氏定氮蒸馏装置。

(2)酸式微量滴定管,10 mL。

(四)试剂及配制

(1)无氨水制备。

①离子交换法。将蒸馏水通过一个强酸性阳离子交换树脂(氢型)柱,流出液收集在带有磨口玻塞的玻璃瓶中,密封保存。

②蒸馏法。于 1 L 蒸馏水中,加入 0.1 mL 浓硫酸,并在全玻璃蒸馏器中重蒸馏,弃去 50 mL 初馏液,然后集取约 800 mL 馏出液于具磨口玻塞的玻璃瓶中,密封保存。

(2)硫酸。$\rho_{20}=1.84$ g/mL。

(3)硫酸钾(分析纯)。

(4)硫酸汞溶液。称取 2 g 红色氧化汞(HgO)或 2.74 g 硫酸汞($HgSO_4$),溶于 40 mL (1+5)硫酸溶液中。

(5)硫代硫酸钠-氢氧化钠溶液。称取 500 g 氢氧化钠溶于水,另称取 25 g 硫代硫酸钠($Na_2S_2O_3 \cdot 5H_2O$)溶于上述溶液中,稀释至 1 L,贮于聚乙烯瓶中。

(6)硼酸溶液。称取 20 g 硼酸(H_3BO_3)溶于水,稀释至 1 L。

(7)硫酸标准溶液[$c(\frac{1}{2}H_2SO_4)=0.02$ mol/L]。取 11 mL(1+19)硫酸,用水稀释至 1 L。按下述操作进行标定。

称取经 180 ℃干燥 2 h 的基准级试剂碳酸钠(Na_2CO_3)约 0.5 g(精确至 0.000 1 g),溶于新煮沸放冷的水中,移入 500 mL 容量瓶内,稀释至标线。

移取上述 25.00 mL 碳酸钠溶液于 150 mL 锥形瓶中,加 25 mL 新煮沸放冷的水,加 1 滴甲基橙指示液(0.5 g/L),用硫酸标准溶液滴定至淡橙红色止,记录用量。

硫酸标准溶液浓度以下公式计算:

$$c=\frac{m\times 1\,000}{V\times 53}\times\frac{25}{250}$$

式中:c 为硫酸标准溶液浓度(mol/L);m 为称取碳酸钠质量(g);V 为硫酸标准溶液滴定消耗体积(mL);53 为碳酸钠($\frac{1}{2}Na_2CO_3$)摩尔质量(g/mol)。

(8)甲基红-亚甲蓝混合指示液。称取 200 mg 甲基红溶于 95%乙醇至 100 mL,称取 100 mg 亚甲蓝溶于 95%乙醇至 50 mL。以两份甲基红溶液与一份亚甲蓝溶液混合后供用。每月配制。

(五)测定步骤

(1)试料。分取 250 mL 试样,经消解、蒸馏后所得馏出液,取试料最大体积为 50.0 mL,可测定凯氏氮最低浓度为 0.2 mg/L(光度法)。分取 25.0 mL 试样,经消解、蒸馏后所得馏出液全部作为试料,可测定凯氏氮浓度高至 100 mg/L(酸滴定法)。

(2)测定。

①试样体积的确定。按表 4-8 分取适量,移入凯氏瓶中。

表 4-8 试样体积的分取

水样中凯氏氮含量/(mg/L)	试样体积/mL	水样中凯氏氮含量/(mg/L)	试样体积/mL
0～10	250	20～50	50.0
10～20	100	50～100	25.0

②消解。加 10.0 mL 硫酸，2.0 mL 硫酸汞溶液，6.0 g 硫酸钾和数粒玻璃珠于凯氏瓶中，混匀，置通风橱内加热煮沸，至冒三氧化硫白色烟雾并使液体变清(无色或淡黄色)，调节热源使继续保持沸腾 30 min，放冷，加 250 mL 水，混匀。

③蒸馏。将凯氏瓶斜置使成约 45°角，缓缓沿瓶颈加入 40 mL 硫代硫酸钠一氢氧化钠溶液，使在瓶底形成碱液层，迅速连接氮球和冷凝管，以 50 mL 硼酸溶液为吸收液，导管管尖伸入吸收液液面下约 1.5 cm，摇动凯氏瓶使溶液充分混合，加热蒸馏，至收集馏出液达 200 mL 时，停止蒸馏。

④氨的测定。加 2～3 滴甲基红-亚甲蓝指示液于馏出液中，用硫酸标准溶液滴定至溶液颜色由绿色至淡紫色为终点，记录用量。

⑤空白试验。按上述步骤进行空白试验，以与试样相同体积的水代替试样。

(六)计算和表述

凯氏氮含量按下式计算：

$$C_N=(V_1-V_0)\times c\times 14.01\times 1\,000/V$$

式中：C_N 为凯氏氮含量(mg/L)；V_1 为试样滴定所消耗的硫酸标准溶液体积(mL)；V_0 为空白试验滴定所消耗的硫酸标准溶液体积(mL)；V 为试样体积(mL)；c 为滴定用硫酸标准溶液浓度(moL/L)；14.01 为氮(N)的摩尔质量(g/mol)。

三、尿样(污水)总磷(TP)的测定

(一)方法与目的

用过硫酸钾(或硝酸-高氯酸)为氧化剂，将未经过滤的水样消解，用钼酸铵分光光度测定尿样及污水中总磷的含量。取 25 mL 试料，本方法的最低检出浓度为 0.01 mg/L，测定上限为 0.6 mg/L。

(二)测定原理

在中性条件下用过硫酸钾使试样消解，将所含磷全部氧化为正磷酸盐。在酸性介质中，正磷酸盐与钼酸铵反应，在锑盐存在下生成磷钼杂多酸后，立即被抗坏血酸还原，生成蓝色的螯合物。

(三)仪器与设备

(1)实验室常用仪器与设备(所有玻璃器皿均应用稀盐酸或稀硝酸浸泡)。

(2)医用手提式蒸气消毒器或一般压力锅(1.1～1.4 kg/cm^2)。

(3)50 mL 具塞(磨口)刻度管。

(4)分光光度计。

(四)试剂及配制

(1)硫酸。$\rho=1.84$ g/mL。

(2)硝酸。$\rho=1.4$ g/mL。

(3)高氯酸。优级纯,$\rho=1.68$ g/mL。

(4)硫酸溶液(1+1)

(5)硫酸。约 $c(\frac{1}{2}H_2SO_4)=1$ mol/L:将 27 mL 硫酸加入 973 mL 水中。

(6)氢氧化钠溶液(1 mol/L)。将 40 g 氢氧化钠溶于水并稀释至 1 000 mL。

(7)氢氧化钠溶液(6 mol/L)。将 240 g 氢氧化钠溶于水并稀释至 1 000 mL。

(8)过硫酸钾溶液(50 g/L)。将 5 g 过硫酸钾溶解于水,并稀释至 100 mL。

(9)抗坏血酸溶液(100 g/L)。溶解 10 g 抗坏血酸于水中,并稀释至 100 mL。此溶液贮存于棕色试剂瓶中,在冷处可保存 2 个月。

(10)钼酸盐溶液。溶解 13 g 钼酸铵于 100 mL 水中。溶解 0.35 g 酒石酸锑钾于 100 mL 水中,在不断搅拌下把钼酸铵溶液徐徐加到 300 mL 硫酸溶液中,加酒石酸锑钾溶液并且混合均匀。

(11)浊度一色度补偿液。混合两个体积硫酸和一个体积抗坏血酸溶液。使用当天配制。

(12)磷标准贮备溶液。称取(0.219 7±0.001) g 于 110 ℃干燥 2 h,在干燥器中放冷的磷酸二氢钾,用水溶解后转移至 1 000 mL 容量瓶中,加入大约 800 mL 水、加 5 mL 硫酸用水稀释至标线并混匀。1.00 mL 此标准溶液含 50.0 μg 磷。本溶液在玻璃瓶中可贮存至少 6 个月。

(13)磷标准使用溶液。将 10.0 mL 的磷标准溶液转移至 250 mL 容量瓶中,用水稀释至标线并混匀。1.00 mL 此标准溶液含 2.0 μg 磷。使用当天配制。

(14)酚酞溶液(10 g/L)。称取 0.5 g 酚酞溶于 50 mL 95%的乙醇中。

(五)测定步骤

1.采样和样品

(1)采取 500 mL 水样后加入 1 mL 浓硫酸调节样品的 pH,使之低于或等于 1,或不加任何试剂于冷处保存(注:含磷量较少的水样,不要用塑料瓶采样,因磷酸盐易吸附在塑料瓶瓶壁上)。

(2)试样的制备。取 25 mL 上述样品于具塞刻度管中。取时应仔细摇匀,以得到溶解部分和悬浮部分均具有代表性的试样。如样品中含磷浓度较高,试样体积可以减少。

2.空白试样

用水代替试样,并加入与测定时相同体积的试剂。

3.测定

(1)消解。

①过硫酸钾消解:向试样中加 4 mL 过硫酸钾,将具塞刻度管的盖塞紧后,用一小块布和

线将玻璃塞扎紧(或用其他方法固定),放在大烧杯中置于高压蒸气消毒器中加热,待压力达 1.1 kg/cm^2,相应温度为 120 ℃时,保持 30 min 后停止加热。待压力表读数降至零后,取出放冷。然后用水稀释至标线(注:如用硫酸保存水样,当用过硫酸钾消解时,需先将试样调至中性)。

②硝酸-高氯酸消解:取 25 mL 试样于锥形瓶中,加数粒玻璃珠,加 2 mL 硝酸在电热板上加热浓缩至 10 mL。冷后加 5 mL 硝酸,再加热浓缩至 10 mL,放冷。加 3 mL 高氯酸,加热至高氯酸冒白烟,此时可在锥形瓶上加小漏斗或调节电热板温度,使消解液在锥形瓶内壁保持回流状态,直至剩下 3～4 mL,放冷。加水 10 mL,加 1 滴酚酞指示剂。滴加氢氧化钠溶液至刚呈微红色再滴加 1 mol/L 硫酸溶液使微红刚好退去,充分混匀,移至具塞刻度管中,用水稀释至标线。

(2)发色。分别向各份消解液中加入 1 mL 抗坏血酸溶液混匀,30 s 后加 2 mL 钼酸盐溶液充分混匀。

注:①如试样中含有浊度或色度时,需配制一个空白试样(消解后用水稀释至标线)然后向试料中加入 3 mL 浊度-色度补偿液,但不加抗坏血酸溶液和钼酸盐溶液。然后从试料的吸光度中扣除空白试料的吸光度。②砷大于 2 mg/L 干扰测定,用硫代硫酸钠去除;硫化物大于 2 mg/L 干扰测定,通氮气去除;铬大于 50 mg/L 干扰测定,用亚硫酸钠去除。

(3)分光光度测量。室温下放置 15 min 后,使用光径为 3 cm 比色皿,在 700 nm 波长下,以水做参比,测定吸光度后从标准曲线上查得磷的含量。

注:如显色时室温低于 13 ℃,可在 20～30 ℃水浴上显色 15 min 即可。

(4)标准曲线的绘制。取 7 支具塞刻度管分别加入 0,0.5,1.0,3.0,5.0,10.0,15.0 mL 磷酸盐标准溶液。加水至 25 mL。然后按上述测定步骤进行处理。以水做参比,测定吸光度。扣除空白试验的吸光度后,和对应的磷的含量绘制标准曲线(图 4-3)。

(六)结果计算

总磷含量以 c(mg/L)表示,按下式计算:

$$c=m/V$$

式中:m 为试样测得含磷量(μg);V 为测定用试样体积(mL)。

(七)注意事项

(1)用硝酸-高氯酸消解需要在通风橱中进行,高氯酸和有机物的混合物经加热易发生危险,需将试样先用硝酸消解,然后再加入硝酸-高氯酸进行消解。

(2)消解时绝不可把试样蒸干。

(3)如消解后有残渣时,用滤纸过滤于具塞刻度管中,并用水充分清洗锥形瓶及滤纸,一并移到具塞刻度管中。

(4)水样中的有机物用过硫酸钾氧化不能完全破坏时,可用硝酸-高氯酸法消解。

(5)在酸性条件下,砷、铬、硫等离子会干扰测定。

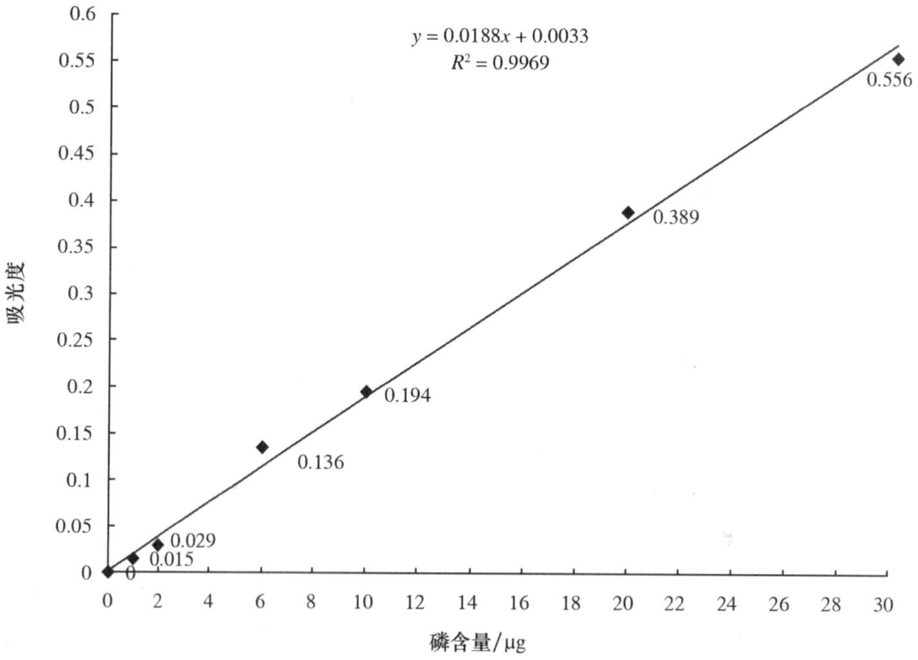

图 4-3 磷标准曲线

四、尿样(污水)化学需氧量(COD)的测定

(一)方法与目的

用重铬酸钾法测定水中化学需氧量的含量。适用于各种类型的含 COD 值大于 30 mg/L 的水样,对未经稀释的水样的测定上限为 700 mg/L。不适用于含氯化物浓度大于 1 000 mg/L(稀释后)的含盐水。

(二)测定原理

在一定条件下,经重铬酸钾氧化处理时,水样中的溶解性物质和悬浮物所消耗的重铬酸盐与氧的质量浓度相对应。

在水样中加入已知量的重铬酸钾溶液,并在强酸介质下以银盐作催化剂,经沸腾回流后,以试亚铁灵为指示剂,用硫酸亚铁铵滴定水样中未被还原的重铬酸钾,由消耗的硫酸亚铁铵的量换算成消耗氧的质量浓度。

在酸性重铬酸钾条件下,芳烃及吡啶难以被氧化,其氧化率较低。在硫酸银催化作用下,直链脂肪族化合物可有效地被氧化。

(三)仪器与设备

(1)常用实验室仪器。

(2)回流装置。带有 24 号标准磨口的 250 mL 锥形瓶的全玻璃回流装置。回流冷凝管长度为 300～500 mm。若取样量在 30 mL 以上,可采用带 500 mL 锥形瓶的全玻璃回流装置。

(3)加热装置。

(4)酸式滴定管,25 mL 或 50 mL。

(四)试剂及配制

(1)硫酸银(化学纯)。

(2)硫酸汞(化学纯)。

(3)硫酸(ρ=1.84 g/mL)。

(4)硫酸银-硫酸试剂。向 1 L 硫酸中加入 10 g 硫酸银,放置 1～2 d 使之溶解,并混匀,使用前小心摇动。

(5)重铬酸钾标准溶液。

①0.250 mol/L 重铬酸钾标准溶液。将 12.258 g 在 105 ℃干燥 2 h 后的重铬酸钾溶于水中,稀释至 1 000 mL。

②0.025 0 mol/L 重铬酸钾标准溶液。将 0.250 mol/L 的重铬酸钾标准溶液稀释 10 倍而成。

(6)硫酸亚铁铵标准滴定溶液。

①0.10 mol/L 硫酸亚铁铵标准滴定溶液。溶解 39 g 硫酸亚铁铵于水中,加入 20 mL 硫酸,待其溶液冷却后稀释至 1 000 mL。

②临用前,必须用重铬酸钾标准溶液准确标定硫酸亚铁铵标准溶液的浓度。

取 10.00 mL 重铬酸钾标准溶液置于锥形瓶中,用水稀释至约 100 mL,加入 30 mL 硫酸,混匀,冷却后,加 3 滴(约 0.15 mL)试亚铁灵指示剂,用硫酸亚铁铵溶液滴定,颜色由黄色经蓝绿色变为红褐色,即为终点。记录下硫酸亚铁铵的消耗量(mL)。

③硫酸亚铁铵标准溶液浓度的计算:

$$c=0.2500\times 10/V$$

式中:c 为硫酸亚铁铵标准溶液浓度(mol/L);V 为硫酸亚铁铵标准溶液的用量(mL)。

④0.010 mol/L 硫酸亚铁铵标准溶液。将 0.10 mol/L 的硫酸亚铁铵标准滴定溶液稀释 10 倍,用重铬酸钾标准溶液标定,其滴定步骤及浓度计算与②③类同。

(7)邻苯二甲酸氢钾标准溶液(2.082 4 mol/L)。称取 105 ℃干燥 2 h 的邻苯二甲酸氢钾 0.425 1 g 溶于水,并稀释至 1 000 mL,混匀。以重铬酸钾为氧化剂,将邻苯二甲酸氢钾完全氧化的 COD 值为 1.176 g 氧/g(指 1 g 邻苯二甲酸氢钾耗氧 1.76 g),故该标准溶液的理论 COD 值为 500 mg/L。

(8)1,10-菲绕啉指示剂溶液。溶解 0.7 g 七水硫酸亚铁于 50 mL 的水中,加入 1.5 g 1,10-菲绕啉,搅动至溶解,加水稀释至 100 mL。

(9)防爆沸玻璃珠。

(五)测定步骤

1.采样和样品

(1)采样。水样要采集于玻璃瓶中,应尽快分析。如不能立即分析时,应加入硫酸至 pH<2,置 4 ℃下保存,但保存时间不多于 5 d。采集水样的体积不得少于 100 mL。

(2)试料的准备。将试样充分摇匀,取出 20.0 mL 作为试料。

2.测定

(1)对于 COD 值小于 50 mg/L 的水样,应采用低浓度的重铬酸钾标准溶液氧化,加热回流以后，采用低浓度的硫酸亚铁铵标准溶液回滴。

(2)该方法对未经稀释的水样其测定上限为 700 mg/L，超过此限时必须经稀释后测定。

(3)对于污染严重的水样，可选取所需体积 1/10 的试料和 1/10 的试剂，放入 10 mm×150 mm 硬质玻璃管中，摇匀后，用酒精灯加热至沸数分钟，观察溶液是否变成蓝绿色。如呈蓝绿色，应再适当少取试料，重复以上试验，直至溶液不变蓝绿色为止。从而确定待测水样适当的稀释倍数。

(4)取试料于锥形瓶中，或取适量试料加水至 20.0 mL。

(5)空白试验。按相同步骤以 20.0 mL 水代替试料进行空白试验，其余试剂和试料测定相同，记录下空白滴定时消耗硫酸亚铁铵标准溶液的毫升数。

(6)校核试验。按测定试料提供的方法分析 20.0 mL 邻苯二甲酸氢钾标准溶液的 COD 值，用以检验操作技术及试剂纯度。该溶液的理论 COD 值为 500 mg/L，如果校核试验的结果大于该值的 96%，即可认为实验步骤基本上是适宜的，否则，必须寻找失败的原因，重复实验，使之达到要求。

(7)去干扰试验。无机还原性物质如亚硝酸盐、硫化物及二价铁盐将使结果增加，将其需氧量作为水样 COD 值的一部分是可以接受的。

该实验的主要干扰物为氯化物，可加入硫酸汞部分地除去，经回流后，氯离子可与硫酸汞结合成可溶性的氯汞螯合物。

当氯离子含量超过 1 000 mg/L 时，COD 的最低允许值为 250 mg/L，低于此值结果的准确度就不可靠。

(8)水样的测定。于试料中加入 0.250 mol/L 的重铬酸钾标准溶液 10.0 mL 和几颗防爆沸玻璃珠，摇匀。将锥形瓶接到回流装置冷凝管下端，接通冷凝水。从冷凝管上端缓慢加入 30 mL 硫酸银—硫酸试剂，以防止低沸点有机物的逸出，不断旋动锥形瓶使之混合均匀。自溶液开始沸腾起回流 2 h。冷却后，用 20～30 mL 水自冷凝管上端冲洗冷凝管后，取下锥形瓶，再用水稀释至 140 mL 左右。溶液冷却至室温后，加入 3 滴 1,10-菲绕啉指示剂溶液，用硫酸亚铁铵标准溶液滴定，溶液的颜色由黄色经蓝绿色变为红褐色即为终点。记下硫酸亚铁铵标准滴定溶液的消耗量。

(9)特殊情况下，需要测定的试料在 10.0～50.0 mL，试剂的体积或重量要按表 4-9 作相应的调整。

表 4-9 不同取样量采用的试剂用量

样品量/mL	0.250 N$K_2Cr_2O_7$/mL	Ag_2SO_4-H_2SO_4/mL	$HgSO_4$/g	$(NH_4)_2Fe(SO_4)_2\cdot 6H_2O$/(mol/L)	滴定前体积/mL
10.0	5.0	15	0.2	0.05	70
20.0	10.0	30	0.4	0.10	140
30.0	15.0	45	0.6	0.15	210
40.0	20.0	60	0.8	0.20	200
50.0	25.0	75	1.0	0.25	350

(六)结果计算

水样化学需氧量(mg/L)的计算公式如下：

$$COD_{Cr}=(V_0-V_1)\times c\times 8\,000/V$$

式中：c 为硫酸亚铁铵标准溶液的浓度(mol/L)；V_0 为空白试验所消耗的硫酸亚铁铵标准溶液的体积(mL)；V_1 为测定水样时所消耗的硫酸亚铁铵标准溶液的体积(mL)；V 为水样的体积(mL)；8 000 为 $\frac{1}{4}O_2$ 的摩尔质量以 mg/L 为单位的换算值。

测定结果一般保留 3 位有效数字，对 COD 值小的水样，当计算出 COD 值小于 10 mg/L 时，应表示为“COD<10 mg/L”。

(七)精密度与准确度

40 个不同的实验室测定 COD 值为 500 mg/L 的邻苯二甲酸氢钾标准溶液，其标准偏差为 20 mg/L，相对标准偏差为 4.0%。

五、尿样(污水)铜、锌、铅、镉(Cu、Zn、Pb、Cd)的测定

(一)方法与目的

用原子吸收光谱法测定尿样及污水中铜、锌、铅、镉的含量。适用于测定地下水、地面水和废水中的铜，锌、铅、镉的含量。测定浓度范围与仪器的特性有关，表 4-10 列出了一般仪器的测定范围。

表 4-10　一般仪器的测定范围　mg/L

元素	浓度范围
铜	0.05～5
锌	0.05～1
铅	0.2～10
镉	0.05～1

(二)测定原理

将样品或消解处理过的样品直接吸入火焰，在火焰中形成的原子对特征电磁辐射产生吸收，将测得的样品吸光度和标准溶液的吸光度进行比较，即可确定样品中被测元素的浓度。

(三)仪器与设备

(1)一般实验室仪器。

(2)原子吸收分光光度计。

(3)乙炔-空气燃烧器。

(4)空心阴极灯或无极放电灯。

(四)试剂及配制

(1)硝酸。ρ=1.42 g/mL，优级纯。

(2)硝酸。ρ=1.42 g/mL，分析纯。

(3)高氯酸。ρ=1.67 g/mL。

(4)燃料。乙炔，用钢瓶气或由乙炔发生器供给，纯度不低于 99.6%。

(5)氧化剂。空气，一般由气体压缩机供给，进入燃烧器以前应经过适当过滤，以除去其中的水、油和其他杂质。

(6)硝酸溶液(1+1)。用分析纯硝酸配制。

(7)硝酸溶液(1+499)。用优级纯硝酸配制。

(8)金属贮备液(1.000 g/L)。称取 1.000 g 光谱纯金属,准确到 0.001 g,用硝酸溶解,必要时加热,直至溶解完全,然后用水稀释定容至 1 000 mL。

(9)中间标准溶液。用硝酸溶液(1+499)稀释金属贮备液配制,此溶液中铜、锌、铅、镉的浓度分别为 50.00、10.00、100.0 和 10.00 mg/L。

(五)测定步骤

1.标准曲线的绘制

(1)参照表 4-11,在 100 mL 容量瓶中,用硝酸溶液(1+499)稀释中间标准溶液,配制至少 4 个工作标准溶液,其浓度范围应包括样品中被测元素的浓度。

表 4-11 工作标准溶液浓度范围 mg/L

元素	中间标准溶液加入体积/mL				
	0.05	1.00	3.00	5.00	10.0
铜	0.25	0.50	1.50	2.50	5.00
锌	0.05	0.10	0.30	0.50	1.00
铅	0.50	1.00	3.00	5.00	10.0
镉	0.05	0.10	0.30	0.50	1.00

注:定容体积为 100 mL。

(2)测定金属总量时,如果样品需要消解,则工作标准溶液也要进行消解。

(3)选择波长和调节火焰,测定标准溶液的吸光度。

(4)用测得的吸光度与相对应的浓度绘制标准曲线。

注:①装有内部存储器的仪器,输入 1~3 个工作标准液,存入一条标准曲线,测定样品时可直接读出浓度。②在测定过程中,要定期地复测空白和工作标准溶液,以检查基线的稳定性和仪器的灵敏度是否发生了变化。

2.试样

测定金属总量时,如果样品需要消解,混匀后取 100.0 mL 实验室样品置于 200 mL 烧杯中,然后继续分析。

3.空白试验

在测定样品的同时,测定空白。取硝酸溶液(1+499)100.0 mL 代替样品,置于 200 mL 烧杯中,然后继续分析。

4.验证试验

验证实验是为了检验是否存在基体干扰或背景吸收。一般通过测定加标回收率判断基体干扰的程度,通过测定特征谱线附近 1 nm 内的一条非特征吸收谱线处的吸收可判断背景吸收的大小。可根据表 4-12 选择与特征谱线对应的非特征吸收谱线。

表 4-12　特征谱线对应的非特征吸收谱线　nm

元素	特征谱线波长	非特征吸收谱线
铜	324.7	324(钴)
锌	213.8	214(氘)
铅	283.8	283.7(锆)
镉	228.8	229(氘)

5.去干扰试验

根据验证试验的结果，如果存在基体干扰，用标准加入法测定并计算结果。如果存在背景吸收，用自动背景校正装置或邻近非特征吸收谱线法进行校正，后一种方法是从特征谱线处测得的吸收值中扣除邻近非特征吸收谱线处的吸收值，得到被测元素原子的真正吸收。此外，也可使用螯合萃取法或样品稀释法降低或排除产生基体干扰或背景吸收的组分。

6.测定

(1)测定溶解的金属时，样品采集后立即通过 0.45μm 滤膜过滤，得到的滤液要进行酸化。

注：用聚乙烯塑料瓶采集样品。采样瓶先用洗涤剂洗净，再在 1+1 硝酸溶液中浸泡，使用前用水冲洗干净。分析金属总量的样品，采集后立即加硝酸酸化至 pH 为 1～2，每 1 000 mL 样品加 2 mL 硝酸。

(2)测定金属总量时，如果样品不需要消解，用实验室样品。如果需要消解，用试份步骤进行分析。

(3)加入 5 mL 硝酸(优级纯)，在电热板上加热消解，确保样品不沸腾，蒸至 10 mL 左右，加入 5 mL 硝酸(优级纯)和 2 mL 高氯酸，继续消解，蒸至 1 mL 左右。如果消解不完全，再加入 5 mL 硝酸(优级纯)和 2 mL 高氯酸，再蒸至 1 mL 左右。取下冷却，加水溶解残渣，通过中速滤纸(预先用酸洗)滤入 100 mL 容量瓶中，用水稀释至标线。

注：消解中使用高氯酸有爆炸危险，整个消解要在通风橱中进行。

(4)根据表 4-13 选择波长和调节火焰，吸入 1+499 硝酸溶液，将仪器调零。吸入空白、工作标准溶液或样品，记录吸光度。

表 4-13　不同元素特征谱线波长选择

元素	特征谱线波长/nm	火焰类型
铜	324.7	乙炔空气，氧化性
锌	213.8	乙炔空气，氧化性
铅	283.8	乙炔空气，氧化性
镉	228.8	乙炔空气，氧化性

(5)根据扣除空白吸光度后的样品吸光度，在标准曲线上查出样品中的金属浓度。

(六)结果计算

实验室样品中的金属浓度按下式计算：

$$c=W\times 1000/V$$

式中：c 为实验室样品中的金属浓度(μg/L)；W 为试份中的金属含量(μg)；V 为试份的体积(mL)。

(七)精密度与准确度

本方法的重复性和再现性列于表 4-14。

表 4-14 重复性和再现性 μg/L

元素	参加实验室数目	质控样品配制浓度	平均测定值	重复测定标准偏差	重复性	再现测定标准偏差	再现性
铜	7	100	96	5.9	17	6.6	19
铜	5	500	480	15	42	34	96
锌	8	100	99.9	2.4	6.8	3.1	8.8
锌	4	500	507	8.1	23	11	31

六、亚硝酸盐氮的测定

水中亚硝酸盐氮是标志水体被有机物污染的指标之一。它是含氮化合物分解的中间产物，不稳定，易氧化成硝酸盐，也可被还原成氨。它的含量与硝酸盐和氨氮的含量结合考虑，可推测水体污染程度及净化能力。

(一)测定原理

pH 在 1.7 以下，水中亚硝酸盐与对氨基苯磺酰胺起重氮作用，再与盐酸 N-(1-萘基)-乙烯二胺产生偶合反应，生成紫红色的偶氮染料，可比色定量。

(二)仪器与设备

(1)具塞比色管，50 mL。

(2)分光光度计。

(三)试剂及配制

(1)亚硝酸盐氮标准溶液。

①储备溶液：称取 0.246 3 g 在干燥器内放置 24 h 的亚硝酸钠($NaNO_2$)，溶于纯水中，并定容至 1 000 mL。每升内加 2 mL 氯仿保存。此溶液 1.00 mL 含 50.0 μg 亚硝酸盐氮。

②标准溶液：取 10.00 mL 亚硝酸盐氮储备溶液，用纯水稀释至 500 mL，再从中吸取出 10.00 mL，用纯水定容至 100 mL。1.0 mL 含 0.10μg 亚硝酸盐氮。

(2)氢氧化铝悬浮液。称取 125 g 硫酸铝钾[$KAl(SO_4)_2 \cdot 12H_2O$]或硫酸铝铵[$NH_4Al(SO_4)_2 \cdot 12H_2O$]，溶于1 000 mL 纯水中。加热至 60 ℃，慢慢加入 55 mL 浓氨水，使成氢氧化铝沉淀。充分搅拌后静置，弃去上清液。反复用纯水洗涤沉淀，至倾出液无氯离子(用硝酸银检定)为止。最后加入 300 mL 纯水成悬浮液。使用前振荡均匀。

(3)对氨基苯磺酰胺溶液(1%)。称取 5 g 对氨基苯磺酰胺($NH_2C_6H_4SO_3NH_2$)，溶于 350 mL 1∶6盐酸中，用纯水稀释至 500 mL。此试剂可稳定数月。

(4)盐酸 N-(1-萘基)-乙烯二胺溶液(0.1%)。称取 0.5 g 盐酸 N-(1-萘基)-乙烯二胺($C_{10}H_7NH_2CHCH_2NH_2 \cdot 2HCl$，又名 N-甲萘基盐酸二氨基乙烯，简称 NEDD)，溶于 500 mL

纯水中。贮于棕色瓶内，于冰箱内保存，可稳定数周。如变为深棕色，则应重配。

(四)测定步骤

(1)若水样浑浊或色度较深，可先取 100 mL，加入 2 mL 氢氧化铝悬浮液，搅拌后静置数分钟，过滤。

(2)先将水样或经处理后的水样，用酸或碱调节至中性，取 50.0 mL，置于比色管中。

(3)另取 50 mL 比色管 8 支，分别加入亚硝酸盐氮标准溶液 0，0.50，1.00，2.50，5.00，7.50，10.00 及 12.50 mL，用纯水稀释至 50 mL。

(4)向水样及标准色列管中分别加入 1 mL 对氨基苯磺酰胺溶液，摇匀后放置 2～8 min。加入 1.0 mL 盐酸 N-(1-萘基)-乙烯二胺溶液，立即混匀，放置 10 min(不准超过 2 h)。

(5)于 540 nm 波长下，用 1 cm 比色皿以纯水作参比，于分光光度计上测定吸光度。如亚硝酸盐氮浓度低于 4 μg/L 时，改用 3 cm 比色皿。

(6)绘制标准曲线，从曲线上查出水样管中亚硝酸盐氮含量。

(五)结果计算

$$c=M/V$$

式中：c 为水样中亚硝酸盐氮(N)质量浓度(mg/L)；M 为从标准曲线上查得样品管中亚硝酸盐氮含量(μg)；V 为水样体积(mL)。

七、硝酸盐氮的测定

水中硝酸盐氮可用二磺酸酚分光光度法及镉柱还原法测定。二磺酸酚分光光度法受干扰因素较多，特别是氯离子对此有严重干扰，预处理的步骤烦琐。镉柱还原法操作比较简单，不受氯离子的干扰。测定水中的硝酸盐氮，应取样后尽快进行。

(一)测定原理

利用二磺酸酚在无水情况下与硝酸根离子作用，生成硝基二磺酸酚，所得反应物在碱性溶液中发生分子重排，生成黄色化合物，在 420 nm 波长处测定吸光度。

(二)仪器与设备

(1)具塞比色管，50 mL。

(2)蒸发皿，100 mL。

(3)三角瓶，250 mL。

(4)分光光度计。

(三)试剂及配制

(1)硝酸盐氮标准液。

①储备溶液：称取 7.218 g 在 105～110 ℃烘干 1 h 的硝酸钾(KNO_3)，溶于纯水中，并定容至 1 000 mL。加 2 mL 氯仿作保存剂，至少可稳定 6 个月。此储备溶液 1.00 mL 含 1.00 mg 硝酸盐氮。

②标准溶液：吸取 5.00 mL 硝酸盐氮标准储备溶液，置于瓷蒸发皿内，在水浴上加热蒸干，然后加入 2 mL 二磺酸酚，迅速用玻璃棒摩擦蒸发皿内壁，使二磺酸酚与硝酸盐充分接触，

静置 30 min，加入少量纯水，移入 500 mL 容量瓶中，再用纯水冲洗蒸发皿，合并于容量瓶中，最后用纯水稀释至刻度。此溶液 1.00 mL 含 10.0 μg 硝酸盐氮。

(2)苯酚。如苯酚不纯或有颜色，将盛苯酚的容器隔水加热，融化后倾出适量于具空气冷凝管的蒸馏瓶中，加热蒸馏，收集 182～184 ℃的馏分，置棕色瓶中，冷暗处保存。精制苯酚应为无色纯净的结晶。

(3)二磺酸酚试剂。称取 15 g 苯酚，置于 250 mL 三角瓶中，加入 105 mL 浓硫酸，瓶上放一小漏斗，置沸水浴内加热 6 h。试剂应为浅棕色稠液，保存于棕色瓶内。

(4)硫酸银标准溶液。称取 4.397 g 硫酸银(Ag_2SO_4)，溶于纯水中，并用纯水定容至 1 000 mL。此溶液 1.00 mL 可与 1.00 mg 氯离子作用。

(5)硫酸溶液(0.5 mol/L)。取 2.8 mL 浓硫酸，加入适量纯水中，并稀释至 100 mL。

(6)氢氧化钠溶液(1 mol/L)。称取 40 g 氢氧化钠(NaOH)，溶于适量纯水中并稀释至 1 000 mL。

(7)高锰酸钾溶液(0.02 mol/L)。称取 0.316 g 高锰酸钾($KMnO_4$)，溶于纯水中，并稀释至 100 mL。

(8)乙二胺四乙酸二钠溶液。称取 50 g 乙二胺四乙酸二钠($C_{10}H_{14}N_2O_8Na_2 \cdot 2H_2O$，简称 EDTA－2Na)，用 20 mL 纯水调成糊状，然后加入 60 mL 浓氨水充分搅动，使之溶解。

(9)浓氨水。

(10)氢氧化铝悬浮液。称取 125 g 硫酸铝钾[$KAl(SO_4)_2 \cdot 12H_2O$]或硫酸铝铵[$NH_4Al(SO_4)_2 \cdot 12H_2O$]，溶于 1 000 mL 纯水中。加热至 60 ℃，慢慢加入 55 mL 浓氨水，使成氢氧化铝沉淀。充分搅拌后静置，弃去上清液。反复用纯水洗涤沉淀，至倾出液无氯离子(用硝酸银检定)为止。最后加入 300 mL 纯水成悬浮液。使用前振荡均匀。

(四)预处理

(1)去除浊度。如水样中有悬浮物，可用 0.45 μm 孔径的滤膜过滤除去。

(2)去除颜色。如水样的色度超过 10°，可于 100 mL 水样中加入 2 mL 氢氧化铝悬浮液，充分振摇后静置数分钟，再行过滤。弃去最初滤出的少量水样。

(3)去除氯化物。将 100 mL 水样置于 250 mL 三角瓶中，根据事先已测出的氯离子(Cl^-)含量，加入相当量的硫酸银溶液。水样中氯化物含量很高(超过 100 mg/L)时，应该以 1 mg 氯离子需加 4.397 mg Ag_2SO_4计算直接加入固体硫酸银(为了防止银离子的加入量多于水样中氯离子量给测定带来干扰，在计算银离子加入量时，可按保留水样中 1 mg/L 氯离子的量计算)。将三角瓶放入 80 ℃左右的热水中，用力振摇，使氯化银沉淀凝聚，冷却后用慢速滤纸过滤或离心，使水样澄清。

注：水中氯离子在强酸条件下与 NO_3^- 反应，生成 NO 或 NOCl，使 NO_3^- 损失，结果偏低，因此必须除去氯离子。用硫酸银除去氯离子时，如银离子过量，则在最后变色时生成的颜色不正常或变浑浊。

(4)扣除亚硝酸盐氮影响。如水样中亚硝酸盐氮含量超过 0.2 mg/L，则需先向 100 mL 水样中加入 0.5 mol/L 的硫酸溶液 1.0 mL，混匀后滴加 0.02 mol/L 高锰酸钾溶液，至淡红色保持 15 min 不退为止，使亚硝酸盐转变为硝酸盐。在最后计算测定结果时，需减去这一部分亚硝酸盐氮(用重氮化偶合分光光度法测定)。

(五)测定步骤

(1)吸取 25.0 mL(或适量)原水样或经过预处理的澄清水样，置于 100 mL 蒸发皿内，用 pH 试纸检查，滴加氢氧化钠溶液，调节溶液至近中性，置于水浴上蒸干。

(2)取下蒸发皿，加入 1.0 mL 二磺酸酚试剂，用玻璃棒研磨，使试剂与蒸发皿内残渣充分接触，静置 10 min。

(3)向蒸发皿内加入 10 mL 纯水，在搅拌下滴加浓氨水，使溶液显出的颜色最深。如有沉淀产生，可过滤，或者滴加乙二胺四乙酸二钠溶液至沉淀溶解。将溶液移入 50 mL 比色管中，用纯水稀释至刻度，混合均匀。

(4)另取 50 mL 比色管，分别加硝酸盐氮标准溶液 0，0.10，0.30，0.50，0.70，1.00，1.50 mL 或 0，1.00，3.00，5.00，7.00，10.00 mL，各加 1.0 mL 二磺酸酚试剂，再各加 10 mL 纯水，在搅拌下滴加浓氨水至溶液的颜色最深，加纯水至刻度。

(5)于 420 nm 波长，以纯水为参比，测定样品和标准系列溶液的吸光度。取标准溶液量为 0～1.50 mL 的标准系列用 3 cm 比色皿，0～10.00 mL 的用 1 cm 比色皿测定。

(6)绘制标准曲线，在曲线上查出样品管中硝酸盐氮的含量。

(六)结果计算

$$c=M/V_1\times100/(100+V_2)$$

式中：c 为水样中硝酸盐氮(N)的质量浓度(mg/L)；M 为从标准曲线上查得的样品管中硝酸盐氮的含量(μg)；V_1 为水样体积(mL)；V_2 为除氯离子时加入硫酸银溶液的体积(mL)。

八、氟化物的测定

水中氟化物的测定，可采用电极法和比色法，电极法的适用范围较宽，浑浊度、色度较高的水样均不干扰测定。比色法适用于较清洁的水样，当干扰物质过多时，水样需预先进行蒸馏。

离子选择电极法

1.测定原理

氟化镧单晶对氟离子有选择性，被电极膜分开的 2 种不同浓度氟溶液之间存在电位差，这种电位差常称为膜电位。膜电位的大小与氟溶液的离子活度有关。

氟电极与饱和甘汞电极组成一对原电池。利用电动势与离子活度负对数值的线性关系可直接求出水样中氟离子浓度。为消除 OH^- 的干扰，测定时通常将溶液 pH 控制在 5.5～6.5。

2.仪器与设备

(1)氟离子电极和饱和甘汞电极。

(2)离子活度计或精密酸度计。

(3)电磁搅拌器。

3.试剂及配制

(1)氟化物标准溶液。

①储备溶液：将氟化钠(NaF)于 105 ℃烘 2 h，冷却后称取 0.221 0 g，溶于纯水中，并定容至 100 mL，贮于聚乙烯瓶中备用。此溶液 1.0 mL 含 1.00 mg 氟化物。

②标准溶液：将氟化物标准储备溶液用纯水稀释成 1.00 mL 含 10.0 μg 氟化物的标准溶液。

(2)离子强度缓冲液Ⅰ。适用于干扰物浓度高的水样。称取 348.2 g 柠檬酸三钠($Na_3C_6H_5,O_7·5H_2O$)，溶于纯水中，用盐酸溶液(1＋1)调节 pH 为 6，最后用纯水定容至 1 000 mL。

(3)离子强度缓冲液Ⅱ。适用于较清洁水。称取 58 g 氯化钠、3.48 g 柠檬酸三钠($Na_3C_6H_5O_7 · 5H_2O$)，量取 57 mL 冰乙酸，溶于纯水中，用 10 mol/L 氢氧化钠溶液调节 pH 至 5.0～5.5，最后用纯水定容至 1 000 mL。

4.测定步骤

(1)标准曲线法。

①取 10 mL 水样于 50 mL 烧杯中。若水样中总离子强度过高，应取少量水样稀释到 10 mL。加 10 mL 离子强度缓冲溶液(水样中干扰物较多时用离子强度缓冲液Ⅰ；较清洁的水样用离子强度缓冲液Ⅱ)。若水样中总离子强度很低时，可以减少强度缓冲液用量。

②放入磁芯搅拌棒搅拌水样溶液，插入氟离子电极和甘汞电极，在不断搅拌下读取平衡电位值(指每分钟电位值改变小于 0.5 mV，当氟化物浓度甚低时，约 5 min)，并在标准曲线查出水样中氟离子的浓度。

③分别取氟化物标准溶液 0，0.20，0.40，0.60，1.00，1.50，2.00，3.00 mL 于 50 mL 烧杯中，各加纯水至 10 mL。再各加入与水样相同的离子强度缓冲液。此标准系列的质量浓度分别为 0，0.20，0.40，0.60，1.00，1.50，2.00，3.00mg/L。按①-②步骤中相同条件测定此标准系列的电位。以电位(mV)为纵坐标，氟化物的活度($PF=-\log_a F^-$)为横坐标，在半对数纸上绘制标准曲线。在测定过程中，标准溶液与水样的温度应该一致。

(2)标准加入法。取 50 mL 水样加入 200 mL 烧杯中，一般情况下可以加离子强度缓冲液后直接测定。当水样中干扰物过多时，加入 50 mL 离子强度缓冲液Ⅰ。放入磁芯搅拌棒搅拌水样溶液，插入氟离子电极和饱和甘汞电极，在不断搅拌下读取平衡电位值(E_1，mV)。然后加入一小体积(小于 0.5 mL)的氟化物标准储备溶液，再次在不断搅拌下读取平衡电位值(E_2，mV)，E_2 与 E_1 应相差 30～40 mV。

5.结果计算

(1)标准曲线法。

氟化物(F^- mg/L)可直接在标准曲线上查得。

(2)标准加入法。

$$c=c_1 \times V_1/V_2/\{\log^{-1}[(E_2-E_1)/K]-1\}$$

式中：c 为水样中氟化物(F^-)质量浓度(mg/L)；c_1 为标准储备溶液的质量浓度(mg/L)；V_1 为加入的标准储备溶液的体积(mL)；V_2 为水样体积(mL)；K 为测定水温 T ℃时的斜率，其值为 0.1985(273＋T ℃)。

九、砷的测定

砷的测定可采用二乙氨基二硫代甲酸银比色法或砷斑法。二乙氨基二硫代甲酸银比色法具有较好的准确度和精密度,经常使用。

(一)测定原理

锌与酸作用产生新生态氢。在碘化钾和氯化亚锡存在下,使五价砷还原为三价。三价砷与新生态氢生成砷化氢气体。通过用乙酸铅溶液浸泡的棉花去除硫化氢的干扰,然后与溶于三乙醇胺—氯仿中的二乙氨基二硫代甲酸银作用,生成棕红色的胶态银,比色定量。

(二)仪器与设备

(1)砷化氢发生器。

(2)分光光度计。

(三)试剂及配制

(1)砷标准溶液。

①储备溶液:称取 0.660 0 g 经 105 ℃干燥 2 h 的三氧化二砷(As_2O_3),溶于 5 mL20%氢氧化钠溶液中。用酚酞作指示剂,以 1 mol/L 硫酸溶液中和到中性后,再加入 1 mol/L 硫酸溶液 15 mL,加纯水定容 500 mL。此溶液 1.00 mL 含 1.00 mg 砷。

②标准溶液:吸取储备溶液 10.00 mL,置于容量瓶中,加纯水定容至 100 mL,混匀。临用时吸取此溶液 10.00 mL,置于 1000 mL 容量瓶中,加纯水定容,混匀。此溶液 1.0 mL 含 1.00 μg 砷。

(2)硫酸溶液(1+1)。

(3)碘化钾溶液(15%)。称取 15 g 碘化钾(KI),溶于纯水中并稀释至 100 mL,贮于棕色瓶内。

(4)氯化亚锡溶液(40%)。称取 40 g 氯化亚锡($SnCl_2 \cdot 2H_2O$),溶于 40 mL 浓盐酸中,并加纯水稀释至 100 mL,投入数粒金属锡粒。

(5)乙酸铅棉花。将脱脂棉浸入 10%乙酸铅溶液中,2 h 后取出,让其自然干燥。

(6)吸收溶液。称取 0.25 g 二乙氨基二硫代甲酸银($C_5H_{10}NS_2 \cdot Ag$),研碎后用少量氯仿溶解,加入 10 mL 三乙醇胺($C_6H_{15}NO_3$),再用氯仿稀释到 100 mL。必要时,静置后过滤至棕色瓶内,贮存于冰箱中。本试剂溶液中二乙氨基二硫代甲酸银浓度以 0.2%~0.25%为宜,浓度过低,将影响测定的灵敏度及重现性。溶解度不好的试剂应更换。实验室制备的试剂具有很好的溶解度。制备方法是,分别溶解 1.7 g 硝酸银、2.3 g 二乙氨基二硫代甲酸钠于 100 mL 纯水中,冷却到 20 ℃以下,缓缓搅拌混合。过滤生成的柠檬黄色银盐沉淀,用冷的纯水洗涤沉淀数次,置于干燥器中避光保存。

(7)无砷锌粒。

(四)测定步骤

(1)吸取 50.0 mL 水样,置于砷化氢发生瓶中。

(2)另取砷化氢发生瓶 6 个,分别加入砷标准溶液 0,1.00,2.50,5.00,7.5 及 10.0 mL,各加纯水至 50 mL。

(3)向水样和标准系列中各加 4 mL 硫酸溶液(1+1),2.5 mL 碘化钾溶液及 2 mL 氯化亚锡溶液,混匀,放置 15 min。

(4)于各吸收管中分别加入 5.0 mL 吸收溶液,插入塞有乙酸铅棉花的导气管。迅速向各发生瓶中倾入预先称好的 5 g 无砷锌粒,立即塞紧瓶塞,勿使漏气。在室温下(室温低于 15 ℃时可用 25 ℃温水浴微热)反应 1 h,最后用氯仿将吸收液体积补充到 5.0 mL。在 1 h 内于 515 nm 波长,用 1 cm 比色皿,以氯仿作参比测定样品和标准系列溶液的吸光度。

注:颗粒大小不同的锌粒在反应中所需要的酸量不同,一般为 4～10 mL,需在使用前用标准溶液进行预试验,以选择适宜的酸量。

(5)绘制标准曲线,从曲线上查出水样管中砷的含量。

(五)结果计算

$$c=M/V$$

式中:c 为水样中砷(As)的质量浓度(mg/L);M 为从标准曲线上查得的水样管中砷的含量(μg);V 为水样体积(mL)。

十、六价铬的测定

水中铬常以三价和六价状态存在。六价铬易被还原,特别是在酸性溶液中很快被还原为三价,所以应在 pH 7～9 的条件下保存水样;因铬酸盐离子可被玻璃容器表面吸附,特别是表面有磨损时,吸附更为严重,因此应在采样的当天进行测定。水样保存时间延长,可使测定结果偏低。

(一)测定原理

在酸性溶液中,六价铬可与二苯碳酰二肼作用,生成紫红色螯合物,比色定量。铬与二苯碳酰二肼反应时,溶液的酸度应控制在氢离子浓度为 0.05～0.3 mol/L,且以 0.2 mol/L 时显色最稳定。在此酸度下,汞、钼与二苯碳酰二肼反应所显的色度较六价铬要浅得多。显色后 10 min 再测定吸光度,可使钒与显色剂生成的颜色几乎全部消失。

(二)仪器与设备

所有玻璃仪器(包括采样瓶)要求内壁光滑,不能用铬酸洗涤液浸泡。可用合成洗净剂洗涤后再用浓硝酸洗涤,然后用自来水、纯水淋洗干净。

(1)具塞比色管。50 mL。

(2)烧杯。100 mL。

(3)紫外分光光度计。

(三)试剂及配制

(1)六价铬标准溶液。称取 0.414 g 经过 105～110 ℃烘至恒重的重铬酸钾($K_2Cr_2O_7$),溶于纯水中,并用纯水定容至 500 mL,此浓溶液 1.00 mL 含 0.100 mg 六价铬。吸取此浓溶液 10.00 mL,用纯水定容至 1 000 mL,则此标准溶液 1.00 mL 含 1.00 μg 六价铬。

(2)二苯碳酰二肼丙酮溶液(0.25%)。称取 0.25 g 二苯碳酰二肼[$OC(HN \cdot NH \cdot C_6H_5)_2$,又名二苯氨基脲],溶于 100 mL 丙酮中。盛于棕色瓶中置冰箱内可保存半月,颜色变深不能再用。

(3)硫酸溶液(1+7)。将 10 mL 浓硫酸缓慢加入 70 mL 纯水中。

(四)测定步骤

(1)吸取 50.0 mL 水样(含六价铬超过 10 μg 时,可吸取适量水样稀释至 50.0 mL),置于 50 mL 比色管中。

(2)另取 50 mL 比色管 9 支,分别加入六价铬标准溶液 0,0.25,0.50,1.00,2.00,4.00,6.00,8.00,10.00 mL,加纯水至刻度。

(3)向水样及标准管中各加 2.0 mL 硫酸溶液(1+7)及 2.5 mL 二苯碳酰二肼丙酮溶液,立即混匀,放置 10 min。

注:温度和放置时间对显色都有影响,15 ℃时颜色最稳定。显色后 2～3 min,颜色可达最深,且于 5～15 min 保持稳定。

(4)于 540 nm 波长下,用 3 cm 比色皿,以纯水为参比,测定样品及标准系列溶液的吸光度。

(5)如原水样有颜色时,另取与前面所取水样量相同的水样于 100 mL 烧杯中,加入 2.5 mL 硫酸溶液(1+7),置电炉上煮沸 2 min,使水样中的六价铬还原为三价。溶液冷却后转入 50 mL 比色管中,加纯水至刻度后再多加 2.5 mL,摇匀后加入 2.5 mL 二苯碳酰二肼丙酮溶液,摇匀,放置 10 min。测定此水样空白吸光度。

(6)绘制标准曲线,在曲线上查出样品管中六价铬的含量。

(7)有颜色的水样应由测得的样品管溶液的吸光度减去测得的水样空白吸光度,再在标准曲线上查出样品管中六价铬的含量。

(五)结果计算

$$c=M/V$$

式中:c 为水样中六价铬(Cr^{6+})的质量浓度(mg/L);M 为从标准曲线上查得的样品管中六价铬的含量(μg);V 为水样体积(mL)。

任务评价

1. 实验试剂的配制应注意哪些事项?
2. 简述尿样(污水)各污染指标测定的原理、方法步骤及结果计算。
3. 简述尿样(污水)各污染指标测定实验室常用分析仪器设备与基本操作方法。

附 录

附录一 畜禽养殖业污染防治技术规范

（HJ/T 81—2001，国家环境保护总局，2001 年 12 月 19 日发布，
2002 年 4 月 1 日实施）

1 主题内容

本技术规范规定了畜禽养殖场的选址要求、场区布局与清粪工艺、畜禽粪便贮存、污水处理、固体粪肥的处理利用、饲料和饲养管理、病死畜禽尸体处理与处置、污染物监测等污染防治的基本技术要求。

2 技术原则

2.1 畜禽养殖场的建设应坚持农牧结合、种养平衡的原则，根据本场区土地（包括与其他法人签约承诺消纳本场区产生粪便污水的土地）对畜禽粪便的消纳能力，确定新建畜禽养殖场的养殖规模。

2.2 对于无相应消纳土地的畜禽养殖场，必须配套建立具有相应加工（处理）能力的粪便污水处理设施或处理（置）机制。

2.3 畜禽养殖场的设置应符合区域污染物排放总量控制要求。

3 选址要求

3.1 禁止在下列区域内建设畜禽养殖场：

3.1.1 生活饮用水水源保护区、风景名胜区、自然保护区的核心区及缓冲区；

3.1.2 城市和城镇居民区，包括文教科研区、医疗区、商业区、工业区、游览区等人口集中地区；

3.1.3 县级人民政府依法划定的禁养区域；

3.1.4 国家或地方法律、法规规定需特殊保护的其他区域。

3.2 新建改建、扩建的畜禽养殖场选址应避开 3.1 规定的禁建区域，在禁建区域附近建设的，应设在 3.1 规定的禁建区域常年主导风向的下风向或侧风向处，场界与禁建区域边界的最小距离不得小于 500 m。

4　场区布局与清粪工艺

4.1　新建、改建、扩建的畜禽养殖场应实现生产区、生活管理区的隔离，粪便污水处理设施和禽畜尸体焚烧炉应设在畜禽养殖场的生产区、生活管理区的常年主导风向的下风向或侧风向处。

4.2　畜禽养殖场的排水系统应实行雨水和污水收集输送系统分离，在场区内外设置的污水收集输送系统，不得采取明沟布设。

4.3　新建、改建、扩建的畜禽养殖场应采取干法清粪工艺，采取有效措施将粪及时、单独清出，不可与尿、污水混合排出，并将产生的粪渣及时运至贮存或处理场所，实现日产日清。采用水冲粪、水泡粪湿法清粪工艺的畜禽养殖场，要逐步改为干法清粪工艺。

5　畜禽粪便的贮存

5.1　畜禽养殖场产生的畜禽粪便应设置专门的贮存设施，其恶臭及污染物排放应符合《畜禽养殖业污染物排放标准》。

5.2　贮存设施的位置必须远离各类功能地表水体(距离不得小于 400 m)，并应设在畜禽养殖场生产及生活管理区的常年主导风向的下风向或侧风向处。

5.3　贮存设施应采取有效的防渗处理工艺，防止畜禽粪便污染地下水。

5.4　对于种养结合的畜禽养殖场，畜禽粪便贮存设施的总容积不得低于当地农林作物生产用肥的最大间隔时间内本畜禽养殖场所产生粪便的总量。

5.5　贮存设施应采取设置顶盖等防止降雨(水)进入的措施。

6　污水的处理

6.1　畜禽养殖过程中产生的污水应坚持种养结合的原则，经无害化处理后尽量充分还田，实现污水资源化利用。

6.2　畜禽污水经治理后向环境中排放，应符合《畜禽养殖业污染物排放标准》的规定，有地方排放标准的应执行地方排放标准。

污水作为灌溉用水排入农田前，必须采取有效措施进行净化处理(包括机械的、物理的、化学的和生物学的)，并须符合《农田灌溉水质标准》(GB 5084—92)的要求。

6.2.1　在畜禽养殖场与还田利用的农田之间应建立有效的污水输送网络，通过车载或管道形式将处理(置)后的污水输送至农田，要加强管理，严格控制污水输送沿途的弃、撒和跑、冒、滴、漏。

6.2.2　畜禽养殖场污水排入农田前必须进行预处理(采用格栅、厌氧、沉淀等工艺、流程)，并应配套设置田间储存池，以解决农田在非施肥期间的污水出路问题，田间储存池的总容积不得低于当地农林作物生产用肥的最大间隔时间内畜禽养殖场排放污水的总量。

6.3　对没有充足土地消纳污水的畜禽养殖场，可根据当地实际情况选用下列综合利用措施。

6.3.1　经过生物发酵后，可浓缩制成商品液体有机肥料。

6.3.2　进行沼气发酵，对沼渣、沼液应尽可能实现综合利用，同时要避免产生新的污染，沼渣及时清运至粪便贮存场所；沼液尽可能进行还田利用，不能还田利用并需外排的要进行进一步净化处理，达到排放标准。

沼气发酵产物应符合《粪便无害化卫生标准》(GB 7959—87)。

6.3.3　制取其他生物能源或进行其他类型的资源回收综合利用，要避免二次污染，并应符合《畜禽养殖业污染物排放标准》的规定。

6.4　污水的净化处理应根据养殖种类、养殖规模、清粪方式和当地的自然地理条件，选择合理、适用的污水净化处理工艺和技术路线，尽可能采用自然生物处理的方法，达到回用标准或排放标准。

6.5　污水的消毒处理提倡采用非氯化的消毒措施，要注意防止产生二次污染物。

7　固体粪肥的处理利用

7.1　土地利用

7.1.1　畜禽粪便必须经过无害化处理，并且须符合《粪便无害化卫生标准》后，才能进行土地利用，禁止未经处理的畜禽粪便直接施入农田。

7.1.2　经过处理的粪便作为土地的肥料或土壤调节剂来满足作物生长的需要，其用量不能超过作物当年生长所需养分的需求量。

在确定粪肥的最佳使用量时需要对土壤肥力和粪肥肥效进行测试评价，并应符合当地环境容量的要求。

7.1.3　对高降雨区、坡地及沙质容易产生径流和渗透性较强的土壤，不适宜施用粪肥或粪肥使用量过高易使粪肥流失引起地表水或地下水污染时，应禁止或暂停使用粪肥。

7.2　对没有充足土地消纳利用粪肥的大中型畜禽养殖场和养殖小区，应建立集中处理畜禽粪便的有机肥厂或处理（置）机制。

7.2.1　固体粪肥的堆制可采用高温好氧发酵或其他适用技术和方法，以杀死其中的病原菌和蛔虫卵，缩短堆制时间，实现无害化。

7.2.1　高温好氧堆制法分自然堆制发酵法和机械强化发酵法，可根据本场的具体情况选用。

8　饲料和饲养管理

8.1　畜禽养殖饲料应采用合理配方，如理想蛋白质体系配方等，提高蛋白质及其他营养的吸收效率，减少氮的排放量和粪的生产量。

8.2　提倡使用微生物制剂、酶制剂和植物提取液等活性物质，减少污染物排放和恶臭气体的产生。

8.3　养殖场场区、畜禽舍、器械等消毒应采用环境友好的消毒剂和消毒措施（包括紫外线、臭氧、双氧水等方法），防止产生氯代有机物及其他的二次污染物。

9　病死畜禽尸体的处理与处置

9.1　病死畜禽尸体要及时处理，严禁随意丢弃，严禁出售或作为饲料再利用。

9.2　病死禽畜尸体处理应采用焚烧炉焚烧的方法，在畜禽场比较集中的地区，应集中设置焚烧设施；同时焚烧产生的烟气应采取有效的净化措施，防止烟尘、一氧化碳、恶臭等对周围大气环境的污染。

9.3　不具备焚烧条件的养殖场应设置两个以上安全填埋井，填埋井应为混凝土结构，深度大于 2 m，直径 1 m，井口加盖密封。进行填埋时，在每次投入畜禽尸体后，应覆盖一层厚度大于 10 cm 的熟石灰，井填满后，须用黏土填埋压实并封口。

10　畜禽养殖场排放污染物的监测

10.1　畜禽养殖场应安装水表，对用水实行计量管理。

10.2　畜禽养殖场每年应至少两次定期向当地环境保护行政主管部门报告污水处理设施和粪便处理设施的运行情况，提交排放污水、废气、恶臭以及粪肥的无害化指标的监测报告。

10.3　对粪便污水处理设施的水质应定期进行监测，确保达标排放。

10.4　排污口应设置国家环境保护总局统一规定的排污口标志。

11　其他

养殖场防疫、化验等产生的危险废水和固体废弃物应按国家的有关规定进行处理。

附录二　畜禽养殖业污染物排放标准

（GB 18596—2001，2001 年 12 月 28 日发布，
2003 年 1 月 1 日实施）

1　主题内容与适用范围

1.1　主题内容　本标准按集约化畜禽养殖业的不同规模分别规定了水污染物、恶臭气体的最高允许日均排放浓度、最高允许排水量，畜禽养殖业废渣无害化环境标准。

1.2　适用范围　本标准用于全国集约化养殖场和养殖区污染物的排放管理，以及这些建设项目环境影响评价、环境保护设施设计、竣工验收及其投产后的排放管理。

1.2.1　本标准适用的养殖场和养殖区规模分级，按表 1 和表 2 执行。

表 1　集约化养殖场的适用规模(以存栏数计)

规模分级	猪/头（25 kg 以上）	鸡/只		牛/头	
		蛋鸡	肉鸡	成年奶牛	肉牛
Ⅰ级	≥3 000	≥100 000	≥200 000	≥200	≥400
Ⅱ级	500≤Q<3 000	15 000≤Q<100 000	30 000≤Q<200 000	100≤Q<200	200≤Q<400

表 2　集约化畜禽养殖区的适用规模(以存栏数计)

规模分级	猪/头（25 kg 以上）	鸡/只		牛/头	
		蛋鸡	肉鸡	成年奶牛	肉牛
Ⅰ级	≥6 000	≥200 000	≥400 000	≥400	≥800
Ⅱ级	3 000≤Q<6 000	100 000≤Q<200 000	200 000≤Q<400 000	200≤Q<400	400≤Q<800

注：Q 表示养殖量。

1.2.2　对具有不同畜禽种类的养殖场和养殖区，其规模可将鸡、牛的养殖量换算成猪的养殖量，换算比例为：30 只蛋鸡折算成 1 头猪，60 只肉鸡折算成 1 头猪，1 头奶牛折算成 10 头猪，1 头肉牛折算成 5 头猪。

1.2.3　所有Ⅰ级规模范围内的集约化养殖场和养殖区，以及Ⅱ级规模范围内且地处国家环境保护重点城市重点流域和污染严重河网地区的集约化畜禽养殖场和养殖区，自本标准实施之日起开始执行。

1.2.4　其他地区Ⅱ级规模范围内的集约化养殖场和养殖区，实施标准的具体时间可由县级以上人民政府环境保护行政主管部门确定，但不得迟于 2004 年 7 月 1 日。

1.2.5　对集约化养羊场和养羊区，将羊的养殖量换算成猪的养殖量，换算比例为：3 只羊

换算成 1 头猪，根据换算后的养殖量确定养羊场或养羊区的规模级别，并参照本标准的规定执行。

2 定义

2.1 集约化畜禽养殖场

指进行集约化经营的畜禽养殖场。集约化养殖是指在较小的场地内，投入较多的生产资料和劳动，采用新的工艺技术措施，进行精心管理的饲养方式。

2.2 集约化畜禽养殖区

指距居民区一定距离，经过行政区划确定的多个畜禽养殖个体生产集中的区域。

2.3 废渣

指养殖场外排的畜禽粪便、畜禽舍垫料、废饲料及散落的毛羽等固体废物。

2.4 恶臭污染物

指一切刺激嗅觉器官，引起人们不愉快及损害生活环境的气体物质。

2.5 臭气浓度

指恶臭气体(包括异味)用无臭空气进行稀释，稀释到刚好无臭时所需的稀释倍数。

2.6 最高允许排水量

指在畜禽养殖过程中直接用于生产的水的最高允许排放量。

3 技术内容

本标准按水污染物、废渣和恶臭气体的排放分为以下三部分。

3.1 畜禽养殖业水污染物排放标准

3.1.1 畜禽养殖业废水不得排入敏感水域和有特殊功能的水域。排放去向应符合国家和地方的有关规定。

3.1.2 标准适用规模范围内的畜禽养殖业的水污染物排放分别执行表 3、表 4 和表 5 的规定。

表 3 集约化畜禽养殖业水冲工艺最高允许排水量

控制项目	猪/[m^3/(百头·d)]		鸡/[m^3/(千只·d)]		牛/[m^3/(百头·d)]	
	冬季	夏季	冬季	夏季	冬季	夏季
标准值	2.5	3.5	0.8	1.2	20	30

注：废水最高允许排放量的单位中，百头、千只均指存栏数；春、秋季废水最高允许排放量按冬、夏两季的平均值计算。

表 4 集约化畜禽养殖业干清粪工艺最高允许排水量

控制项目	猪/[m^3/(百头·d)]		鸡/[m^3/(千只·d)]		牛/[m^3/(百头·d)]	
	冬季	夏季	冬季	夏季	冬季	夏季
标准值	1.2	1.8	0.5	0.7	17	20

注：废水最高允许排放量的单位中，百头、千只均指存栏数；春、秋季废水最高允许排放量按冬、夏两季的平均值计算。

表 5 集约化畜禽养殖业污染物最高允许日均排放浓度

控制项目	五日生化需氧量/(mg/L)	化学需氧量/(mg/L)	悬浮量/(mg/L)	氨氮/(mg/L)	总磷(以 P 计)/(mg/L)	粪大肠菌群数/(个/100 mL)	蛔虫卵/(个/L)
标准值	150	400	200	80	8.0	1000	2.0

3.2 畜禽养殖业废渣无害化环境标准

3.2.1 畜禽养殖业必须设置废渣的固定储存设施和场所，储存场所要有防止粪液渗漏、溢流措施。

3.2.2 用于直接还田的畜禽粪便，必须进行无害化处理。

3.2.3 禁止直接将废渣倾倒入地表水体或其他环境中。畜禽粪便还田时，不能超过当地的最大农田负荷量。避免造成面源污染和地下水污染。

3.2.4 经无害化处理后的废渣，应符合表 6 的规定。

表 6 畜禽养殖业废渣无害化环境标准

控制项目	指标
蛔虫卵	死亡率≥95%
粪大肠菌群数	≤10^5个/kg

3.3 畜禽养殖业恶臭污染物排放标准

集约化畜禽养殖业恶臭污染物的排放执行表 7 的规定。

表 7 集约化畜禽养殖业恶臭污染物排放标准

控制项目	指标
臭气浓度(无量纲)	70

3.4 畜禽养殖业应积极通过废水和粪便的还田或其他措施对所排放的污染物进行综合利用，实现污染物的资源化。

4 监测

污染物项目监测的采样点和采样频率应符合国家环境监测技术规范的要求。污染物项目的监测方法按表 8 执行。

表 8 畜禽养殖业污染物排放配套监测方法

序号	项目	监测方法	方法来源
1	生化需氧(BOD_5)	稀释与接种法	GB 7488—87
2	化学需氧(COD)	重铬酸钾法	GB 11914—89
3	悬浮物(SS)	重量法	GB 11901—89
4	氨氮(NH_3-N)	纳氏试剂比色法 水杨酸分光光度法	GB 7479—87 GB 7481—87
5	总 P(以 P 计)	钼蓝比色法	1)
6	粪大肠菌群数	多管发酵法	GB 5750—85

续表 8

序号	项目	监测方法	方法来源
7	蛔虫卵	吐温—80 柠檬酸缓冲液离心沉淀集卵法	2)
8	蛔虫卵死亡率	堆肥蛔虫卵检查法	GB 7959—87
9	寄生虫卵沉降率	粪稀蛔虫卵检查法	GB 7959—87
10	臭气浓度	三点式比较臭袋法	GB 14675

注:分析方法中,未列出国标的暂时采用下列方法,待国家标准方法颁布后执行国家标准。

1)水和废水监测分析方法(第三版).中国环境科学出版社,1989。

2)卫生防疫检验.上海科学技术出版社,1964。

5 标准的实施

5.1 本标准由县级以上人民政府环境保护行政主管部门实施统一监督管理。

5.2 省、自治区、直辖市人民政府可根据地方环境和经济发展的需要,确定严于本标准的集约化畜禽养殖业适用规模,或制定更为严格的地方畜禽养殖业污染物排放标准,并报国务院环境保护行政主管部门备案。

附录三　畜禽场环境污染控制技术规范

（NY/T 1169—2006，2006 年 7 月 10 日发布，
2006 年 10 月 1 日实施）

1　范围

本标准规定了畜禽场选址、场区布局、污染治理设施以及控制畜禽场恶臭污染、粪便污染、污水污染、病原微生物污染、药物污染、畜禽尸体污染等的基本技术要求和畜禽场环境污染监测控制技术。

本标准适用于目前正在运行生产的畜禽场和新建、改建、扩建畜禽场的环境污染控制。

2　引用标准

下列文件中的条款通过本标准的引用而成为本标准的条款。凡是注日期的引用文件，其随后所有的修改单（不包括勘误的内容）或修订版均不适用于本标准，然而，鼓励根据本标准达成协议的各方研究是否可使用这些文件的最新版本。凡是不注日期的引用文件，其最新版本适用于本标准。

GB 5084　农田灌溉水质标准　GB 7959　粪便无害化卫生标准

GB 13078　饲料卫生标准　GB 18596　畜禽养殖业污染物排放标准

GB/T 19525.2　畜禽场环境质量评价准则

农业部文件农牧发〔2002〕1 号《食品动物禁用的兽药及其他化合物清单》

农业部公告〔2002〕第 176 号《禁止在饲料和动物饮水中使用的药物品种目录》

3　术语和定义

下列术语和定义适用于本标准。

3.1　畜禽场　按养殖规模，本标准规定：鸡 5 000 只，母猪存栏≥75 头，牛≥25 头为畜禽场，该场应设置有舍区、场区和缓冲区。

3.2　环境污染　是指人类活动使环境要素或其状态发生变化，环境质量恶化，扰乱和破坏了生态系统的动态平衡和人类的正常生活条件的现象。本规范所指环境污染是以畜禽活动为主体所造成的污染即畜禽场环境污染，主要包括恶臭污染、粪便污染、污水污染、病原微生物污染、药物污染、畜禽尸体污染等。

3.3　恶臭污染物　指一切刺激嗅觉器官，引起人们不愉快及损害生活环境的气体物质。

3.4　环境质量评价　指依照一定的评价标准和评价方法对一定区域范围内的环境质量进行说明和评定。

3.5　环境影响评价　狭义地说是建设项目可行性研究工作的重要组成部分，是对特定建设项目预测其未来的环境影响，同时提出防治对策，为决策部门提供科学依据，为设计部门提供优化设计的建议。广义地讲是指人类进行某项重大活动（包括开发建设、规划、计划、政策、

立法)之前，采用评价手段预测该项活动可能给环境带来的影响。

4　畜禽场环境污染控制技术要求

4.1　选址、布局要求

4.1.1　按照国标 GB/T 19525.2 对畜禽场环境质量进行评价，正确选址、合理布局。

4.1.2　按建设项目环境保护法律、法规的规定，进行环境影响评价，实施"三同时"制度。

4.2　污染治理设施的要求

已建、新建、改建及扩建畜禽场的排水、通风、粪便堆场和污水贮水池、绿化等满足如下要求，不符合要求者应予以改造。

4.2.1　畜禽场排水　畜禽舍地面应向排水沟方向做 1%～3%的倾斜；排水沟沟底须有 2‰～5‰的坡度，且每隔一定距离设一深 0.5 m 的沉淀坑，保持排水通畅。

4.2.2　畜禽舍通风　根据畜禽舍内的养殖品种、养殖数量，配备适当的通风设施，使风速满足畜禽对风速的要求。

4.2.3　粪便堆场和污水贮水池　粪便堆场和污水贮水池应设在畜禽场生产及生活管理区常年主导风向的下风向或侧风向处，距离各类功能地表水源不得小于 400 m，同时采取搭棚遮雨和水泥硬化等防渗漏措施。粪便堆场的地面应高出周围地面至少 30 cm。

实行种养结合的畜禽场，其粪便存储设施的总容积不得低于当地农林作物生产用肥的最大间隔时间内本畜禽场所产生粪便的总量。

4.2.4　绿化要求　在畜禽场周围和场区空闲地种植环保型树、花、草，绿化环境、净化空气，改善畜禽舍小气候，加强防疫，畜禽场场区绿化覆盖率达到 30%，并在场外缓冲区建 5～10 m 的环境绿化带。

4.3　恶臭污染控制

4.3.1　采用配合饲料，调整饲料中氨基酸等各种营养成分的平衡，提高饲料养分的利用效率，减少粪尿中氨氮化合物、含硫化合物等恶臭气体的产生和排放；合理调整日粮中粗纤维的水平，控制吲哚和粪臭素的产生。

4.3.2　提倡在饲料中添加使用微生物制剂、酶制剂和植物提取液等活性物质以减少粪便恶臭气体的产生。

4.3.3　畜禽舍内的粪便、污物和污水及时清除和处理，以减少粪尿存储过程中恶臭气体的产生和排放。

4.3.4　在畜禽粪便中添加沸石粉、丝兰属植物提取物等，达到除臭和抑制恶臭的扩散的目的。

4.3.5　畜禽场根据实际情况可适当增加垫料厚度，也可在垫料中选择添加沸石粉、丝兰属植物等材料达到除臭效果。

4.4　粪便污染控制

4.4.1　已建、新建、改建以及扩建的畜禽场必须同步建设相应的粪便处理设施。

4.4.2　采用种养结合的畜禽场，粪便还田前必须经过无害化处理，按照土壤质地以及种植作物的种类确定施肥数量。

4.4.3　施入农田后粪便应立即混合到土壤内，裸露时间不得超过 12 h，不得在冻土或冰雪覆盖的土地上施粪。

4.4.4　提倡干清粪工艺收集粪便，减少污水量。实现清污分流，雨污分流，减少污水处理量。

4.4.5 对于没有足够土地消纳粪便的畜禽场，可根据本场的实际情况采用堆肥发酵、沼气发酵、粪便脱水干燥等方法对粪便进行处理。

4.5 污水污染控制

4.5.1 采用种养结合的畜禽场，可将污水无害化处理后用于农田灌溉，实现污水的循环利用，灌溉用水水质应达到 GB 5084 的要求。

4.5.2 对没有足够土地消纳污水的畜禽场，可根据当地实际情况选用下列综合利用措施。

4.5.2.1 经过生物发酵后，浓缩制成商品液体有机肥料。

4.5.2.2 进行沼气发酵，对沼渣、沼液实现农业综合利用，避免二次污染。沼渣及时运至粪便储存场所，沼液尽量还田利用。

4.5.3 污水的处理提倡采用自然、生物处理的方法。经过处理的污水若排放到周围地表则应达到 GB 18596 要求。

4.5.4 污水运送方式

管道运送：定期检查、维修管道，避免出现跑、冒、滴、漏现象。

车辆运送：必须采用封闭运送车，避免运输过程中洒、漏。

4.5.5 污水的消毒

使用次氯酸钠消毒时其“余氯”灌溉旱作时应小于 1.5 mg/L，灌溉蔬菜时应小于 1.0 mg/L。

4.6 病原微生物污染控制

4.6.1 对畜禽粪尿中以及病死畜禽体中的病原微生物进行处理应分别达到 GB 7959 和 GB 16548 规定的要求。

4.6.2 饲料中病原微生物污染控制技术

4.6.2.1 不得使用传染病死畜禽或腐烂变质的畜禽、鱼类及其下脚料作为饲料原料。

4.6.2.2 饲料在加工过程中，应通过热处理有效去除病原微生物。

4.6.2.3 饲料贮存库必须通风、阴凉、干燥。防止苍蝇、蟑螂等害虫和鼠、猫、鸟类的侵入。

4.7 药物污染控制

4.7.1 科学合理使用药物。

4.7.1.1 饲料卫生符合 GB 13078。

4.7.1.2 饲料和添加剂严格执行《饲料和饲料添加剂管理条例》。

4.7.1.3 执行农业部文件农牧发〔2002〕1 号《食品动物禁用的兽药及其他化合物清单》。

4.7.1.4 执行农业部公告〔2002〕第 176 号《禁止在饲料和动物饮水中使用的药物品种目录》。

4.7.2 畜禽粪尿中有毒有害物质污染控制技术

4.7.2.1 当粪尿中有毒物质(重金属等)含量超标时，要进行回收，集中处理。避免由于其累积造成对环境的污染。

4.7.3 选择适用性广泛、杀菌力和稳定性强、不易挥发、不易变质、不易失效且对人畜危害小，不易在畜产品中残留，对畜禽舍、器具无腐蚀性的消毒剂对场内环境、畜体表面以及设施、器具等进行消毒。

4.8 畜禽尸体污染控制

畜禽尸体严格按照 GB 16548 进行处理，不得随意丢弃，更不许作为商品出售。

4.9 环境监测

4.9.1 对畜禽场舍区、场区、缓冲区的生态环境、空气环境以及水环境和接受畜禽粪便和污水的土壤进行定期监测，对环境质量进行定期评价，以便采取相应的措施控制畜禽场环境污染事件的发生。

4.9.2 对畜禽场排放的污水进行监测，掌握污水中各种污染物的浓度、排放量等，为选取适当工艺、技术、设备对其进行处理提供数据依据。对已有污水处理设施的畜禽场，要对处理后的出水进行定期监测，以对设备的运行情况进行调节，确保出水达到 GB 18596 的要求。

4.9.3 在畜禽场排污口设置国家环境保护总局统一规定的排污口标志。

附录四　畜禽场环境质量标准

（NY/T 388—1999，1999 年 5 月 6 日发布，
1999 年 7 月 1 日实施）

1　范围

本标准规定了畜禽场必要的空气、生态环境质量标准以及畜禽饮用水的水质标准。

本标准适用于畜禽场的环境质量控制、监测、监督、管理、建设项目的评价及畜禽场环境质量的评估。

2　引用标准

下列标准所包含的条文，通过在本标准中引用而构成为本标准的条文。本标准出版时，所示版本均为有效。所有标准都会被修订，使用本标准的各方应探讨使用下列标准最新版本的可能性。

GB 2930—1982　牧草种子检验规程

GB/T 5750—1985　生活饮用水标准检验法

GB/T 6920—1986　水质　pH 值的测定　玻璃电极法

GB/T 7470—1987　水质　铅的测定　双硫腙分光光度法

GB/T 7475—1987　水质　铜、锌、铅、镉的测定　原子吸收分光光谱法

GB/T 7467—1987　水质　六价铬的测定　二苯碳酰二肼分光光度法

GB/T 7477—1987　水质　钙和镁总量的测定　EDTA 滴定法

GB/T 13195—1991　水质　水温的测定　温度计或颠倒温度计测定法

GB/T 14623—1993　城市区域环境噪声测量方法

GB/T 14688—1993　空气质量　氨的测定　纳氏试剂比色法

GB/T 14675—1993　空气质量　恶臭的测定　三点比较式臭袋法

GB/T 15432—1995　环境空气　总悬浮颗粒物的测定　重量法

3　术语

3.1　畜禽场

按养殖规模本标准规定：鸡≥5 000 只，母猪存栏≥75 头，牛≥25 头为畜禽场，该场应设置有舍区、场区和缓冲区。

3.2　舍区　畜禽所处的半封闭的生活区域，即畜禽直接的生活环境区。

3.3　场区　规模化畜禽场围栏或院墙以内、舍区以外的区域。

3.4　缓冲区　在畜禽场外周围，沿场院向外≤500 m 范围内的畜禽保护区，该区具有保护畜禽场免受外界污染的功能。

3.5　PM_{10}　可吸入颗粒物，空气动力学当量直径≤10 μm 的颗粒物。

3.6　TSP　总悬浮颗粒物，空气动力学当量直径≤100 μm 的颗粒物。

4　技术要求

4.1　畜禽场空气环境质量　畜禽场空气环境质量见表1。

表1　畜禽场空气环境质量

序号	项目	单位	缓冲区	场区	舍区			
					禽舍		猪舍	牛舍
					雏	成		
1	氨气	mg/m^3	2	5	10	15	25	20
2	硫化氢	mg/m^3	1	2	2	10	10	8
3	二氧化碳	mg/m^3	380	750	1 500		1 500	1 500
4	PM_{10}	mg/m^3	0.5	1	4		1	2
5	TSP	mg/m^3	1	2	8		3	4
6	恶臭	稀释倍数	40	50	70		70	70

注：表中数据皆为日均值。

4.2　舍区生态环境质量　舍区生态环境质量见表2。

表2　舍区生态环境质量

序号	项目	单位	禽		猪		牛
			雏	成	仔	成	
1	温度	℃	21～27	10～24	27～32	11～27	10～5
2	湿度(相对)	%	75		80		80
3	风速	m/s	0.5	0.8	0.4	1.0	1.0
4	照度	lx	50	30	50	30	50
5	细菌	个/m^3	25 000		17 000		20 000
6	噪声	dB	60	80	80		75
7	粪便含水率	%	65～75		70～80		65～75
8	粪便清理	—	干法		日清粪		日清粪

4.3　畜禽饮用水质量　畜禽饮用水质量见表3。

表3　畜禽饮用水质量

序号	项目	单位	自备井	地面水	自来水
1	大肠菌群	个/L	3	3	
2	细菌总数	个/L	100	200	
3	pH	—	5.5～ 8.5		
4	总硬度	mg/L	600		
5	溶解性总固体	mg/L	2 000[1)]		
6	铅	mg/L	Ⅳ类地下水标准	Ⅳ类地面水标准	饮用水标准
8	铬(六价)	mg/L	Ⅳ类地下水标准	Ⅳ类地面水标准	饮用水标准

注：1)甘肃、青海、新疆和沿海、岛屿地区可放宽到3 000 mg/L。

5 监测

5.1 采样 环境质量各种参数的监测及采样点、采样办法、采样高度及采样频率的要求按《环境监测技术规范》执行。

5.2 分析方法 各项污染物的分析方法见表4。

表4 各项污染物的分析方法

序号	项目	方法	方法来源
1	氨气	纳氏试剂比色法	GB/T 14668—1993
2	硫化氢	碘量法	中国环境监测总站《污染源统一监测分析方法》(废气部分),标准出版社,1985
3	二氧化碳	滴定法	环境保护部《水和废水监测分析方法》(第3版),中国环境科学出版社,1989
4	PM_{10}	重量法	GB/T 6920—1986
5	TSP	重量法	GB/T 15432—1995
6	恶臭	三点比较式臭袋法	GB/T 14675—1993
7	温度	温度计测定法	GB/T 13195—1991
8	湿度(相对)	湿度计测定法	国家气象局《地面气象观测规范》,1979
9	风速	风速仪测定法	国家气象局《地面气象观测规范》,1979
10	照度	照度计测定法	国家气象局《地面气象观测规范》,1979
11	空气细菌总数	平板法	GB/T 5750—1985
12	噪声	声级计测量法	GB/T 14623—1993
13	粪便含水率	重量法	参考GB 2930—1982,暂采用此法,待国家方法标准发布后,执行国家标准
14	大肠菌群	多管发酵法	GB/T 5750—1985
15	水质 细菌总数	菌落总数测定	《水和废水监测分析方法》(第3版),中国环境科学出版社,1989
16	pH	玻璃电极法	GB/T 6920—1986
17	总硬度	EDTA滴定法	GB/T 7477—1987
18	溶解性总固体	重量法	环境保护部《水和废水监测分析方法》(第3版),中国环境科学出版社,1989
19	铅	原子吸收分光光度法 双硫腙分光光度法	GB/T 7475—1987 GB/T 7470—1987
20	铬(六价)	二苯碳酰二肼分光光度法	GB/T 7467—1987

附录五　畜禽场环境质量及卫生控制规范

（NY/T 1167—2006，2006年7月10日发布，
2006年10月1日实施）

1　范围

本标准规定了畜禽场生态环境质量及卫生指标、空气环境质量及卫生标准、土壤环境质量及卫生指标、饮用水质量及卫生指标和相应的畜禽场质量及卫生控制措施。

本标准适用于规模化畜禽场的环境质量管理及环境卫生控制。

2　引用标准

下列文件中的条款通过本标准的引用而成为本标准的条款。凡是注日期的引用文件，其后所有的修改单（不包括勘误的内容）或修订版均不适用于本标准，然而，鼓励根据本标准达成协议的各方研究是否可使用这些文件的最新版本。凡是不注日期的引用文件，其最新版本适用于本标准。

GB 18596　畜禽养殖业污染物排放标准

GB/T 19525.2 畜禽场环境质量评价准则

NY/T 388 畜禽场环境质量标准

NY 5027 无公害食品　畜禽饮用水水质标准

3　术语和定义

下列术语和定义适用于本标准。

3.1　畜禽场

按养殖规模，本标准规定：鸡5 000只，母猪存栏≥75头，牛≥25头为畜禽场，该场应设置有舍区、场区和缓冲区。

3.2　舍区

畜禽所处的半封闭的生活区域，即畜禽直接的生活环境区。

3.3　场区

畜禽场围栏或院墙以内、舍区以外的区域。

3.4　缓冲区

在畜禽场外周围，沿场院向外≤500 m范围内的保护区，该区具有保护畜禽场免受外界污染的功能。

3.5　土壤

指畜禽场陆地表面能够生长绿色植物的疏松层。

3.6　恶臭污染物

指一切刺激嗅觉器官，引起人们不愉快及损害生活环境的气体物质。

3.7　环境质量及卫生控制

指为达到环境质量及卫生要求所采取的作业技术和活动。

4　畜禽场场址的选择和场内区域布局

4.1　正确选址：按照国标 GB 19525.2 的要求对畜禽养殖场环境质量和环境影响进行评价，摸清当地环境质量现状以及畜禽养殖场、养殖小区建成后对当地环境质量将产生的影响。

4.2　合理布局：住宅区、生活管理区、生产区、隔离区分开，且依次处于场区常年主导风向的上风向。

5　畜禽场生态环境质量及卫生控制

5.1　畜禽场舍区生态环境质量及卫生指标参见 NY/T 388。

5.2　畜禽场舍区生态环境质量及卫生控制措施。

5.2.1　温度、湿度

在建设畜禽饲养场时，必须保证畜禽舍的保温隔热性能，同时合理设计通风和采光设施，可采用天窗或导风管，使畜禽舍温度、湿度满足上述标准的要求，也可采用喷淋与喷雾等方式降温。

5.2.2　风速

畜禽舍采用机械通风或自然通风，通风时保证气流均匀分布，尽量减少通风死角，舍外运动场上设凉棚，使舍内风速满足畜禽场环境质量标准的要求。

5.2.3　照度

安装采光设施或设计天窗，并根据畜种、日龄和生产过程确定合理的光照时间和光照强度。

5.2.4　噪声

5.2.4.1　正确选址，避免外界干扰；

5.2.4.2　选择、使用性能优良，噪声小的机械设备；

5.2.4.3　在场区、缓冲区植树种草，降低噪声。

5.2.5　细菌、微生物的控制措施

5.2.5.1　正确选址，远离细菌污染源；

5.2.5.2　定时通风换气，破坏细菌生存条件；

5.2.5.3　在畜禽舍门口设置消毒池，工作人员进入畜禽舍时必须穿戴消毒过的工作服、鞋、帽等，并通过装有紫外线灯的通道；

5.2.5.4　对舍区、场区环境定期消毒；

5.2.5.5　在疾病传播时，采用隔离、淘汰病畜禽，并进行应急消毒措施，以控制病原的扩散。

6　畜禽场空气环境质量及卫生控制

6.1　畜禽场空气环境质量及卫生指标参见 NY/T 388。

6.2　畜禽场舍内环境质量及卫生控制措施。

6.2.1　舍内氨气、硫化氢、二氧化碳、恶臭的控制措施。

6.2.1.1　采取固液分离与干清粪工艺相结合的设施，使粪尿、污水及时排出，减少有害气体产生；

6.2.1.2　采取科学的通风换气方法，保证气流均匀，及时排除舍内的有害气体；

6.2.1.3　在粪便、垫料中添加各种具有吸附功能的添加剂，减少有害气体产生；

6.2.1.4　合理搭配日粮和在饲料中使用添加剂，减少有害气体产生。

6.2.2　舍内总悬浮颗粒物、可吸入颗粒物的控制措施。

6.2.2.1　饲料车间、干草车间远离畜禽舍且处于畜禽舍的下风向；

6.2.2.2　提倡使用颗粒饲料或者拌湿饲料；

6.2.2.3　禁止带畜干扫畜禽舍或刷拭畜禽，翻动垫料要轻，减少尘粒的产生；

6.2.2.4　适当进行通风换气，并在通风口设置过滤帘，保证舍内湿度，及时排出、减少颗粒物及有害气体。

6.3　畜禽场场区、缓冲区空气环境质量及卫生控制措施。

6.3.1　绿化：在畜禽场的场区、缓冲区内种植环保型的树木、花草，减少尘粒的产生，净化空气。畜禽养殖场绿化覆盖率应在30%以上。

6.3.2　消毒：在场门和舍门处设置消毒池，人员和车辆进入时经过消毒池以杀死病原微生物。对工作人员的衣、帽、鞋等经常性地消毒，对圈舍及设备用具进行定期消毒。

7　畜禽场土壤环境质量及卫生控制

7.1　畜禽场土壤环境质量及卫生指标见表1。

表1　畜禽场土壤环境质量及卫生指标

序号	项目	单位	缓冲区	场区	舍区
1	镉	mg/kg	0.3	0.3	0.6
2	砷	mg/kg	30	25	20
3	铜	mg/kg	50	100	100
4	铅	mg/kg	250	300	350
5	铬	mg/kg	250	300	350
6	锌	mg/kg	200	250	300
7	细菌总数	万个/g	1	5	—
8	大肠杆菌	g/L	2	50	—

7.2　畜禽场土壤环境质量及卫生控制措施

7.2.1　土壤中镉、砷、铜、铅、铬、锌的控制措施

7.2.1.1　正确选址，使土壤背景值满足畜禽场土壤环境质量标准的要求；

7.2.1.2　科学合理选择和使用兽药、饲料，降低土壤中重金属元素的残留。

7.2.2　土壤中细菌总数、总大肠杆菌的控制措施

7.2.2.1　避免粪尿、污水排放及运送过程中的跑、冒、滴、漏；

7.2.2.2　采用紫外等方式对排放、运送前的粪尿进行杀菌消毒，避免运输过程微生物污染土壤；

7.2.2.3　粪尿作为有机肥施予场内草、树地前，对其进行无害化处理，且根据植物的不同品种合理掌握使用量；

7.2.2.4　畜禽粪便堆场建在畜禽饲养场内部的，要做好防渗、防漏工作，避免粪污中镉、砷、铜、铅、铬、锌以及各种病原微生物污染场内的土壤环境。

8 畜禽饮用水质量及卫生控制

8.1 畜禽饮用水质量及卫生指标参见 NY 5027。

8.2 畜禽饮用水质量及卫生控制措施

8.2.1 自来水

定期清洗畜禽饮用水传送管道,保证水质传送途中无污染。

8.2.2 自备井

应建在畜禽场粪便堆放场等污染源的上方和地下水位的上游,水量丰富,水质良好,取水方便,避免在低洼沼泽或容易积水的地方打井。水井附近 30m 范围内,不得建有渗水的厕所、渗水坑、粪坑、垃圾场等污染源。

8.2.3 地表水

地面水是暴露在地表面的水源,受污染的机会多,含有较多的悬浮物和细菌,如果作为畜禽的饮用水,必须进行净化和消毒,使之满足畜禽饮用水水质标准。净化的方法有混凝沉淀法和过滤法;消毒方法有物理消毒法(如煮沸消毒)和化学消毒法(如氯化消毒)。

9 监测与评价

9.1 对畜禽场的生态环境、空气环境以及接受畜禽粪便和污水的土壤环境和畜禽饮用水进行定期监测,对环境质量现状进行定期评价,及时了解畜禽场环境质量及卫生状况,以便采取相应的措施控制畜禽场环境质量和卫生。

9.2 对畜禽场排放的污水进行定期监测,确保出水满足 GB 18596 的要求。

9.3 环境质量、环境影响评价

按照 GB/T 19525.2 的要求,根据监测结果,对畜禽场的环境质量、环境影响进行定期评价。

9.4 在畜禽场排污口设置国家环境保护总局统一规定的排污口标志。

9.5 监测分析方法

本规范项目的监测分析方法按表 2 执行。

表 2 畜禽场环境卫生控制规范选配监测分析方法

序号	项目	分析方法	方法来源
1	温度	温度计测定法	GB/T 13195—1991
2	相对湿度	湿度计测定法[1)]	
3	风速	风速仪测定法[1)]	
4	照度	照度计测定法[1)]	
5	噪声	声级计测定法	GB/T 14623
6	粪便含水率	重量法	GB/T 3543.2—1995
7	NH_3	纳氏试剂比色法	GB/T 14668—93
8	H_2S	碘量法	GB/T 11060.1—1998
9	CO_2	滴定法[2)]	
10	PM_{10}	重量法	GB 6921—86
11	TSP	重量法	GB 15432—1995

续表 2

序号	项目	分析方法	方法来源
12	空气　细菌总数	沉降法	GB 5750—85
13	恶臭	三点比较式臭袋法	GB/T 14675—93
14	水质　细菌总数	平板法	GB 5750—85
15	水质　大肠杆菌	多管发酵法	GB 5750—85
16	pH	玻璃电极法	GB 6920—86
17	总硬度	EDTA 滴定法	GB 7477—87
18	溶解性总固体	重量法	GB 5750—85
19	铅	原子吸收分光光度法	GB 7475—87
20	铬(六价)	二苯碳酰二肼分光光度法	GB 7467—87
21	生化需氧量	稀释与接种法	GB 7488—87
22	化学需氧量	重铬酸钾法	GB 11914—89
23	溶解氧	碘量法	GB 7489—87
24	蛔虫卵	堆肥蛔虫卵检查法	GB 7959—87
25	氟化物	离子选择电极法	GB 7484—87
26	总锌	原子吸收分光光度法	GB 7475—87
27	土壤　镉	石墨炉原子吸收分光光度法	GB/T 17141—1997
28	土壤　砷	二乙基二硫代氨基甲酸银分光光度法	GB/T 17134—1997
29	土壤　铜	火焰原子吸收分光光度法	GB/T 17138—1997
30	土壤　铅	石墨炉原子吸收分光光度法	GB/T 17141—1997
31	土壤　铬	火焰原子吸收分光光度法	GB/T 17137—1997
32	土壤　锌	火焰原子吸收分光光度法	GB/T 17138—1997
33	土壤　细菌总数	与水的卫生检验方法相同3)	
34	土壤　大肠杆菌	与水的卫生检验方法相同3)	

1)、2)和 3)暂采用下列方法,待国家标准发布后,执行国家标准。

1)畜禽场相对湿度、照度、风速的监测分析方法,是结合畜禽场环境监测现状,对国家气象局《地面气象观测》(1979)中相关内容进行改进形成的,经过农业部批准并且备案。

2)暂采用国家环境保护总局《水和废水监测分析方法》(第三版)中国环境出版社,1989。

3)土壤中细菌总数、大肠杆菌的检测分析方法与水的卫生检验方法相同,见中国环境科学出版社《环境工程微生物检验手册》,1990 年出版。

附录六　全国部分地区建筑朝向表

地区	最佳朝向	适宜朝向	不宜朝向
北京	南偏东或西各 30°以内	南偏东或西各 45°以内	北偏西 30°～60°
上海	南至南偏东 15°	南偏东 30°至南偏东 15°	北、西北
石家庄	南偏东 15°	南至南偏东 30°	西
太原	南偏东 15°	南偏东至东	西北
呼和浩特	南至南偏东，南至南偏西	东南、西南	北、西北
哈尔滨	南偏东 15°～20°	南至南偏东或西各 15°	西、北、西北
长春	南偏东 30°，南偏西 15°	南偏东或西各 45°	北、东北、西北
沈阳	南，南偏东 20°	南偏东至东，南偏西至西	东北东至西北西
济南	南，南偏东 10°～15°	南偏东 30°	西偏北 5°～10°
南京	南偏东 15°	南偏东 20°至南偏东 10°	西、北
合肥	南偏东 5°～15°	南偏东 15°至南偏西 5°	西
杭州	南偏东 10°～15°，北偏东 6°	南、南偏东 30°	西、北
福州	南，南偏东 5°～15°	南偏东 20°以内	西
郑州	南偏东 15°	南偏东 25°	西北
武汉	南偏西 15°	南偏东 15°	西、西北
长沙	南偏东 9°	南	西、西北
广州	南偏西 15°，南偏西 5°	南偏东 20°、南偏西 5°至西	
南宁	南，南偏东 15°	南、南偏东 15°～25°、南偏西 5°	东、西
西安	南偏东 10°	南、南偏西	西、西北
银川	南至南偏东 23°	南偏东 34°、南偏西 20°	西、北
西宁	南至南偏西 30°	南偏东 30°至南偏西 30°	北、西北
乌鲁木齐	南偏东 40°，南偏西 30°	东南、东、西	北、西北
成都	南偏东 45°至南偏西 15°	南偏东 45°至东偏北 30°	西、北
昆明	南偏东 25°～56°	东至南至西	北偏东或西各 35°
拉萨	南偏东 10°，南偏西 5°	南偏东 15°、南偏西 10°	西、北
厦门	南偏东 5°～10°	南偏东 22°、南偏西 10°	南偏西 25°、西偏北 30°
重庆	南、南偏东 10°	南偏东 15°至南偏西 5°	东、西
青岛	南、南偏东 5°～10°	南偏东 15°至南偏西 15°	西、北

附录七　中华人民共和国环境保护法

（1989 年 12 月 26 日第七届全国人民代表大会常务委员会第十一次会议通过
2014 年 4 月 24 日第十二届全国人民代表大会常务委员会第八次会议修订）

第一章　总则

第一条　为保护和改善环境，防治污染和其他公害，保障公众健康，推进生态文明建设，促进经济社会可持续发展，制定本法。

第二条　本法所称环境，是指影响人类生存和发展的各种天然的和经过人工改造的自然因素的总体，包括大气、水、海洋、土地、矿藏、森林、草原、湿地、野生生物、自然遗迹、人文遗迹、自然保护区、风景名胜区、城市和乡村等。

第三条　本法适用于中华人民共和国领域和中华人民共和国管辖的其他海域。

第四条　保护环境是国家的基本国策。国家采取有利于节约和循环利用资源、保护和改善环境、促进人与自然和谐的经济、技术政策和措施，使经济社会发展与环境保护相协调。

第五条　环境保护坚持保护优先、预防为主、综合治理、公众参与、损害担责的原则。

第六条　一切单位和个人都有保护环境的义务。地方各级人民政府应当对本行政区域的环境质量负责。企业事业单位和其他生产经营者应当防止、减少环境污染和生态破坏，对所造成的损害依法承担责任。公民应当增强环境保护意识，采取低碳、节俭的生活方式，自觉履行环境保护义务。

第七条　国家支持环境保护科学技术研究、开发和应用，鼓励环境保护产业发展，促进环境保护信息化建设，提高环境保护科学技术水平。

第八条　各级人民政府应当加大保护和改善环境、防治污染和其他公害的财政投入，提高财政资金的使用效益。

第九条　各级人民政府应当加强环境保护宣传和普及工作，鼓励基层群众性自治组织、社会组织、环境保护志愿者开展环境保护法律法规和环境保护知识的宣传，营造保护环境的良好风气。

教育行政部门、学校应当将环境保护知识纳入学校教育内容，培养学生的环境保护意识。

新闻媒体应当开展环境保护法律法规和环境保护知识的宣传，对环境违法行为进行舆论监督。

第十条　国务院环境保护主管部门，对全国环境保护工作实施统一监督管理；县级以上地方人民政府环境保护主管部门，对本行政区域环境保护工作实施统一监督管理。

县级以上人民政府有关部门和军队环境保护部门，依照有关法律的规定对资源保护和污染防治等环境保护工作实施监督管理。

第十一条　对保护和改善环境有显著成绩的单位和个人，由人民政府给予奖励。

第十二条　每年6月5日为环境日。

第二章　监督管理

第十三条　县级以上人民政府应当将环境保护工作纳入国民经济和社会发展规划。

国务院环境保护主管部门会同有关部门，根据国民经济和社会发展规划编制国家环境保护规划，报国务院批准并公布实施。

县级以上地方人民政府环境保护主管部门会同有关部门，根据国家环境保护规划的要求，编制本行政区域的环境保护规划，报同级人民政府批准并公布实施。

环境保护规划的内容应当包括生态保护和污染防治的目标、任务、保障措施等，并与主体功能区规划、土地利用总体规划和城乡规划等相衔接。

第十四条　国务院有关部门和省、自治区、直辖市人民政府组织制定经济、技术政策，应当充分考虑对环境的影响，听取有关方面和专家的意见。

第十五条　国务院环境保护主管部门制定国家环境质量标准。

省、自治区、直辖市人民政府对国家环境质量标准中未做规定的项目，可以制定地方环境质量标准；对国家环境质量标准中已作规定的项目，可以制定严于国家环境质量标准的地方环境质量标准。地方环境质量标准应当报国务院环境保护主管部门备案。

国家鼓励开展环境基准研究。

第十六条　国务院环境保护主管部门根据国家环境质量标准和国家经济、技术条件，制定国家污染物排放标准。

省、自治区、直辖市人民政府对国家污染物排放标准中未做规定的项目，可以制定地方污染物排放标准；对国家污染物排放标准中已作规定的项目，可以制定严于国家污染物排放标准的地方污染物排放标准。地方污染物排放标准应当报国务院环境保护主管部门备案。

第十七条　国家建立、健全环境监测制度。国务院环境保护主管部门制定监测规范，会同有关部门组织监测网络，统一规划国家环境质量监测站(点)的设置，建立监测数据共享机制，加强对环境监测的管理。

有关行业、专业等各类环境质量监测站(点)的设置应当符合法律法规规定和监测规范的要求。

监测机构应当使用符合国家标准的监测设备，遵守监测规范。监测机构及其负责人对监测数据的真实性和准确性负责。

第十八条　省级以上人民政府应当组织有关部门或者委托专业机构，对环境状况进行调查、评价，建立环境资源承载能力监测预警机制。

第十九条　编制有关开发利用规划，建设对环境有影响的项目，应当依法进行环境影响评价。

未依法进行环境影响评价的开发利用规划，不得组织实施；未依法进行环境影响评价的建设项目，不得开工建设。

第二十条　国家建立跨行政区域的重点区域、流域环境污染和生态破坏联合防治协调机制，实行统一规划、统一标准、统一监测、统一的防治措施。

前款规定以外的跨行政区域的环境污染和生态破坏的防治，由上级人民政府协调解决，或者由有关地方人民政府协商解决。

第二十一条　国家采取财政、税收、价格、政府采购等方面的政策和措施，鼓励和支持环境保护技术装备、资源综合利用和环境服务等环境保护产业的发展。

第二十二条　企业事业单位和其他生产经营者，在污染物排放符合法定要求的基础上，进一步减少污染物排放的，人民政府应当依法采取财政、税收、价格、政府采购等方面的政策和措施予以鼓励和支持。

第二十三条　企业事业单位和其他生产经营者，为改善环境，依照有关规定转产、搬迁、关闭的，人民政府应当予以支持。

第二十四条　县级以上人民政府环境保护主管部门及其委托的环境监察机构和其他负有环境保护监督管理职责的部门，有权对排放污染物的企业事业单位和其他生产经营者进行现场检查。被检查者应当如实反映情况，提供必要的资料。实施现场检查的部门、机构及其工作人员应当为被检查者保守商业秘密。

第二十五条　企业事业单位和其他生产经营者违反法律法规规定排放污染物，造成或者可能造成严重污染的，县级以上人民政府环境保护主管部门和其他负有环境保护监督管理职责的部门，可以查封、扣押造成污染物排放的设施、设备。

第二十六条　国家实行环境保护目标责任制和考核评价制度。县级以上人民政府应当将环境保护目标完成情况纳入对本级人民政府负有环境保护监督管理职责的部门及其负责人和下级人民政府及其负责人的考核内容，作为对其考核评价的重要依据。考核结果应当向社会公开。

第二十七条　县级以上人民政府应当每年向本级人民代表大会或者人民代表大会常务委员会报告环境状况和环境保护目标完成情况，对发生的重大环境事件应当及时向本级人民代表大会常务委员会报告，依法接受监督。

第三章　保护和改善环境

第二十八条　地方各级人民政府应当根据环境保护目标和治理任务，采取有效措施，改善环境质量。

未达到国家环境质量标准的重点区域、流域的有关地方人民政府，应当制定限期达标规划，并采取措施按期达标。

第二十九条　国家在重点生态功能区、生态环境敏感区和脆弱区等区域划定生态保护红线，实行严格保护。

各级人民政府对具有代表性的各种类型的自然生态系统区域，珍稀、濒危的野生动植物自然分布区域，重要的水源涵养区域，具有重大科学文化价值的地质构造、著名溶洞和化石分布区、冰川、火山、温泉等自然遗迹，以及人文遗迹、古树名木，应当采取措施予以保护，严禁破坏。

第三十条　开发利用自然资源，应当合理开发，保护生物多样性，保障生态安全，依法制定有关生态保护和恢复治理方案并予以实施。

引进外来物种以及研究、开发和利用生物技术，应当采取措施，防止对生物多样性的破坏。

第三十一条　国家建立、健全生态保护补偿制度。

国家加大对生态保护地区的财政转移支付力度。有关地方人民政府应当落实生态保护补偿资金，确保其用于生态保护补偿。

国家指导受益地区和生态保护地区人民政府通过协商或者按照市场规则进行生态保护补偿。

第三十二条　国家加强对大气、水、土壤等的保护，建立和完善相应的调查、监测、评估和修复制度。

第三十三条 各级人民政府应当加强对农业环境的保护，促进农业环境保护新技术的使用，加强对农业污染源的监测预警，统筹有关部门采取措施，防治土壤污染和土地沙化、盐渍化、贫瘠化、石漠化、地面沉降以及防治植被破坏、水土流失、水体富营养化、水源枯竭、种源灭绝等生态失调现象，推广植物病虫害的综合防治。

县级、乡级人民政府应当提高农村环境保护公共服务水平，推动农村环境综合整治。

第三十四条 国务院和沿海地方各级人民政府应当加强对海洋环境的保护。向海洋排放污染物、倾倒废弃物，进行海岸工程和海洋工程建设，应当符合法律法规规定和有关标准，防止和减少对海洋环境的污染损害。

第三十五条 城乡建设应当结合当地自然环境的特点，保护植被、水域和自然景观，加强城市园林、绿地和风景名胜区的建设与管理。

第三十六条 国家鼓励和引导公民、法人和其他组织使用有利于保护环境的产品和再生产品，减少废弃物的产生。

国家机关和使用财政资金的其他组织应当优先采购和使用节能、节水、节材等有利于保护环境的产品、设备和设施。

第三十七条 地方各级人民政府应当采取措施，组织对生活废弃物的分类处置、回收利用。

第三十八条 公民应当遵守环境保护法律法规，配合实施环境保护措施，按照规定对生活废弃物进行分类放置，减少日常生活对环境造成的损害。

第三十九条 国家建立、健全环境与健康监测、调查和风险评估制度；鼓励和组织开展环境质量对公众健康影响的研究，采取措施预防和控制与环境污染有关的疾病。

第四章 防治污染和其他公害

第四十条 国家促进清洁生产和资源循环利用。

国务院有关部门和地方各级人民政府应当采取措施，推广清洁能源的生产和使用。

企业应当优先使用清洁能源，采用资源利用率高、污染物排放量少的工艺、设备以及废弃物综合利用技术和污染物无害化处理技术，减少污染物的产生。

第四十一条 建设项目中防治污染的设施，应当与主体工程同时设计、同时施工、同时投产使用。防治污染的设施应当符合经批准的环境影响评价文件的要求，不得擅自拆除或者闲置。

第四十二条 排放污染物的企业事业单位和其他生产经营者，应当采取措施，防治在生产建设或者其他活动中产生的废气、废水、废渣、医疗废物、粉尘、恶臭气体、放射性物质以及噪声、振动、光辐射、电磁辐射等对环境的污染和危害。

排放污染物的企业事业单位，应当建立环境保护责任制度，明确单位负责人和相关人员的责任。

重点排污单位应当按照国家有关规定和监测规范安装使用监测设备，保证监测设备正常运行，保存原始监测记录。

严禁通过暗管、渗井、渗坑、灌注或者篡改、伪造监测数据，或者不正常运行防治污染设施等逃避监管的方式违法排放污染物。

第四十三条 排放污染物的企业事业单位和其他生产经营者，应当按照国家有关规定缴纳排污费。排污费应当全部专项用于环境污染防治，任何单位和个人不得截留、挤占或者挪作他用。

依照法律规定征收环境保护税的，不再征收排污费。

第四十四条　国家实行重点污染物排放总量控制制度。重点污染物排放总量控制指标由国务院下达，省、自治区、直辖市人民政府分解落实。企业事业单位在执行国家和地方污染物排放标准的同时，应当遵守分解落实到本单位的重点污染物排放总量控制指标。

对超过国家重点污染物排放总量控制指标或者未完成国家确定的环境质量目标的地区，省级以上人民政府环境保护主管部门应当暂停审批其新增重点污染物排放总量的建设项目环境影响评价文件。

第四十五条　国家依照法律规定实行排污许可管理制度。

实行排污许可管理的企业事业单位和其他生产经营者应当按照排污许可证的要求排放污染物；未取得排污许可证的，不得排放污染物。

第四十六条　国家对严重污染环境的工艺、设备和产品实行淘汰制度。任何单位和个人不得生产、销售或者转移、使用严重污染环境的工艺、设备和产品。

禁止引进不符合我国环境保护规定的技术、设备、材料和产品。

第四十七条　各级人民政府及其有关部门和企业事业单位，应当依照《中华人民共和国突发事件应对法》的规定，做好突发环境事件的风险控制、应急准备、应急处置和事后恢复等工作。

县级以上人民政府应当建立环境污染公共监测预警机制，组织制定预警方案；环境受到污染，可能影响公众健康和环境安全时，依法及时公布预警信息，启动应急措施。

企业事业单位应当按照国家有关规定制定突发环境事件应急预案，报环境保护主管部门和有关部门备案。在发生或者可能发生突发环境事件时，企业事业单位应当立即采取措施处理，及时通报可能受到危害的单位和居民，并向环境保护主管部门和有关部门报告。

突发环境事件应急处置工作结束后，有关人民政府应当立即组织评估事件造成的环境影响和损失，并及时将评估结果向社会公布。

第四十八条　生产、储存、运输、销售、使用、处置化学物品和含有放射性物质的物品，应当遵守国家有关规定，防止污染环境。

第四十九条　各级人民政府及其农业等有关部门和机构应当指导农业生产经营者科学种植和养殖，科学合理施用农药、化肥等农业投入品，科学处置农用薄膜、农作物秸秆等农业废弃物，防止农业面源污染。

禁止将不符合农用标准和环境保护标准的固体废物、废水施入农田。施用农药、化肥等农业投入品及进行灌溉，应当采取措施，防止重金属和其他有毒有害物质污染环境。

畜禽养殖场、养殖小区、定点屠宰企业等的选址、建设和管理应当符合有关法律法规规定。从事畜禽养殖和屠宰的单位和个人应当采取措施，对畜禽粪便、尸体和污水等废弃物进行科学处置，防止污染环境。

县级人民政府负责组织农村生活废弃物的处置工作。

第五十条　各级人民政府应当在财政预算中安排资金，支持农村饮用水水源地保护、生活污水和其他废弃物处理、畜禽养殖和屠宰污染防治、土壤污染防治和农村工矿污染治理等环境保护工作。

第五十一条　各级人民政府应当统筹城乡建设污水处理设施及配套管网，固体废物的收集、运输和处置等环境卫生设施，危险废物集中处置设施、场所以及其他环境保护公共设施，并保障其正常运行。

第五十二条　国家鼓励投保环境污染责任保险。

第五章　信息公开和公众参与

第五十三条　公民、法人和其他组织依法享有获取环境信息、参与和监督环境保护的权利。

各级人民政府环境保护主管部门和其他负有环境保护监督管理职责的部门，应当依法公开环境信息、完善公众参与程序，为公民、法人和其他组织参与和监督环境保护提供便利。

第五十四条　国务院环境保护主管部门统一发布国家环境质量、重点污染源监测信息及其他重大环境信息。省级以上人民政府环境保护主管部门定期发布环境状况公报。

县级以上人民政府环境保护主管部门和其他负有环境保护监督管理职责的部门，应当依法公开环境质量、环境监测、突发环境事件以及环境行政许可、行政处罚、排污费的征收和使用情况等信息。

县级以上地方人民政府环境保护主管部门和其他负有环境保护监督管理职责的部门，应当将企业事业单位和其他生产经营者的环境违法信息记入社会诚信档案，及时向社会公布违法者名单。

第五十五条　重点排污单位应当如实向社会公开其主要污染物的名称、排放方式、排放浓度和总量、超标排放情况，以及防治污染设施的建设和运行情况，接受社会监督。

第五十六条　对依法应当编制环境影响报告书的建设项目，建设单位应当在编制时向可能受影响的公众说明情况，充分征求意见。

负责审批建设项目环境影响评价文件的部门在收到建设项目环境影响报告书后，除涉及国家秘密和商业秘密的事项外，应当全文公开；发现建设项目未充分征求公众意见的，应当责成建设单位征求公众意见。

第五十七条　公民、法人和其他组织发现任何单位和个人有污染环境和破坏生态行为的，有权向环境保护主管部门或者其他负有环境保护监督管理职责的部门举报。

公民、法人和其他组织发现地方各级人民政府、县级以上人民政府环境保护主管部门和其他负有环境保护监督管理职责的部门不依法履行职责的，有权向其上级机关或者监察机关举报。

接受举报的机关应当对举报人的相关信息予以保密，保护举报人的合法权益。

第五十八条　对污染环境、破坏生态，损害社会公共利益的行为，符合下列条件的社会组织可以向人民法院提起诉讼：

（一）依法在设区的市级以上人民政府民政部门登记；

（二）专门从事环境保护公益活动连续五年以上且无违法记录。

符合前款规定的社会组织向人民法院提起诉讼，人民法院应当依法受理。

提起诉讼的社会组织不得通过诉讼牟取经济利益。

第六章　法律责任

第五十九条　企业事业单位和其他生产经营者违法排放污染物，受到罚款处罚，被责令改正，拒不改正的，依法做出处罚决定的行政机关可以自责令改正之日的次日起，按照原处罚数额按日连续处罚。

前款规定的罚款处罚，依照有关法律法规按照防治污染设施的运行成本、违法行为造成的直接损失或者违法所得等因素确定的规定执行。

地方性法规可以根据环境保护的实际需要，增加第一款规定的按日连续处罚的违法行为的种类。

第六十条　企业事业单位和其他生产经营者超过污染物排放标准或者超过重点污染物排放总量控制指标排放污染物的，县级以上人民政府环境保护主管部门可以责令其采取限制生产、停产整治等措施；情节严重的，报经有批准权的人民政府批准，责令停业、关闭。

第六十一条　建设单位未依法提交建设项目环境影响评价文件或者环境影响评价文件未经批准，擅自开工建设的，由负有环境保护监督管理职责的部门责令停止建设，处以罚款，并可以责令恢复原状。

第六十二条　违反本法规定，重点排污单位不公开或者不如实公开环境信息的，由县级以上地方人民政府环境保护主管部门责令公开，处以罚款，并予以公告。

第六十三条　企业事业单位和其他生产经营者有下列行为之一，尚不构成犯罪的，除依照有关法律法规规定予以处罚外，由县级以上人民政府环境保护主管部门或者其他有关部门将案件移送公安机关，对其直接负责的主管人员和其他直接责任人员，处十日以上十五日以下拘留；情节较轻的，处五日以上十日以下拘留：

（一）建设项目未依法进行环境影响评价，被责令停止建设，拒不执行的；

（二）违反法律规定，未取得排污许可证排放污染物，被责令停止排污，拒不执行的；

（三）通过暗管、渗井、渗坑、灌注或者篡改、伪造监测数据，或者不正常运行防治污染设施等逃避监管的方式违法排放污染物的；

（四）生产、使用国家明令禁止生产、使用的农药，被责令改正，拒不改正的。

第六十四条　因污染环境和破坏生态造成损害的，应当依照《中华人民共和国侵权责任法》的有关规定承担侵权责任。

第六十五条　环境影响评价机构、环境监测机构以及从事环境监测设备和防治污染设施维护、运营的机构，在有关环境服务活动中弄虚作假，对造成的环境污染和生态破坏负有责任的，除依照有关法律法规规定予以处罚外，还应当与造成环境污染和生态破坏的其他责任者承担连带责任。

第六十六条　提起环境损害赔偿诉讼的时效期间为三年，从当事人知道或者应当知道其受到损害时起计算。

第六十七条　上级人民政府及其环境保护主管部门应当加强对下级人民政府及其有关部门环境保护工作的监督。发现有关工作人员有违法行为，依法应当给予处分的，应当向其任免机关或者监察机关提出处分建议。

依法应当给予行政处罚，而有关环境保护主管部门不给予行政处罚的，上级人民政府环境保护主管部门可以直接做出行政处罚的决定。

第六十八条　地方各级人民政府、县级以上人民政府环境保护主管部门和其他负有环境保护监督管理职责的部门有下列行为之一的，对直接负责的主管人员和其他直接责任人员给予记过、记大过或者降级处分；造成严重后果的，给予撤职或者开除处分，其主要负责人应当引咎辞职：

（一）不符合行政许可条件准予行政许可的；

（二）对环境违法行为进行包庇的；

（三）依法应当做出责令停业、关闭的决定而未做出的；

（四）对超标排放污染物、采用逃避监管的方式排放污染物、造成环境事故以及不落实生态保护措施造成生态破坏等行为，发现或接到举报未及时查处的；

（五）违反本法规定，查封、扣押企业事业单位和其他生产经营者的设施、设备的；

（六）篡改、伪造或者指使篡改、伪造监测数据的；

（七）应当依法公开环境信息而未公开的；

（八）将征收的排污费截留、挤占或者挪作他用的；

（九）法律法规规定的其他违法行为。

第六十九条　违反本法规定，构成犯罪的，依法追究刑事责任。

第七章　附则

第七十条　本法自 2015 年 1 月 1 日起施行。

参考文献

[1] 蔡长霞. 畜禽环境卫生 [M]. 北京：中国农业出版社，2006.

[2] 常明雪，刘卫东. 畜禽环境卫生 [M]. 北京：中国农业大学出版社，2011.

[3] 杜虹，沈谋，张晓健. 基于1500以太网养猪场的智能饲喂控制系统的设计与实现 [J]. 装备制造技术，2020（01）：31-35.

[4] 冯春霞. 家畜环境卫生 [M]. 北京：中国农业出版社，2001.

[5] 高岩. 猪舍光照指标及照明系统的建议 [J]. 猪业科学，2015（12）：42-43.

[6] 广东温氏食品集团股份有限公司猪场作业指导书.

[7] 黄涛. 畜牧机械 [M]. 北京：中国农业出版社，2008.

[8] 金大春. 低碳高效生态养猪 [M]. 北京：中国农业科学技术出版社，2015.

[9] 李宝林. 北京：中国农业出版社，2001.

[10] 李如治. 家畜环境卫生学 [M]. 3版. 北京：中国农业出版社，2011.

[11] 廖新娣，汪植三，崔理华，等. 规模化猪场废水处理与利用技术 [M]. 北京：中国农业出版社，1999.

[12] 吕国邦，朱继章，等. 标准化猪舍风机选择原理及通风程序的设计和光照 [J]. 中国动物保健，2014（2）：68-70.

[13] 潘建文. 数字农业技术在生猪养殖中应用的综合效益分析 [J]. 福建畜牧兽医，2019，41（02）：31-32.

[14] 孙朋朋，宋春阳. 猪舍环境因素对猪生长性能的影响及应对措施 [J]. 环境与设施，2014（08）：86-87.

[15] 田立秋. 猪舍建造与管理7日通 [M]. 北京：中国农业出版社，2004.

[16] 王晶晶译. 猪舍通风——为猪提供最佳的生活环境 [J]. 国外畜牧学·猪与禽，2017（01-12）：8-9.

[17] 王晶晶，张配配，靳文广，等. 光照及其对猪福利和生产的影响 [J]. 国外畜牧学·猪与禽，2018（08）：8-9.

[18] 王凯军. 猪养殖污染防治技术与政策 [J]. 北京：化学工业出版社，2004.

[19] 肖和良. 人工智能养猪设计原理、资源配置研究及发展前景 [J]. 今日养猪业，2019（05）：30-34.

[20] 杨和平. 牛羊生产 [M]. 北京：中国农业出版社，2001.

[21] 张玲清. 畜禽环境控制技术 [M]. 北京：中国农业大学出版社，2016.

[22] 张玲清. 养殖场环境卫生与控制 [M]. 北京：中国农业出版社，2016.

[23] 赵化民. 畜禽养殖场消毒指南. 北京：金盾出版社，2005.
[24] 郑翠之，李义. 畜禽场设计与畜禽舍环境调控 [M]. 北京：中国农业出版社，2012.
[25] 中国农业大学. 家畜粪便学 [M]. 上海：上海交通大学出版社，1997.
[26] Niekamp S R，Sutherland M A，Dahl G E，et al. Immune responses of piglets to weaning stress：Impacts of photoperiod [J]. J AnimSci，2007，85 (1)：93-100.